致密气渗流规律
与气藏工程方法

宵　波　赵　昕　刘莉莉　付宁海　著

石油工业出版社

内 容 提 要

本书总结了致密气藏渗流机理,阐述了致密气试井分析技术,研究了致密气生产动态特征和气井、区块、气田的递减规律分析方法,讨论了致密气合理生产制度建立方法与递减方法应用,给出了产水气井生产特征与动态优化配产方法。

本书可供致密气井开发科研人员参考使用。

图书在版编目(CIP)数据

致密气渗流规律与气藏工程方法／甯波等著. — 北京：石油工业出版社，2021.10
ISBN 978-7-5183-4513-7

Ⅰ.①致… Ⅱ.①甯… Ⅲ.①致密砂岩-砂岩油气藏-渗流②致密砂岩-砂岩油气藏-气藏工程 Ⅳ.①TE343

中国版本图书馆 CIP 数据核字(2021)第 021940 号

出版发行:石油工业出版社
　　　　(北京安定门外安华里 2 区 1 号　100011)
　　　　网　　址:www.petropub.com
　　　　编辑部:(010)64523708
　　　　图书营销中心:(010)64523633
经　　销:全国新华书店
印　　刷:北京中石油彩色印刷有限责任公司

2021 年 10 月第 1 版　2021 年 10 月第 1 次印刷
787×1092 毫米　开本:1/16　印张:16.5
字数:400 千字

定价:140.00 元
(如出现印装质量问题,我社图书营销中心负责调换)

前　言

随着国家对清洁能源的大量需求,天然气开发进入了快速发展时期。按照国家发改委、国家能源局印发的《能源生产和消费革命战略(2016—2030)》,明确要求到2030年天然气在一次能源消费结构中占比达到15%左右。要完成这一目标,任务艰巨。据预测,2030年中国天然气消费量将达到约4500亿立方米,约为现今消费量的两倍,天然气需求发展迅速。与世界其他主要产气大国相比,中国天然气资源品质处于劣势,中低丰度气田达到60%以上。天然气储量虽保持增长,但新增天然气储量中低品位储量占主体,致密气、深层气、页岩气是近年储量增长的主体。从产量规模上看,"十三五"末要实现1800亿立方米以上的产量规模,每年新增产量约100亿立方米,给天然气开发工作者带来极大挑战。伴随常规气藏的规模开发,要寻求新的产量增长点,中国天然气开发开始转向难度更大、技术要求更高的非常规气藏,主要包括致密气、页岩气、煤层气和天然气水合物等,其中,致密气成为近年中国天然气储量和产量增长最快的气藏类型。就中国目前非常规气中产量占主体的致密气来说,截至2019年底,年产量约450亿立方米,占天然气总产量1738亿立方米的26%,致密气藏作为一种非常规气藏,已成为天然气开发的主要气藏类型之一。

中国的致密气开发始于20世纪70年代,由于技术的局限性,发展较为缓慢。2000年以来,随着先导性试验的开展和技术上的突破,伴随管理理念的进步,特别是2006年在苏里格气田采用"5+1"合作开发模式以来,率先步入规模化开发建设阶段,并带动其他盆地致密气的勘探开发,致密气进入规模发展阶段。与美国、加拿大等开发致密气较早的国家相比,中国致密气在地质特征、气藏分布、气藏特征等方面均有所差别,因此国外开发技术有值得借鉴之处,但又不能照搬。中国致密气的主要产区苏里格气田具有低渗透、低压、低丰度"三低"的特点,与北美致密气相比储量丰度更低、埋藏深度更大、开发难度更高。但是,经过十余年的努力探索开发,建成了鄂尔多斯盆地和四川盆地两个致密气的主力产区,积累了丰富的致密气开发现场经验,形成了一套适合我国地质条件的开发技术和方法。在"十二五"期间,以苏里格气田为代表的致密气田开发快速上产,通过富集区优选"甜点"式的开发建成了我国单个气藏类型规模最大的天然气田。但这一阶段的发展,是以"富集区"即储量相对集中、物性相对较好的区域为主要开发对象。"十三五"期间,随着优质储量的充分动用,剩余储量区储层物性更差、气水关系复杂,给储量有效动用带来挑战。需要进一步提高储量动用程度和降低开发成本来实现气田稳产。

面对富集区外的物性更差、气水关系复杂的区域,目前难以有效开发,其中主要原因之一就是对气体渗流的基础理论认识不够深入,气藏开发过程中产生的一些现象不能从理论上得到科学的解释。目前天然气渗流理论的作用已深入到气田开发的各个环节,进一步深入认识致密气渗流规律,也是动态分析、开发设计、增产改造、提高采收率的基础。同时,对于已规模开发的致密气藏富集区,也有很多气藏工程理论和方法有待完善和总结。鉴于此,本书以致密气主力产区的苏里格气田和须家河组气藏为主要开发案例,探讨了致密气渗流机理的特殊性，完善了致密气渗流基本理论，推导建立了渗流数学模型。在渗流理论的基础上，发展了针对致密气压裂直井和水平井的试井模型和特征曲线解释方法。本书在基本理论模型的基础上，结合油田实际生产，系统总结了致密气的生产动态特征、表征参数和描述方法。针对传统方法的弊端，提出了与致密气开发息息相关的一系列气藏工程方法，如单井控制动态储量的确定方法、合理生产制度建立的方法、产量递减分析的方法，以及致密气产能的影响因素和工艺改造方面的一些建议。一直以来，气藏工程的理论研究和现场应用始终存在着脱节现象，理论公式充斥着各种复杂的数学变换方法和表达式，现场应用却面临没有清晰简洁且易操作的方法做指导，笔者希望本书能弥补这一脱节，给气田开发工作者们一些有益的参考。

本书的编写团队一直从事"十三五"国家重大专项致密气的科研工作，通过重大专项，形成了从事渗流、试井、软件开发、开发地质、气藏工程等不同专业协同研究的稳定团队。本书以"十三五"期间致密气重大科技攻关项目为基础，总结了致密气渗流规律和气藏工程方法方面取得的主要进展，包括致密气渗流机理、致密气不稳定试井理论及分析技术、单井动态储量确定、合理生产制度优化以及产量递减分析、压裂施工参数优化等气藏工程方法的研究成果。不仅是对已取得的技术成果和实践经验的总结，还将对今后致密气开发起到借鉴作用。

全书共七章。第一章由甯波、王敬编写，第二章由刘莉莉、刘林清编写，第三章由赵晓亮、陈志明编写，第四章由甯波、赵昕编写，第五章由向祖平、陈中华编写，第六章由王敬、甯波、赵昕编写，第七章由付宁海、郭智编写。同时中国石油大学(北京)、重庆科技学院、长庆油田公司、西南油气田公司也在本书编写过程中给予了大力支持和帮助，在此一并表示感谢。在本书编写过程中，李成勇、廖新维、刘慧卿等教授也给予了大量的指导，在此表示感谢。

本书涉及内容广泛，书中难免存在不妥之处，敬请同行和读者不吝赐教。

目　　录

第一章 致密气藏渗流机理

低渗透致密砂岩气藏一般属于低渗、低压、低丰度的"三低"气田,具有储层物性差、孔隙结构复杂、含水饱和度高、气水关系复杂、泥质含量高、次生孔隙发育、毛细管压力高等特征。这些特征导致致密气藏渗流、开发过程变得异常复杂,如致密气藏渗流过程存在滑脱效应、应力敏感效应、启动压力梯度效应[1,2]。特别在压裂改造后气井衰竭开采过程中,上述效应还会发生动态变化,极大地影响了致密气藏的开发全过程。因此深入研究致密砂岩气藏渗流规律对高效开发致密气藏具有重要意义。

第一节 致密气藏气体单相渗流特征

一、致密气藏气体单相流动滑脱效应

由于致密气藏的孔隙空间非常狭小,一般为微米级甚至纳米级。而常规的连续性假设在纳米级和微米级孔道中不再适用,气体流动严重偏离达西渗流[3]。对于致密气藏气体单相渗流过程通常用滑脱效应来进行描述,1941 年 Klinkenberg 根据实验结果提出的气测渗透率与流动平均压力之间的关系(滑脱效应):

$$K_{\mathrm{a}} = K_0\left(1 + \frac{b}{\bar{p}}\right) \tag{1-1}$$

式中　K_{a}——气体视渗透率,mD;
　　　K_0——绝对渗透率,mD;
　　　$\bar{p}$——流动平均压力,MPa;
　　　b——气体滑脱因子,MPa。
气体滑脱因子表达式为:

$$b = \frac{4c\lambda\bar{p}}{r} \tag{1-2}$$

式中　c——比例因子,通常取常数 1;
　　　r——孔隙半径,μm;
　　　λ——气体分子平均自由程,μm。
分子平均自由程表示为:

$$\lambda = \frac{\kappa_{\mathrm{B}}T}{\sqrt{2}\,\pi\delta^2\bar{p}} \tag{1-3}$$

式中　κ_{B}——玻尔兹曼常数,$\kappa_{\mathrm{B}} = 1.3806\times10^{-23}$J/K;

T——温度，K；

δ——气体分子碰撞直径，m。

气体分子微观流动可能存在连续流、滑脱流、过渡流和努森扩散流等流动形态，流动形态可由 Knudsen 数（Kn）进行判别，它是气体分子运动自由程与孔隙特征长度的比值。根据 Kn 数值将气体流动分为四种流动形态（图 1-1）：当 $Kn<0.001$ 时，流动形态为连续流；当 $0.001 \leqslant Kn<0.1$ 时，流动形态为滑脱流；当 $0.1 \leqslant Kn<10$ 时，流动形态为过渡流；当 $Kn \geqslant 10$，流动形态为努森扩散流[4]。

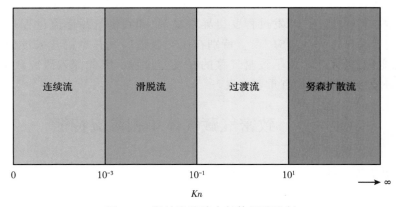

图 1-1　微纳米孔隙中气体运移机制

表观渗透率通常表示气体在多孔介质中的渗流能力。Beskok-Karniadakis 建立了考虑 Knudsen 数影响的渗透率模型：

$$K_a = K_0 f(Kn) \tag{1-4}$$

其中，$f(Kn)$ 为 Knudsen 的校正因子，其表达式为：

$$f(Kn) = (1 + \alpha Kn)\left(1 + \frac{4Kn}{1 - bKn}\right) \tag{1-5}$$

其中：

$$\alpha = \frac{128}{15\pi^2}\tan^{-1}(4Kn^{0.4}) \tag{1-6}$$

$$Kn = \frac{\lambda}{Re} \tag{1-7}$$

利用苏里格致密岩心开展室内流动实验，利用 Klinkenberg 方法分别测定不同有效应力下的渗透率（图 1-2 至图 1-4），当有效应力较小时，致密岩心表观渗透率较高，在所有压力范围内气体流动均符合滑脱流；随着有效应力增加，致密岩心表观渗透率逐渐降低，在气相压力较小时（小于 1MPa）出现努森扩散，即属于过渡流范畴，其他范围仍为滑脱流；随着有效应力进一步增大，出现扩散流的气相压力升高，更容易出现扩散流（井底压力高于 2MPa），但一般条件下苏里格气藏废弃压力均高于 3MPa，渗流过程中出现扩散流的难度较大。

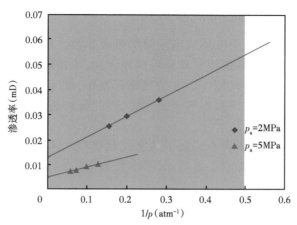

图 1-2 有效应力分别为 p_a = 2MPa 和 p_a = 5MPa 时不同平均压力下的渗透率

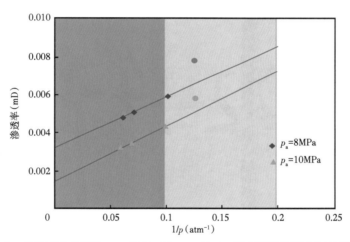

图 1-3 有效应力分别为 p_a = 8MPa 和 p_a = 10MPa 时不同平均压力下的渗透率

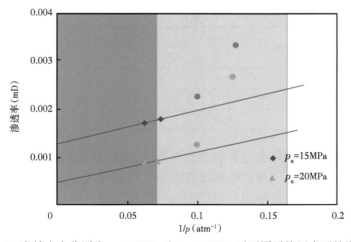

图 1-4 有效应力分别为 p_a = 15MPa 和 p_a = 20MPa 时不同平均压力下的渗透率

二、致密气藏气体单相启动规律研究

启动压力是描述致密气藏中流体渗流规律的重要参数。相比于常规油气藏,致密气藏储层的孔隙结构、渗流能力与常规油气藏有着明显区别,流体流动不再服从达西定律,在低渗透储层中可能存在启动压力梯度[5]。在油气田开发中,准确认识启动压力梯度对计算有效井距、最大泄流面积、最大采出程度等至关重要,因此低渗透致密气藏气体启动压力效应一直是研究的热点[6]。

为此,笔者利用苏里格气田岩心开展了致密气藏单相气体启动特性实验。实验岩心取自苏里格致密气藏,岩心实物如图 1-5 所示,基本参数见表 1-1。

图 1-5　苏里格致密气藏岩心

表 1-1　实验岩心基础物性

岩心编号	直径(cm)	长度(cm)	孔隙度(%)	渗透率(mD)	岩心类型
SD1-2	2.501	7.75	5.6	0.0140	孔隙型
SD2-2	2.507	7.61	6.3	0.0315	孔隙型
SD4-2	2.512	7.44	6.1	0.0442	孔隙型
SD5-2	2.503	6.25	6.5	0.0806	孔隙型

由于气体在致密岩心中存在显著的非达西效应,所以常规应用于液体启动压力梯度测试的截距法不适用。因此采用放空法测定岩心中气体启动规律,即当气体达到稳定流动的条件下,仅关闭入口端阀门,并利用高精度差压传感器监测入口端一侧压力变化,一定时间后残余压力即为启动压力。根据达西定律:

$$v = -\frac{K}{\mu}\frac{\mathrm{d}p}{\mathrm{d}L} \tag{1-8}$$

若考虑启动压力效应,式(1-8)可写为:

$$v = -\frac{K}{\mu}\left(\frac{\mathrm{d}p}{\mathrm{d}L} - G\right) \qquad (1-9)$$

式中　G——启动压力梯度,MPa/m;

　　　v——渗流速度,mL/min。

对式(1-9)进行积分可得到考虑真实气体效应和启动压力梯度的流量公式:

$$Q = \frac{T_{sc}}{Zp_{sc}T}\frac{KA}{2\mu L}\left[(p_{in} - GL)^2 - p_{out}^2\right] \qquad (1-10)$$

式中　T_{sc}、p_{sc}——分别为临界温度和临界压力;

　　　Z——气体压缩因子;

　　　p_{out}——出口端压力;

　　　p_{in}——入口端压力。

临界启动状态对应流量 $Q = 0$,即:

$$(p_{out} - GL)^2 - p_{in}^2 = 0 \qquad (1-11)$$

从而得到启动压力梯度表达式为:

$$G = \frac{p_{out} - p_{in}}{L} \qquad (1-12)$$

实验用气为纯度 99.999% 的氮气,为了研究生产过程中应力敏感效应对启动规律的影响,分别利用上述岩心测定了不同有效应力条件下的启动压力,实验过程中为了认识放空时间的影响,岩心 SD1-2、SD5-2 放空 1 小时,岩心 SD2-2、SD4-2 放空 10 小时,实验流程如图 1-6 所示,测试结果如图 1-7 至图 1-10 所示。

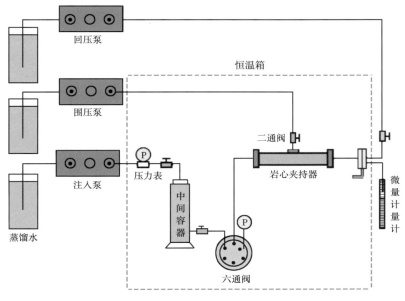

图 1-6　实验流程图

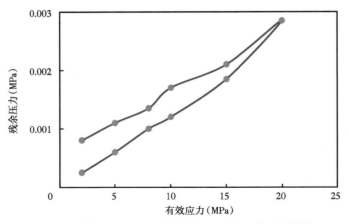

图 1-7　苏里格 SD1-2 岩心放空法残余压力测试结果

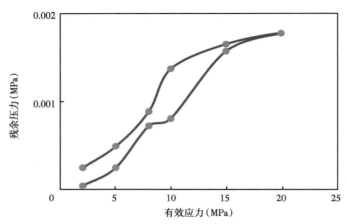

图 1-8　苏里格 SD5-2 岩心放空法残余压力测试结果

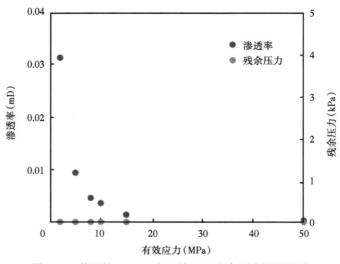

图 1-9　苏里格 SD2-2 岩心放空法残余压力测试结果

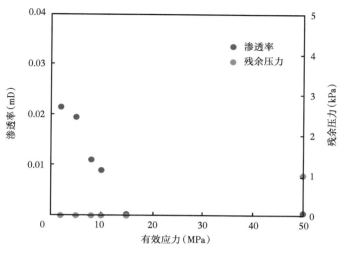

图 1-10　苏里格 SD4-2 岩心放空法残余压力测试结果

　　从上述实验结果可以看出：采用放空法测定致密岩心启动压力时需要较长的放空时间，根据测试结果所测的苏里格致密岩心单相气流动不存在启动压力梯度。

三、气体流动的高速非达西效应

　　由于致密气藏存在天然裂缝及后期压裂改造的人工裂缝，气体分子在裂缝中流动时速度较高，惯性力较大，因此在水力裂缝中维持一定流速所需的压力梯度高于达西定律所预测的压力梯度，这正是由于存在高速非达西效应[7,8]。1901 年 Forchheimer 提出了非达西二项式渗流方程来表述这种非达西流动关系：

$$-\nabla p = \frac{\mu}{K}\vec{v} + \beta\rho\,|\,\vec{v}\,|\,\vec{v} \tag{1-13}$$

　　为了便于求解，引入等效渗透率得到等效的达西定律表达式：

$$-\nabla p = \frac{\mu}{K_{eq}}\vec{v} \tag{1-14}$$

式中　K_{eq}——等效高速非达西渗透率；

　　　β——非达西系数。

　　基于大量实验数据回归得到 β 表达式为：

$$\beta = \frac{1.485 \times 10^9}{0.3048(10^{15}K)^{1.021}} \tag{1-15}$$

第二节　致密气藏应力敏感特性

　　地下岩石骨架应力受上覆岩石压力、地层流体压力共同作用。随着地层流体的不断采出，地层流体压力不断下降，岩石骨架应力发生变化，导致孔隙空间压缩、微裂缝闭合、孔喉比增大、黏土矿物发生迁移堵塞流动空间，最终使储层的渗流能力大幅降低，即所谓的渗透率应力敏感特性。致密气藏孔隙结构与常规油气藏差异较大,渗透率随岩石净应力变化的敏感性更明显,因此需要研究致密气储层的应力敏感特性[9,10]。

在致密气藏的开发过程中,通常采用水力压裂方法形成人工裂缝,且在人工裂缝中充填支撑剂来维持人工裂缝的长期导流能力,而随着井底流压的降低,井筒附近的人工裂缝所受净应力增加,导致人工裂缝开度变小、裂缝导流能力降低,最终影响气井产能,因此有必要研究人工裂缝的应力敏感特性。

一、含束缚水条件下致密岩心应力敏感特性

应力敏感效应是影响致密气藏有效开发的一个重要参数,国内外学者对于应力敏感效应的研究很多,但大多数的研究和实验都是在常温条件下或使用干岩心完成的,而实际致密气储层埋藏深度较深,地层温度远超过室内温度,温度的升高会加快气体分子运动,改变流体物理性质,最终势必会对气体的渗流产生影响。致密气藏中存在着大量的原生水,可流动性弱,大部分以束缚水形式存在,束缚水的存在会大幅降低岩石储层的有效渗流能力。仅在室温条件下对干岩心进行应力敏感实验会与实际气藏情况产生较大的差异。因此,需要开展含束缚水饱和度岩心在地层条件下的应力敏感特性的实验[11]。

本实验对 3 块苏里格岩心进行六组实验,对比相同物性下干岩心和含束缚水饱和度岩心的应力敏感特性的差异。为了使对比保持单一变量研究束缚水的影响程度,使用相同渗透率的岩心进行对照实验,对比组的两块实验岩心取自同一块全直径岩心,将长岩心切成两块,分别进行干岩心和含束缚水条件下应力敏感性测试。同时通过对比含相同束缚水饱和度地层情况下的应力敏感性,分析岩心渗透率对应力敏感特性的影响。

天然岩心取自苏里格气田,岩心基础物性见表 1-2。

表 1-2　苏里格气田天然岩心基础物性参数

岩心编号	直径(cm)	长度(cm)	孔隙度(%)	渗透率(mD)	岩心类型
SD1-1	2.405	5.110	5.4	0.682	孔隙型
SD1-2	2.512	6.812	8.3	0.253	孔隙型
SD1-3	2.491	5.536	9.6	0.032	孔隙型

气源为纯度 99.999% 的氮气,为了避免岩心的水敏效应造成渗透率伤害,实验用水根据苏里格气田实际地层水离子含量配制而成。致密岩心应力敏感性特征实验流程和方法参照行业标准《SY/T 5358—2010 储层敏感性流动实验评价方法》进行。

为了消除滑脱效应的影响,用克氏渗透率表示岩心在每个有效应力值下的渗透率。根据 Klinkenberg 给出的公式进行克氏渗透率校正:

$$K_a = K_0 \left(1 + \frac{b}{\bar{p}}\right) \tag{1-16}$$

$$K_g = \frac{2Q_0 p_0 \mu_g L}{A(p_{in}^2 - p_{out}^2)} \tag{1-17}$$

式中　p_0——大气压力,atm;

　　　Q_0——出口气体流量,mL/s;

K_g——气测渗透率，D；

A——岩心端面积，cm^2；

μ_g——气体黏度，$mPa \cdot s$；

L——岩心长度，cm；

p_{in}、p_{out}——分别为岩心入口和出口的压力，atm。

应力敏感特性测试实验流程图如图 1-11 所示。

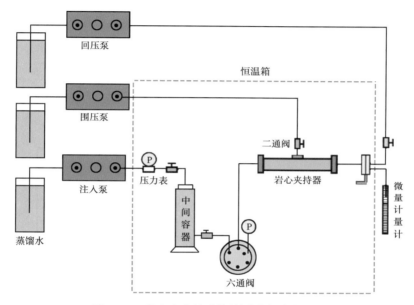

图 1-11　岩心应力敏感特性测试实验流程图

具体实验步骤：

（1）首先将岩心放入恒温箱中进行 48 小时的恒温干燥，测量岩心的长度、直径、干重、克氏渗透率、孔隙度。

（2）将第一段长岩心的第一部分放入夹持器，采用定内压—变外压的方式，按照一定的有效应力间隔增加夹持器围压，当有效应力达到设定最大值后，再按照之前的围压增加路径进行卸压至初始围压值，到达初始有效应力阶段，在每个围压加压路径和降压路径下，测定岩心的克氏渗透率。

（3）当有效应力升高或降低，整个回路下的应力敏感特性曲线绘制完成后，关闭气源，卸掉入口气体压力及夹持器围压，取出岩心再次称重并准备对照实验。

（4）将第一段岩心第二部分放入按步骤（1）处理后，进行 12 小时抽真空饱和地层水并用氮气驱替造束缚水，重复步骤（2），绘制束缚水条件下的岩心渗透率应力敏感特性曲线，绘制完成后关闭气源，卸掉入口气体压力及夹持器围压，取出岩心再次称重，确定实验前后岩心含水饱和度误差不超过 2%，否则不能认为岩心中是单相气体流动，须重新进行测定。

（5）更换岩心，重复步骤（1）~（4）。

编号分别为 SD1-1、SD1-2、SD1-3 的岩心在有无束缚水饱和度情况下的应力敏感特性结果如图 1-12 至图 1-17 所示。

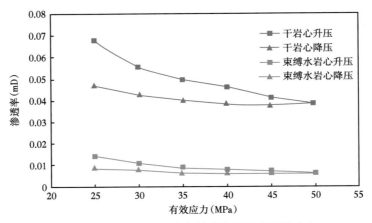

图 1-12 SD1-1 岩心应力敏感特性测试结果对比

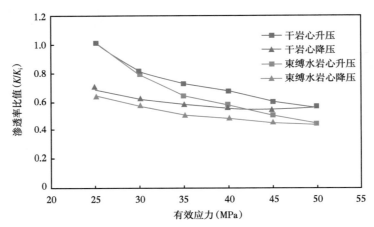

图 1-13 SD1-1 岩心应力敏感特性测试结果归一化对比

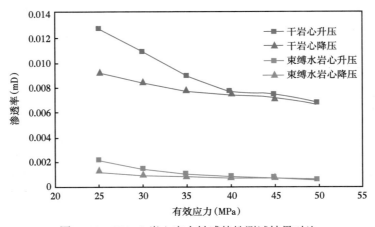

图 1-14 SD1-2 岩心应力敏感特性测试结果对比

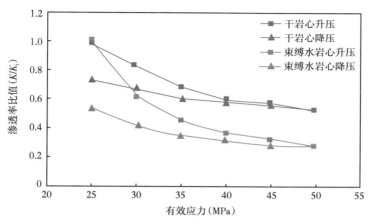

图 1-15　SD1-2 岩心应力敏感特性测试结果归一化对比

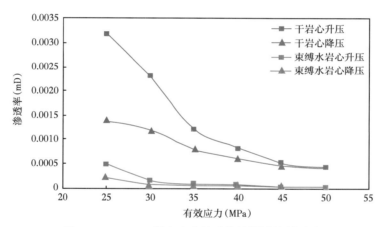

图 1-16　SD1-3 岩心应力敏感特性测试结果对比

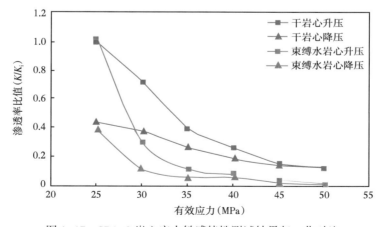

图 1-17　SD1-3 岩心应力敏感特性测试结果归一化对比

从图 1-12 至图 1-17 中可以看出：在围压增加阶段，即岩心有效应力上升时期，岩心的渗透率随有效应力的增加而逐渐降低，并且在初始阶段，岩心渗透率快速减少，当继续增加围压到一定值时，再增加围压，其岩心渗透率变化幅度很小，最后渗透率基本保持不变。在围压降低阶段，即岩心有效应力下降时期，渗透率随有效应力的降低而逐渐升高，当岩心所受有效应力回到初始有效应力值时，岩心渗透率出现了渗透率损失，并不能恢复到初始有效应力下的原始渗透率值，表现出明显的滞后效应。

从横向对比的两组岩心归一化图像可以明显看出：在含束缚水条件下测得的岩心渗透率敏感性随有效应力的变化更加剧烈，也就是说，束缚水的存在增强了岩心的应力敏感性，在相同有效应力值下，含束缚水岩心整体渗透率要比干岩心低。

出现这种现象的原因主要是因为：（1）束缚水在毛细管力和岩石表面吸附力作用下，在岩石颗粒之间形成水楔或者在岩石表面形成水膜，具有一定厚度的水膜占据了一部分渗流空间，造成有效渗流半径减小，甚至完全封堵小孔道，造成岩心渗流能力严重降低；（2）岩石中石英颗粒表面的水膜化学势因为岩心受力结构发生变化而导致失去平衡，产生压溶作用或化学压实，发生二氧化硅沉淀，导致岩石颗粒次生增大，占据部分流动通道使得渗透率下降；（3）地层水的润滑作用导致岩石黏土成分抗压能力降低，由于黏土矿物分布在岩石颗粒之间，黏土矿物强度的降低使颗粒和孔隙更容易被压缩，所以在相同的有效应力下，含水的岩石被压缩的程度更高，导致应力敏感性更强。

将在含束缚水情况下三块不同渗透率岩心的结果进行纵向对比，结果如图 1-18、图 1-19 所示。

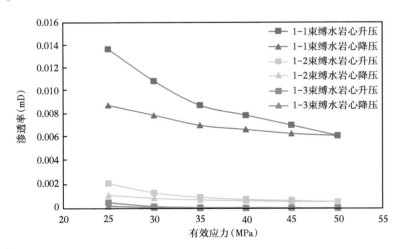

图 1-18　三块含束缚水岩心应力敏感结果纵向对比

从图 1-18、图 1-19 中可以看出：渗透率不同，岩心在束缚水条件下应力敏感程度差异很大，渗透率与应力敏感程度之间呈负相关，低渗透率加剧了岩心应力敏感性。因为渗透率越低的岩心，小孔隙占比增加，平均孔喉半径变低，根据岩石应力变形理论，在应力作用下，首先闭合的是小孔喉，小孔喉一旦闭合，岩心的渗流能力大幅降低，宏观渗透率显著下降。对于中渗透率、高渗透率岩心而言，大孔隙占比较多，对岩心的渗流能力其主导作用，被压缩的小孔隙基本可以忽略不计，因此，岩心渗透率越低，应力敏感性越强。

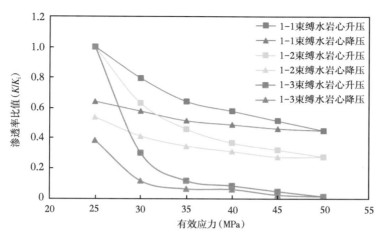

图1-19　三块含束缚水岩心应力敏感结果纵向归一化对比

从上述结果可以看出:水的存在对岩心应力敏感实验结果有很大影响,并且随着渗透率降低其影响加剧,所以对于低渗透致密岩心,使用常规的干岩心进行测试实验,必将会与实际情况产生较大误差,在后续的实验研究中应采用含有束缚水饱和度的岩心进行测试。

二、不同有效应力加载方式下应力敏感特性

渗透率应力敏感性是岩心渗透率与所受净应力之间的变化规律,岩心所受净应力大小等于上覆岩石压力与地层流体压力差值,所以改变两者中任一力的大小都将改变岩心净应力。实验过程中,可以通过两种方式进行净应力加载:(1)保持围压不变,改变流压;(2)保持流压不变,改变围压。变围压—定流压方式只用改变夹持器的围压,而岩心内部压力只需保持在1MPa左右即可,比较方便且易于操作,所以以往岩心加压方式大都采用定流压—变围压的方式。但是,储层上覆岩石压力只与埋藏深度与岩石物性有关,并不会随着储层流体的采出而发生变化,只有流体压力发生了变化,因此,定围压—变流压的方法更符合矿场实际情况。为此将对比分析以上两种加压方式对于储层应力敏感特性的影响。

对三块苏里格岩心进行了六组实验,横向对比研究相同基础物性下,两种加压方式下的应力敏感特性之间的差异。为了使横向对比中保持对比的单一变量原则,即使用相同渗透率的岩心进行对照实验来研究不同加压方式的影响程度,将对比组的两块实验岩心取自同一块长岩心,将长岩心平均切成两块,分别进行定围压—变流压条件下和定流压—变围压条件下的应力敏感性测试。

实验采用苏里格气藏天然岩心,岩心基础物性参数见表1-3。

表1-3　不同加载方式实验岩心基础物性参数

岩心编号	直径(cm)	长度(cm)	孔隙度(%)	渗透率(mD)	岩心类型
SD2-1	2.506	5.916	8.6	0.758	孔隙型
SD2-2	2.510	6.312	6.3	0.223	孔隙型
SD2-3	2.505	6.110	7.4	0.051	孔隙型

应力敏感测试前，为了尽可能地模拟实际储层情况，应先建立束缚水饱和度，同样为了消除气体滑脱效应的影响，仍然采用克氏渗透率处理方法。具体实验步骤为：

（1）首先将岩心放入恒温箱中进行48小时恒温干燥，测量岩心的长度、直径、干重、克氏渗透率、孔隙度。

（2）将第一段长岩心的第一部分放入夹持器，进行12小时抽真空饱和地层水并用氮气驱替造束缚水，之后采用定内压—变外压的方式，按照一定的有效应力间隔增加夹持器围压，当有效应力达到设定最大值后，再按照之前的围压增加路径进行卸压至初始围压值，到达初始有效应力阶段，在每个围压加压路径和降压路径下，测定岩心克氏渗透率。

（3）当有效应力升高降低整个回路下的应力敏感性曲线绘制完成后，关闭气源，卸掉入口气体压力及夹持器围压，取出岩心再次称重并准备对照实验，确定实验前后岩心含水饱和度误差不超过2%，否则不能认为岩心中是单相气体流动，须重新进行测定。

（4）将第一段岩心第二部分放入按步骤（1）处理后，进行12小时抽真空饱和地层水并用氮气驱替造相同束缚水，之后采用定外压—变内压的方式，按照一定的有效应力间隔降低岩心流体压力，当有效应力达到设定最大值后，再按照之前的流压降低路径进行增压至初始流压值，到达初始有效应力阶段，在每个围压加压路径和降压路径下，测定岩心的克氏渗透率，之后进行步骤（3）。

（5）更换岩心，重复步骤（1）~（4）。

编号分别为SD2-1、SD2-2、SD2-3的岩心在两种加压方式下应力敏感特性结果如图1-20至图1-25所示。

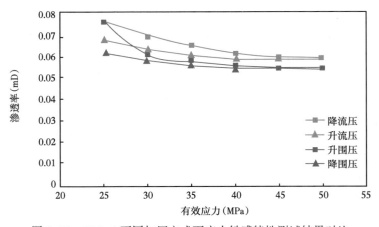

图1-20　SD2-1不同加压方式下应力敏感特性测试结果对比

从图1-20至图1-25中可以看出，随着有效应力的变化，三块岩心在不同压力加载方式下的渗透率应力敏感特性曲线有着相同的规律[12]：岩心渗透率与所受有效应力之间呈负相关的关系，在围压增加阶段，即岩心有效应力上升时期，岩心的渗透率随着有效应力的增加而逐渐降低，并且在初始阶段，岩心渗透率快速减小，当继续增加围压到一定值时，再增加围压，其岩心渗透率变化幅度很小，最后渗透率基本保持不变。这是由于孔道连接处的孔喉及岩心所含有的微裂缝由于岩心所受净应力的增大而发生了闭合，导致渗透率降低迅速，当大部分孔喉和微裂缝发生闭合后，再增加有效应力后，只会有很少量新的孔喉和微裂缝闭合，

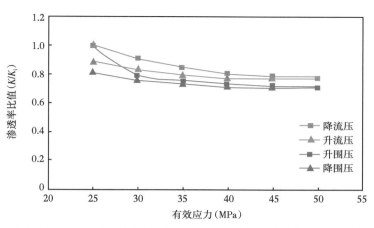

图 1-21　SD2-1 不同加压方式下应力敏感特性测试结果归一化对比

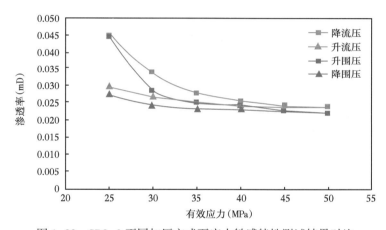

图 1-22　SD2-2 不同加压方式下应力敏感特性测试结果对比

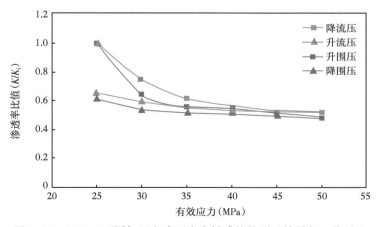

图 1-23　SD2-2 不同加压方式下应力敏感特性测试结果归一化对比

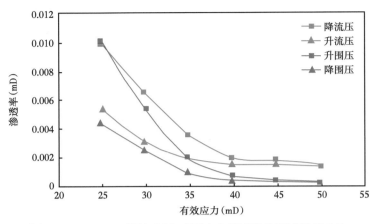

图 1-24　SD2-3 不同加压方式下应力敏感特性测试结果对比

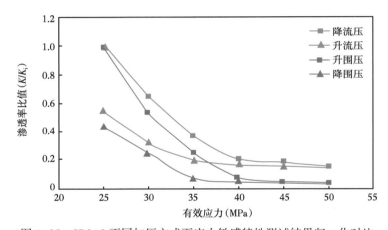

图 1-25　SD2-3 不同加压方式下应力敏感特性测试结果归一化对比

所以渗透率基本保持稳定。在围压降低阶段，即岩心有效应力下降时期，渗透率随着有效应力的降低而逐渐升高，当岩心所受有效应力回到初始有效应力值时，岩心渗透率出现了渗透率伤害，并不能恢复到初始有效应力下的原始渗透率值，表现出明显的滞后效应。

为了定量比较两种不同测试方法结果的差异，需要用衡量岩心渗透率应力敏感特性的参数进行对比。

衡量岩心渗透率应力敏感特性的参数有很多，其中渗透率伤害率是其中一个重要参数，其定义为：

$$D_k = \frac{K_0 - K_{\min}}{K_0} \times 100\% \tag{1-18}$$

式中　D_k——岩心渗透率伤害率，%；

　　　K_0——初始最小有效应力点对应的岩心渗透率，mD；

　　　$K_{\min}$——最大有效应力点对应的岩心渗透率，mD。

行业标准法的评价指标见表 1-4。

表 1-4 行业标准评价指标

渗透率伤害率(%)	$D_k \leq 5$	$5 < D_k \leq 30$	$30 < D_k \leq 50$	$50 < D_k \leq 70$	$70 < D_k \leq 90$	$D_k > 90$
伤害程度	无	弱	中等偏弱	中等偏强	强	极强

应力敏感性系数也是衡量岩心渗透率应力敏感特征的参数之一,其定义为[12]:

$$S_s = \frac{1 - (K/K_0)^{\frac{1}{3}}}{\lg(\sigma_{eff}/\sigma_{eff\,0})} \qquad (1-19)$$

式中 S_s——渗透率应力敏感系数;

σ_{eff}——有效应力,MPa;

K——σ_{eff}对应下的渗透率,mD;

$\sigma_{eff\,0}$——初始最小测量点的有效应力,MPa;

K_0——初始最小有效应力点对应的岩心渗透率,mD。

将式(1-19)变形得:

$$(K/K_0)^{\frac{1}{3}} = 1 - S_s \lg(\sigma_{eff}/\sigma_{eff\,0}) \qquad (1-20)$$

评价岩样应力敏感程度的标准见表 1-5。

表 1-5 应力敏感系数评价指标

应力敏感性系数	$S_s \leq 0.3$	$0.3 < S_s \leq 0.7$	$0.7 < S_s \leq 1.0$	$S_s > 1.0$
敏感程度	弱	中等	强	极强

根据三块岩心两种加压方式下应力敏感特性实验结果利用式(1-18)进行计算,并将有效应力和渗透率无量纲化,然后利用式(1-20)进行拟合,求得渗透率伤害率和应力敏感性系数(表 1-6)。

表 1-6 三块岩心在不同加压方式下的应力敏感程度对比

岩心	渗透率(mD)	加压方式	$D_k(\%)$	伤害程度	S_s	敏感程度
SD2-1	0.758	定围压—变流压	22.52	弱	0.293	中等
		定流压—变围压	28.68	弱	0.331	中等
SD2-2	0.223	定围压—变流压	46.87	中等偏弱	0.567	中等
		定流压—变围压	50.59	中等偏强	0.648	中等
SD2-3	0.051	定围压—变流压	84.91	强	0.666	中等
		定流压—变围压	96.39	极强	0.785	强

从表 1-6 中可以看出:相同渗透率情况下,定围压—变流压和定流压—变围压两种加压方式下测得的渗透率伤害程度存在差异。横向对比发现:定流压—变围压的常规测试方式下测得的渗透率伤害率比实际过程的定围压—变流压渗透率伤害率要大。纵向对比发现,渗透率伤害率随着岩心初始渗透率降低逐渐上升。同时,两种加压方式下的敏感程度也存在着较大差异。横向对比发现定流压—变围压加压方式下测得的敏感程度要大于定围压—

变流压的加压方式下测得的敏感程度,甚至有的不在一个等级,如岩心 SD2-1 和岩心 SD2-3 两种方式下测得的敏感程度都不在一个等级上,实际地层的应力敏感程度要比常规试验方法测出来的应力敏感程度要弱很多。纵向对比发现:岩心初始渗透率越低,岩心渗透率随有效应力变化而变化的幅度越大,且敏感程度越大。所以实验结果表明了随着岩心初始渗透率的降低,岩心的渗透率应力敏感程度逐渐增强。

通过上述分析可知,常规测试方法有较大误差,实验过程中应采用定围压—变流压的加压方式进行应力敏感特性测试,从而得到更符合实际储层的应力敏感特性曲线。

三、支撑剂充填人工裂缝应力敏感特性

致密气藏在开采过程中,由于储层的低渗透特性,一般采用水力压裂的方式对近井地带进行储层改造,形成人工裂缝,并通过充填支撑剂来保持人工裂缝的长期导流能力。所以研究充填支撑剂的人造裂缝应力敏感特性,对致密气藏开发具有一定指导意义。

本次实验所用三块岩心从同一全直径岩心钻取,保证渗透率接近,将岩心从中间劈开,将不同量的支撑剂平铺在岩心切面,用生胶带包裹好进行实验。岩心数据见表1-7。

表1-7　岩心基础物性参数

岩心编号	直径(cm)	长度(cm)	孔隙度(%)	渗透率(mD)	岩心类型
SD3-1	2.490	6.536	10.4	0.632	孔隙型

由于裂缝宽度比较大,所以使用气体介质进行渗透率测试实验时流速很大,不易测量,用水测渗透率的方法进行测量[13]:

$$K = \frac{Q\mu L}{A\Delta p} \tag{1-21}$$

式中　K——岩心绝对渗透率,mD;

Q——出口端水的流量,cm^3/s;

A——垂直于渗流方向的岩心横截面积,cm^2;

μ——水的黏度,$mPa \cdot s$;

Δp——入口端和出口端的压力差,atm。

实验步骤如下:

(1)将岩心恒温烘干,测量岩心的长度、直径、孔隙度及渗透率。并将岩心沿着垂直于端面的方向平分两半,将支撑剂铺置在切面上,用生胶带缠好;

(2)将岩心放入夹持器,进行水测渗透率,采用定流压—变围压的方式改变岩心所受有效应力。有效应力达到设定最大值30MPa后,按照之前的有效应力间隔逐渐降低围压至初始值,每个压力下流动稳定后,测定岩心渗透率;

(3)所有有效应力下的渗透率测完之后,关闭岩心注入端压力,卸掉夹持器上的围压,取出岩心再次称重并准备对照实验;

(4)测试完毕后,更换第二块岩心,不采用支撑剂填充,直接用生胶带缠好,重复步骤(2),研究不同支撑剂剂量对于岩心渗透率的应力敏感特征。

两种情况下应力敏感结果如图1-26至图1-28所示。

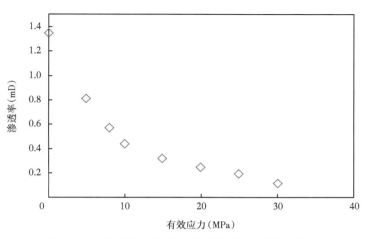

图 1-26 无支撑剂条件下不同有效应力下的渗透率

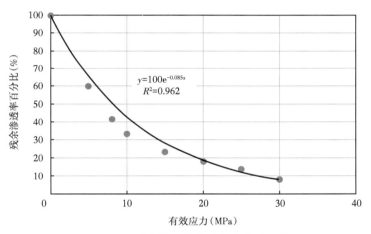

图 1-27 无支撑剂条件下应力敏感结果

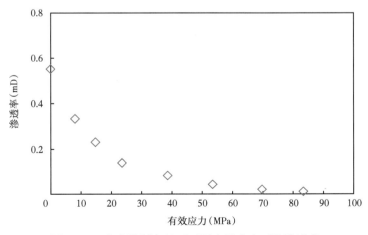

图 1-28 含支撑剂条件下不同有效应力下的渗透率

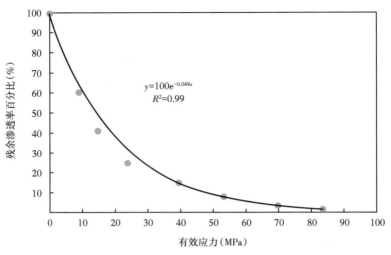

图1-29　含支撑剂条件下应力敏感结果

　　从图1-26至图1-29中可以看出:无支撑剂和含支撑剂条件下水力裂缝渗透率均随有效应力增加呈指数降低,无支撑剂条件下,有效应力为20MPa时渗透率损失超过80%,但含支撑剂条件下有效应力为20MPa时渗透率降低小于60%,但当有效应力继续增加,一旦超过支撑剂破裂压力,支撑剂破碎会导致渗透率严重降低,因此衰竭开采时应尽量避免有效应力超过临界破碎应力。

第三节　致密气可动流体饱和度变化特征

一、自吸状态下致密气可动流体饱和度变化特征

　　核磁共振成像(MRI)可以在水体侵入岩心过程中对岩心内部含水量、迁移规律和气水界面形态进行可视化表征。核磁共振信号的强弱是由岩心中的流体总量决定的。流体在岩心中的分布情况可由图像中灰度信号(亮度)表示:灰度越亮,则岩心中的流体饱和度越高;反之,灰度越暗,表明岩心中的流体饱和度越小。对岩心进行自吸实验,测量不同时间下岩心的含水饱和度数据、核磁共振(MRI)图像数据、T_2谱数据(图1-30至图1-41)。

图1-30　1号裂缝岩心实验图片

自吸10min　　自吸30min　　自吸50min　　自吸70min　　自吸90min　　自吸110min

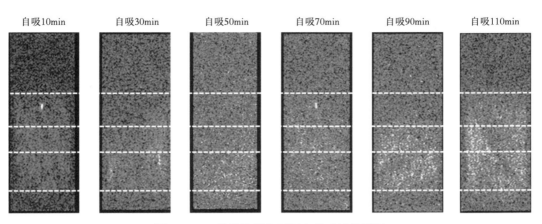

图 1-31　1 号裂缝岩心不同自吸时间伪彩图

图 1-32　2 号裂缝岩心自吸不同时间的岩心图片

自吸20min　　自吸40min　　自吸60min　　自吸80min　　自吸100min　　自吸120min

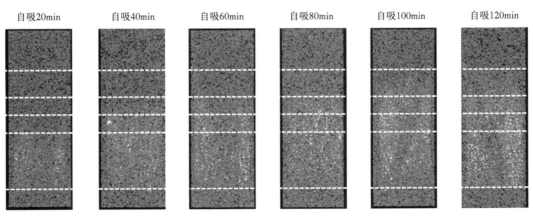

图 1-33　2 号裂缝岩心不同自吸时间伪彩图

对比不同时间下岩心 T_2 值曲线可以看出:吸水过程中,地层水逐渐填充大孔隙,曲线右峰的振幅逐渐增大,左峰曲线基本重合且峰值基本不变,表明自吸过程中地层水主要进入一定尺寸的大孔隙。含水饱和度与吸水时间成指数相关,渗透率与吸水时间呈负相关关系,渗透率随含水饱和度的增加而快速降低。

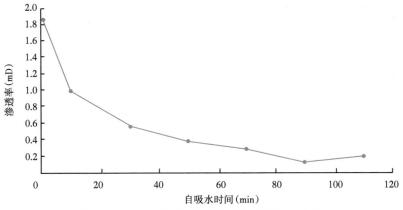

图 1-34　1 号岩心渗透率随吸水时间变化曲线

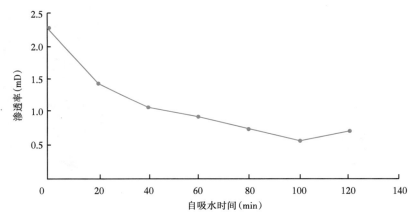

图 1-35　2 号岩心渗透率随吸水时间变化曲线

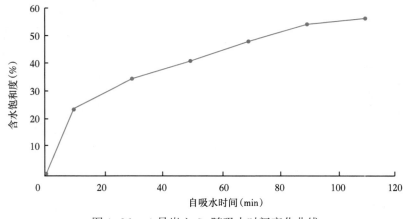

图 1-36　1 号岩心 S_w 随吸水时间变化曲线

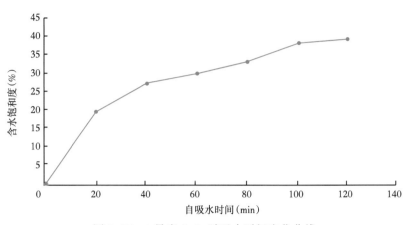

图 1-37 2 号岩心 S_w 随吸水时间变化曲线

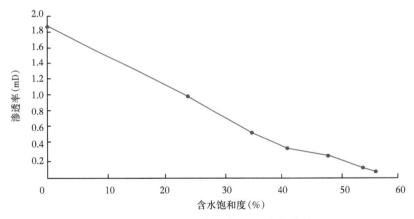

图 1-38 1 号岩心渗透率随 S_w 变化曲线

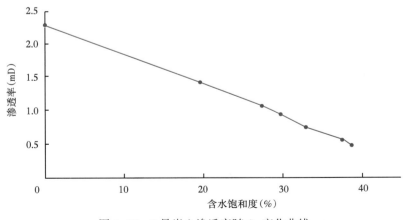

图 1-39 2 号岩心渗透率随 S_w 变化曲线

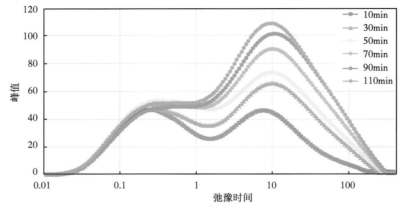

图 1-40　1 号岩心核磁共振 T_2 谱

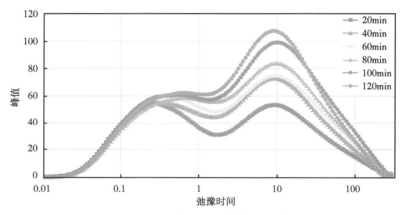

图 1-41　2 号岩心核磁共振 T_2 谱

二、开采过程中致密气可动流体饱和度变化特征

利用致密砂岩岩心,构建不同含水饱和度,记录 T_2 谱的变化规律。从成像对比图(图 1-42 至图 1-48)上可以看出:随着含水饱和度的增加,岩心切面上高亮的部分越来越多,也就是岩心孔隙中的流体含氢越多,孔隙中的地层水也越多;在开采过程中,地层水在毛细管力的作用下,沿着大孔道流动,逐渐充满大孔隙。

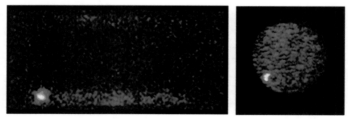

图 1-42　8-2 岩心水饱和 10min 的伪彩图

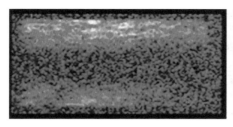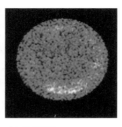

图 1-43 8-2 岩心水饱和 30min 的伪彩图

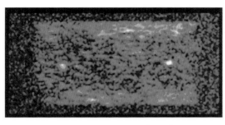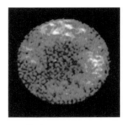

图 1-44 8-2 岩心水饱和 50min 的伪彩图

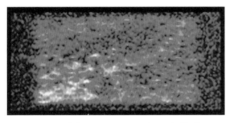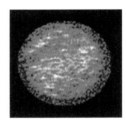

图 1-45 8-2 岩心水饱和 70min 的伪彩图

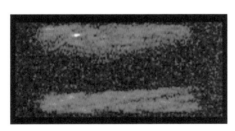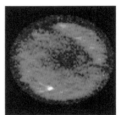

图 1-46 8-3 岩心水饱和 40min 的伪彩图

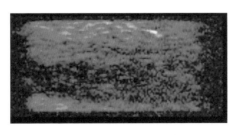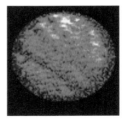

图 1-47 8-3 岩心水饱和 60min 的伪彩图

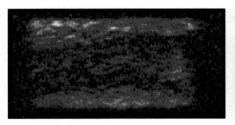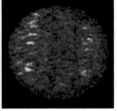

图 1-48 8-3 岩心水饱和 80min 的伪彩图

从 T_2 分布对比曲线（图 1-49 至图 1-56）可以看出：束缚水饱和度优先占据小孔隙，T_2 谱的左峰变化不明显；随着含水饱和度的逐步增大，水相占据更大尺度的孔隙，T_2 谱的右峰逐渐向右偏移，含水饱和度越大，大孔隙被地层水占据的比例越大，与自吸过程有一定的差异。

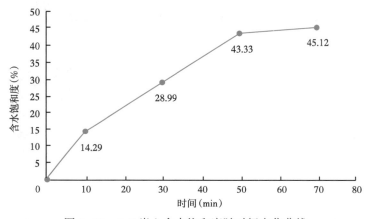

图 1-49 8-2 岩心含水饱和度随时间变化曲线

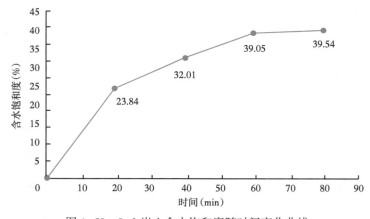

图 1-50 8-3 岩心含水饱和度随时间变化曲线

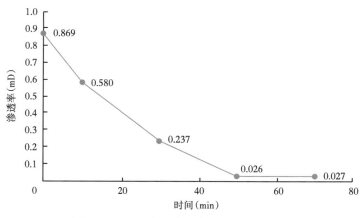

图 1-51 8-2 岩心渗透率随时间变化曲线

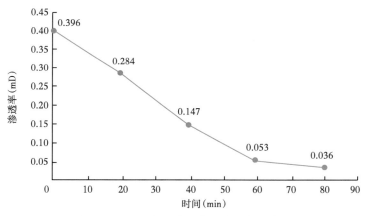

图 1-52 8-3 岩心渗透率随时间变化曲线

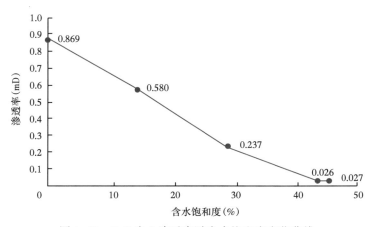

图 1-53 8-2 岩心渗透率随含水饱和度变化曲线

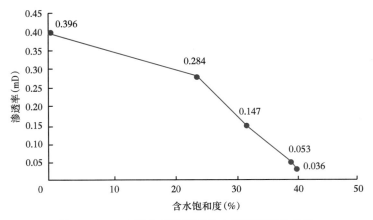

图 1-54　8-3 岩心渗透率随含水饱和度变化曲线

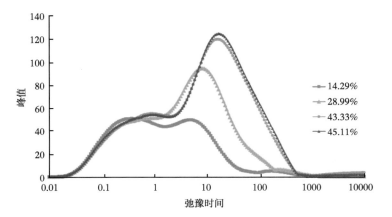

图 1-55　8-2 岩心弛豫时间与 T_2 值的变化曲线

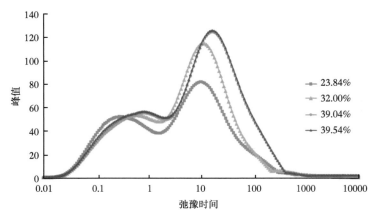

图 1-56　8-3 岩心弛豫时间与 T_2 值的变化曲线

第四节　致密气藏气水两相渗流规律

一、含水致密气藏气体启动压力特性

1. 含束缚水条件下苏里格气藏启动压力

实验主要研究在油藏温度和压力条件下,不同渗透率岩心在不同束缚水饱和度情况下的启动压力,为了保证实验结果的可对比性,相同含水饱和度类型情况下岩心之间的含水饱和度差值不超过2%。

启动压力梯度实验岩心取自苏里格致密气藏,岩心的基础物性见表1—8。

表1—8　含束缚水条件下应力敏感特性实验岩心基础物性参数

岩心编号	直径(cm)	长度(cm)	孔隙度(%)	渗透率(mD)	岩心类型
苏盒2—1	2.402	5.110	5.47	0.032	孔隙型
苏盒2—2	2.402	4.590	5.75	0.181	孔隙型
苏盒2—3	2.402	4.628	8.64	0.461	孔隙型
苏盒2—4	2.418	4.648	9.973	1.427	孔隙型
苏盒2—5	2.418	7.010	9.841	2.462	裂缝型

实验用气为纯度99.999%的氮气,为了避免岩心水敏效应造成渗透率伤害,实验用水根据苏里格气藏实际地层水离子含量配制而成。实验围压设置为55MPa,回压设置为30MPa,岩心初始含水饱和度为40%。

实验步骤:

(1)首先将岩心放入恒温箱中进行48小时的恒温干燥,测量岩心的长度、直径、干重、气体渗透率,之后使用地层水对岩心进行12小时的抽真空饱和并测量湿重,计算岩心孔隙度。

(2)将夹持器围压及岩心出口端回压设置为预定值。打开氮气注入装置并逐级升高压力至p_1(p_1>30MPa)进行恒压气驱过程,驱替至不再出水为止,并根据出水量大小计算出此注入压力下的束缚水饱和度。

(3)逐渐增加p_1值,直至岩心束缚水饱和度到达预设值。岩心达到预设的束缚水饱和度后,降低入口端注入压力至回压值30MPa,然后缓慢地增加注入压力,计量不同压力平方梯度下的气体流量,为了保证计量准确,待气体流速稳定后再进行计量。为了避免因含水饱和度的变化而引起的气水两相流动,入口端最大注入压力不能超过p_1,记录实验数据。

(4)记录完最后一个压力点的流量之后,关闭上下游,取出岩心再次称重,确定实验前后岩心含水饱和度误差不超过2%,否则不能认为岩心中是单相气体流动,须重新进行测定。计算岩样启动压力梯度,并准备下一组实验,并重复步骤(1)~(4)。

根据达西定律可知,气体的流速与压差的关系为:

$$v = \frac{Q}{A} = \frac{10K}{2p_1\mu L}(p_2^2 - p_1^2) \tag{1—22}$$

式中　v——流速,cm/s;

p_2——岩心入口端压力，MPa；

p_1——岩心出口端压力，MPa；

μ——氮气黏度，mPa·s；

L——岩心长度，cm。

由式（1-22）看出，理想情况下，气体渗流速度与压力平方差两者之间的曲线关系为过原点的直线。但根据实际气体启动压力梯度实验结果，进行两者之间的关系拟合时，其得到的关系式不通过原点，表现形式为：

$$v = a(p_2^2 - p_1^2) - b \qquad (1-23)$$

式中 a 和 b——分别为直线的斜率和截距。

当 $v=0$，可以得到实验岩样的气体启动压力为：

$$p_\lambda = \left(\frac{b}{a} + p_1^2 \right)^{\frac{1}{2}} \qquad (1-24)$$

因此，气体启动压力梯度为：

$$G = \frac{p_\lambda - p_1}{L} = \frac{\left(\frac{b}{a} + p_1^2 \right)^{\frac{1}{2}} - p_1}{L} \qquad (1-25)$$

根据实验数据整理分析，得到岩心压力梯度与流量关系，通过两者之间的拟合关系，可得到直线斜率 a 和截距 b，根据式（1-25）可计算得出岩心启动压力梯度。通过实验得到 5 块岩心在不同束缚水饱和度条件下的启动压力（图 1-57）。

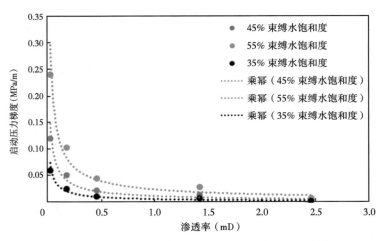

图 1-57　岩心在不同束缚水饱和度下的启动压力梯度

从图 1-57 中可以看出，在同一束缚水饱和度条件下，气体启动压力梯度与岩心渗透率之间成负相关关系，并且岩心渗透率较高时，启动压力梯度随渗透率的变化不大，当岩心处于低渗透率范围时，启动压力梯度随着渗透率的降低而急剧升高[14]，整体上对气体启动压力梯度与岩心渗透率进行拟合，两者呈乘幂函数形式；且在相同岩心渗透率情况下，束缚水饱和度越高,启动压力梯度越大。这是由于在束缚水饱和度下,水相占据部分孔喉、孔道,由于气液表面张力的作用在孔喉处产生贾敏效应,形成渗流阻力,即启动压力,并且含水饱和度越高,贾敏效应越明显。同时贾敏效应也受孔喉尺寸的影响,孔喉越小,贾敏效应越显著,由于岩心渗透率越低,其小孔喉占比越多,且尺寸越小,所以随着岩心渗透率的降低,启动压力升高。

2. 致密岩心动态启动压力

随着气田开采,储层流体压力逐渐降低,孔隙结构发生变化,束缚水在孔喉中的分布情况也不断变化,由前文可知,岩心渗透率和含水饱和度对启动压力有至关作用的影响,因此随着储层流体不断采出,岩心渗透率和流体重新分布将会导致启动压力发生变化,所以启动压力是一个动态值,而不是一个定值,因此研究动态启动压力对于开发气田有着重要意义[15]。

实验采用固定围压 55MPa,不断改变回压的大小,从原始地层压力 30MPa 开始逐渐降低,研究在不同回压下,三种束缚水饱和度条件下岩心中的启动压力梯度;并研究不同渗透率岩心中的启动压力梯度的大小,分析渗透率和流体压力对启动压力梯度的影响。

实验岩心取自苏里格致密气藏,岩心基础物性见表 1-9。

表 1-9　实验岩心基础物性

岩心	直径(cm)	长度(cm)	孔隙度(%)	渗透率(mD)	岩心类型
苏盒 3-1	2.408	6.120	9.12	2.561	裂缝型
苏盒 3-2	2.412	4.738	8.24	0.481	孔隙型
苏盒 3-3	2.402	5.810	5.97	0.038	孔隙型

实验用气为纯度 99.999% 的氮气,为了避免岩心水敏效应造成渗透率伤害,实验用水根据苏里格气藏实际地层水离子含量配制而成。

实验步骤:

(1)首先将岩心放入恒温箱中进行 48 小时的恒温干燥,测量岩心的长度、直径、干重、气体渗透率,之后使用地层水对岩心进行 12 小时的抽真空饱和并测量湿重,计算岩心孔隙度。

(2)将夹持器围压及岩心出口端回压设置为预定值。打开氮气注入装置并逐级升高压力至 p_1($p_1 > 30$MPa)进行恒压气驱过程,驱替至不再出水为止,并根据出水量大小计算出此注入压力下的束缚水饱和度。

(3)逐渐增加 p_1 值,直至岩心束缚水饱和度到达预设值。岩心达到预设的束缚水饱和度后,降低入口端注入压力至与回压值相同,然后缓慢地增加注入压力,计量不同压力平方梯度下的气体流量,为了保证计量准确,待气体流速稳定后再进行计量。为了避免因含水饱和度的变化而引起的气水两相流动,入口端最大注入压力不能超过 p_1,记录实验数据。

(4)记录完最后一个压力点的流量之后,关闭上下游,取出岩心再次称重,确定实验前后岩心含水饱和度误差不超过 2%,否则不能认为岩心中是单相气体流动,须重新进行测定。计算该回压下岩样的启动压力梯度。

(5)取出岩心重新抽真空饱和 100% 地层水,按照预设的压力梯度,依次调节出口端回压为 25MPa、20MPa、15MPa、10MPa、5MPa,分别进行步骤(2)~(4),得出同一岩心渗透率和束缚水饱和度下的动态启动压力梯度。

（6）重复步骤（1）～（5），得出不同渗透率岩心在不同束缚水条件下的动态启动压力梯度。

根据实验数据整理得出岩心的压力梯度与流量关系，通过回归可以得出斜率 a 和截距 b，根据公式（1-25）可以计算得出不同束缚水饱和度、不同回压下，岩心的启动压力梯度大小。

苏盒 3-1 岩心在不同束缚水饱和度条件下的启动压力梯度如图 1-58 所示。

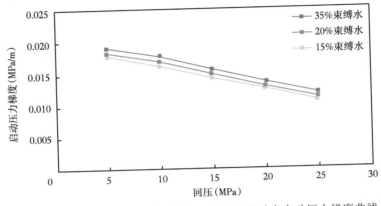

图 1-58　不同束缚水饱和度下苏盒 3-1 岩心的动态启动压力梯度曲线

从图 1-58 中可以看出在不同含水饱和度条件下，苏盒 3-1 岩心的启动压力梯度随流压的降低而增加，但是增加幅度不大，两者之间的拟合曲线几乎成线性关系；且三种束缚水状态之间差距不大，当流压保持不变时，含水饱和度越高，启动压力越大。出现这种现象的原因是：岩心渗透率高，且含有裂缝，渗流通道大，即使含有束缚水，对于大孔道而言，并没有完全封堵，束缚水在裂缝及大孔道中以水膜形式存在对气体渗流影响不大，且贾敏效应弱，所以三种束缚水状态启动压力之间差距不大；并且高渗透率岩心应力敏感弱，流压降低，但有效渗流通道变化不大，所以启动压力梯度变化不大。

苏盒 3-2 岩心在不同束缚水饱和度条件下的启动压力梯度如图 1-59 所示。

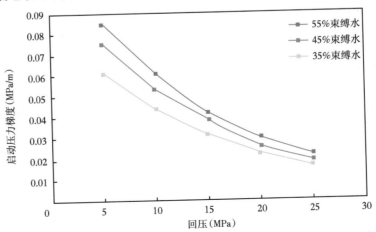

图 1-59　不同束缚水饱和度下苏盒 3-2 岩心的动态启动压力梯度曲线

从图 1-59 中可以看出在不同含水饱和度条件下,苏盒 3-2 岩心启动压力梯度变化明显,随流压的降低而增加,并且增加幅度显著增加,线性关系被破坏。三种束缚水状态之间差距随着流压降低而增加,当流压压保持不变时,含水饱和度越高,启动压力越大。出现这种现象的原因是:由于含有束缚水,部分孔喉、孔道被完全封堵,导致贾敏效应产生,在相同回压条件下,岩心有效孔隙半径基本相同,但是含水饱和度越高,被封堵的通道占比越多,贾敏效应越强,所以启动压力梯度越大;由上文研究可知,对于低渗透率岩心而言,含水饱和度越高,岩心应力敏感越强,随着回压降低,不同含水饱和度下的有效渗流通道变化幅度出现差异,所以回压降低,启动压力梯度之间差距越来越大。

苏盒 3-3 岩心在不同束缚水饱和度条件下的启动压力梯度如图 1-60 所示。

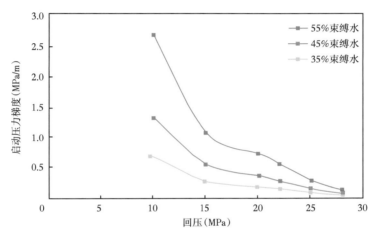

图 1-60 不同束缚水饱和度下苏盒 3-3 岩心的动态启动压力梯度曲线

从图 1-60 中可以看出在不同束缚水饱和度条件下,苏盒 3-3 岩心的启动压力梯度随着回压的降低迅速增加,呈指进式增加,且三种束缚水状态之间的差距随着流压降低而变得更大,当流压压保持不变时,含水饱和度越高,启动压力越大。出现这种现象的原因是:岩心渗透率变得更低,岩心应力敏感性变得更强,回压降低,渗流通道有效半径急剧变小,含水饱和度越高,变化越明显,贾敏效应增加显著,所以启动压力梯度呈指数增长,且差距越来越大。

二、致密气藏气水两相相对渗透率

准确获得所研究油气藏的真实相对渗透率曲线,并找到影响相对渗透率的因素,分析影响机理,对准确认识该储层的两相流体渗流机理和深入了解储层特性有重要意义。但现有实验方法并不适用于致密岩心,因为标准的 JBN 方法并没有考虑应力敏感特性和启动压力,无法准确反映致密气藏实际渗流规律,且实验所用致密岩心孔隙度很低,完全饱和水后水体积小,难以用常规方法测出水量的计量,所以推导出适用于致密岩心的气水相对渗透率公式具有实际的意义,并且利用核磁共振在线扫描的方法,可以准确地计算出口端含水率,对于实验至关重要。

在目前的致密岩心相对渗透率测定中,广大学者常采用非稳态法测试,即 JBN 方法,但是行业标准给出的 JBN 方法考虑的因素与致密气藏实际渗流情况不符,JBN 运用的经典达西运动公式,其中并没有考虑流体的启动压力梯度及储层的应力敏感效应,流体启动压力和储层的应力敏感特征会增加流体渗流阻力，改变流体渗流空间，必然会对两相流体的流动产生影响，气水两相相对渗透率曲线会有一定的差异。因此需要改进 JBN 方法，将启动压力和应力敏感特性考虑进去。

1. 考虑启动压力与应力敏感的气水相渗模型推导

由渗流力学中得到气体等饱和度面移动方程：

$$x = \frac{f'_g(S_w)}{\phi A} \int_0^t Q(t)\,\mathrm{d}t \tag{1-26}$$

在岩心出口端，则：

$$L = \frac{f'_g(S_{we})}{\phi A} \int_0^t Q(t)\,\mathrm{d}t \tag{1-27}$$

式中　$f'_g(S_w)$——含气率对含水饱和度的导数；

　　　$Q(t)$——注气速度，cm^3/s；

　　　ϕ——岩心孔隙度；

　　　A——岩心截面积，cm^2；

　　　L——岩心长度，cm；

　　　S_{we}——岩心出口端含水饱和度。

令 $\overline{V}(t) = \dfrac{\displaystyle\int_0^t Q(t)\,\mathrm{d}t}{\phi AL}$ 为无量纲注气量，则：

$$\overline{V}(t) = \frac{1}{f'_g(S_{we})} \tag{1-28}$$

在气驱水过程中，由于水相在岩心中含量很少，不易测量出口端压力值，所以针对气体进行压力计量，由于达西定律得：

$$\frac{Q_g}{A} = -\frac{KK_{rg}}{\mu_g}\left(\frac{\partial p_g}{\partial x} - \lambda_g\right) \tag{1-29}$$

故：

$$-\frac{\partial p_g}{\partial x} = \frac{Q_g \mu_g}{AKK_{rg}} - \lambda_g = \frac{\mu_g v f_g}{KK_{rg}} - \lambda_g \tag{1-30}$$

式中　v——气体注入速度，实验时保持气体注入速度保持恒定。

岩心两端的气体压差为 Δp，则：

$$\Delta p = p_1 - p_2 = -\int_0^L \frac{\partial p_g}{\partial x}\mathrm{d}x = \mu_g v \int_0^L \left(\frac{f_g}{KK_{rg}} - \lambda_g\right)\mathrm{d}x \tag{1-31}$$

出口端见气后，p_2 与 p_1 相差不大，取 $K = K_i \mathrm{e}^{-b\phi(p_i - \overline{p})}$，其中 $\overline{p} = \dfrac{p_1 + p_2}{2}$，并且启动压力梯度取定值。则：

$$\Delta p = p_1 - p_2 = -\int_0^L \frac{\partial p_g}{\partial x} dx = \frac{\mu_g v}{K_i e^{-b\phi(p_i - \bar{p})}} \int_0^L \frac{f_g}{K_{rg}} dx - \lambda_g L \tag{1-32}$$

由式(1-26)、式(1-27)得：

$$x = \frac{L}{f_g'(S_{we})} f_g'(S_w) \tag{1-33}$$

所以：

$$dx = \frac{L}{f_g'(S_{we})} df_g'(S_w) \tag{1-34}$$

将式(1-34)代入式(1-32)得：

$$\Delta p + \lambda_g L = \frac{\mu_g v}{K_i e^{-b\phi(p_i - \bar{p})}} \frac{L}{f_g'(S_{we})} \int_0^{f_g'(S_w)} \frac{f_g}{K_{rg}} df_g'(S_w) \tag{1-35}$$

所以：

$$\int_0^{f_g'(S_w)} \frac{f_g}{K_{rg}} df_g'(S_w) = \frac{K_i e^{-b\phi(p_i - \bar{p})}(\Delta p + \lambda_g L) f_g'(S_{we})}{\mu_g v L} = \frac{1}{\bar{V}(t) I} \tag{1-36}$$

其中：

$$I = \frac{\mu_g v L}{K_i e^{-b\phi(p_i - \bar{p})}(\Delta p + \lambda_g L)} \tag{1-37}$$

由式(1-36)两边对 $f_g'(S_w)$ 求导得：

$$\frac{f_g(S_{we})}{K_{rg}(S_{we})} = \frac{d(\frac{1}{\bar{V}(t) I})}{df_g'(S_w)} = \frac{d(\frac{1}{\bar{V}(t) I})}{d(\frac{1}{\bar{V}(t)})} \tag{1-38}$$

得：

$$K_{rg}(S_{we}) = f_g(S_{we}) d(\frac{1}{\bar{V}(t)}) / d(\frac{1}{\bar{V}(t) I}) \tag{1-39}$$

根据气水两相渗流运动方程：

$$v_g = \frac{Q_g}{A} = -\frac{K K_{rg}}{\mu_g}\left(\frac{\partial p_g}{\partial x} - \lambda_g\right) \tag{1-40}$$

$$v_w = \frac{Q_w}{A} = -\frac{K K_{rw}}{\mu_w}\left(\frac{\partial p_w}{\partial x} - \lambda_w\right) \tag{1-41}$$

忽略毛细管力，得：

$$f_g = \frac{v_g}{v_g + v_w} = \frac{\dfrac{\mu_w}{K_{rw}} - \dfrac{KA}{Q}(\lambda_w - \lambda_g)}{\dfrac{\mu_w}{K_{rw}} + \dfrac{\mu_g}{K_{rg}}} \tag{1-42}$$

将式（1-39）代入式（1-40）得：

$$K_{rw}(S_{we}) = \frac{\mu_w[1 - f_g(S_{we})]}{\dfrac{\mu_g f_g(S_{we})}{K_{rg}(S_{we})} + \dfrac{K_i e^{-b\phi(p_i - \bar{p})}}{v}(\lambda_w - \lambda_g)} \tag{1-43}$$

以上即为考虑启动压力梯度和应力敏感的致密气藏气水两相相对渗透率计算公式。以苏里格致密气藏的天然岩心召 1-1 为例，将新的计算方法与传统 JBN 法进行对比分析，所用岩心的基础参数见表 1-10。

表 1-10　实验岩心基础物性

岩心	直径（cm）	长度（cm）	孔隙度（%）	渗透率（mD）
召 1-1	2.402	4.628	8.403	0.0529

将岩心召 1-1 在常规测试条件下气水的相对渗透率实验数据分别按照传统的 JBN 方法和本文中推导出的新的气水两相渗流模型进行计算，两者的相对渗透率曲线对比如图 1-61 所示。其中气相启动压力梯度与岩心的渗透率应力敏感数据由之前的实验得出，水相启动压力梯度根据目标区块以往实验数据得到。

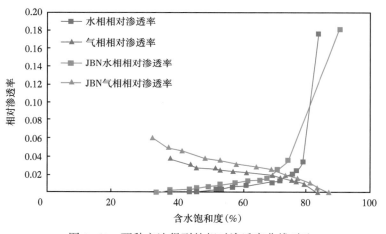

图 1-61　两种方法得到的相对渗透率曲线对比

从图 1-61 中看出，两种气水两相相对渗透率计算方法得到的曲线特征有显著的不同：新模型计算得到的气水相渗曲线中气水两相相对渗透率明显降低，并且气水同流的区域变小，并且随着非润湿相饱和度的增加，其润湿相相对渗透率下降速度变得更快，非润湿相相对渗透率上升速度变得缓慢，等渗点向右下方偏移，岩心的驱替效率变低，最终的残余水饱和度升高，且其对应的非润湿相相对渗透率大幅降低。岩心的应力敏感特性造成岩心渗透率伤害，减小流体的渗流空间，导致气水两相的渗流能力同时降低，由于有效渗流半径的减小，以不连续状态存在的气泡与水滴产生的附加界面阻力增大，所以想要达到两相共同流动，必须到达更高的饱和度才能变成连续状态流动，导致气水同流区域变小。同时由于启动压力梯度的存在，导致气体渗流产生附加阻力，所以气体渗透率的上升速度变慢，通过对比分析发现，JBN 方法忽略了启动压力梯度和应力敏感性的影响，导致气水相对渗透率曲线出现较大的误差,而本章中推导出来的新公式更能反映气水两相在实际储层中的真实相对渗透率规律。因此,在本章后面的所有气水相对渗透率实验结果的处理中使用此新方法来进行计算。

2. 不同物性类型储层的气水相对渗透率特征

由于特殊的成藏原因,所以苏里格气藏地层具备很强的非均质性,主要表现在渗透率的非均质性。根据储层渗透能力的大小,可以将苏里格储层分为四个等级,即Ⅰ类储层、Ⅱ类储层、Ⅲ类储层、Ⅳ类储层。不同类型的储层在孔喉结构,孔隙连通情况,渗流通道几何尺寸等方面有明显差异,必定会对气水两相在储层中的渗流造成一定影响,其气水相对渗透率曲线会有区别。因此,为认识苏里格致密气藏不同类型储层的气水相对渗透率曲线特征,需对多块不同储层类型岩心进行气水两相相对渗透率测试实验。

实验中岩心取自苏里格致密气藏的天然岩心,岩心按照渗透率分为Ⅰ类、Ⅱ类、Ⅲ类、Ⅳ类,分别是大于 1mD、0.5~1mD、0.1~1mD、小于 0.1mD,每类岩心准备 9 块进行测试,岩心的基础物性见表 1-11。

表 1-11　岩心基础物性

岩心编号	渗透率（mD）	岩心类型	岩心编号	渗透率（mD）	岩心类型
苏 40	2.601	Ⅰ	召 82	0.212	Ⅲ
苏 63	11.762	Ⅰ	召 43	0.423	Ⅲ
苏 64	7.857	Ⅰ	召 44	0.418	Ⅲ
苏 128	1.152	Ⅰ	召 45	0.132	Ⅲ
苏 134	3.085	Ⅰ	召 46	0.469	Ⅲ
苏 135	2.744	Ⅰ	召 36	0.330	Ⅲ
苏 194	2.261	Ⅰ	召 35	0.251	Ⅲ
苏 326	1.018	Ⅰ	苏 329	0.343	Ⅲ
苏 327	2.422	Ⅰ	苏 330	0.205	Ⅲ
召 78	0.588	Ⅱ	盒 39	0.082	Ⅳ
统 41	0.789	Ⅱ	盒 40	0.089	Ⅳ
统 42	0.634	Ⅱ	盒 41	0.077	Ⅳ
统 43	0.682	Ⅱ	盒 42	0.036	Ⅳ
统 44	0.747	Ⅱ	盒 43	0.027	Ⅳ
统 40	0.783	Ⅱ	盒 44	0.041	Ⅳ
统 36	0.878	Ⅱ	盒 45	0.098	Ⅳ
统 37	0.592	Ⅱ	盒 46	0.091	Ⅳ
苏 328	0.968	Ⅱ	盒 47	0.044	Ⅳ

使用纯度 99.999% 的氮气作为气源,为了避免岩心的水敏效应造成渗透率伤害,实验用水根据苏里格气藏实际地层水离子含量配置而成,实验条件为常温常压。致密气藏气水两相相对渗透率流特征实验流程参照行业标准《岩石中两相流体相对渗透率测定方法》(SY/T 5345—2007)进行。

37

气驱水过程如果采用恒流驱替,实验难以控制,故采用恒压驱替,气驱水的驱替压力利用式(1-26)确定:

$$\frac{\sigma \times 10^{-3}}{\Delta p \sqrt{K/\phi}} \leqslant 0.6 \tag{1-44}$$

式中　σ——气水界面张力,mN/m;

　　　K——岩心渗透率,mD;

　　　ϕ——岩心孔隙度,%;

　　　Δp——实验驱替压差,MPa。

针对不同的岩心,在式(1-44)基础上选择合适的压力进行气驱水的两相相对渗透率研究,实验流程如图1-62所示。

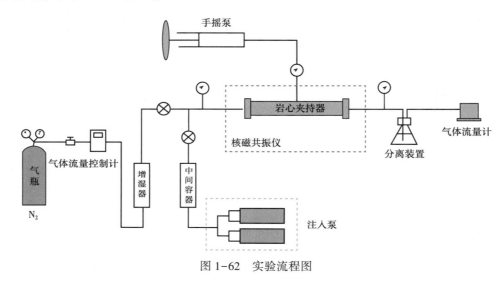

图1-62　实验流程图

具体实验步骤为:

(1)首先将岩心放入恒温箱中进行48小时的恒温干燥,测量岩心的长度、直径、干重,之后使用地层水对岩心进行12小时的抽真空饱和并测量湿重,计算岩心孔隙度;

(2)将岩心放入岩心夹持器中并加围压,使用地层水进行驱替,待驱替稳定后测量岩心的水相渗透率;

(3)根据计算得出的驱替压力值开始氮气恒定压力驱替实验,在实验过程中,每隔一定时间及时记录岩心两端气体压力、流量、时间等实验数据,每间隔一定时间测量岩心出口端气体流量时,再次利用核磁得到此时刻下的 T_2 谱,初始时刻与此时刻下的 T_2 谱下的包面积之差就是此时间段内出水量,每间隔一定时间进行核磁测试,得到一个出水量与时间的关系曲线,求导可得每个时刻的出水速度,可以计算出口端的含水率,测量最终剩余水饱和度下的非润湿相渗透率,取出岩心称重得最终残余水饱和度,通过计算可获得气水两相相对渗透率曲线;

(4)放入其他岩心,重复步骤(1)~(3),测量不同物性类型岩石的相对渗透率曲线。

四类储层的相对渗透率曲线如图1-63至图1-66所示。

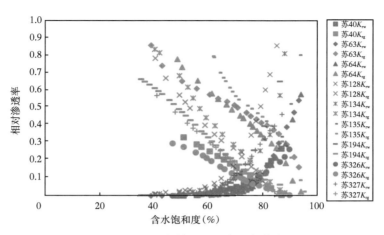

图 1-63　Ⅰ类储层相对渗透率曲线

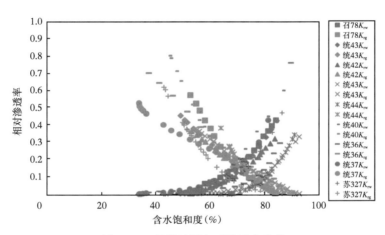

图 1-64　Ⅱ类储层相对渗透率曲线

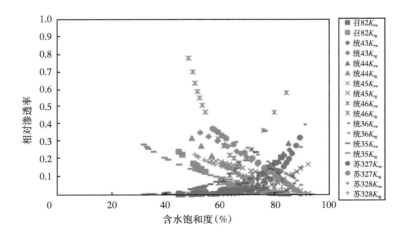

图 1-65　Ⅲ类储层相对渗透率曲线

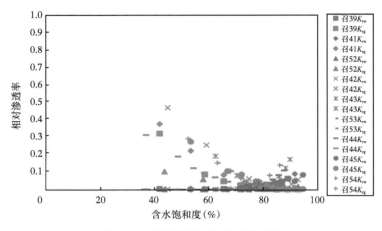

图 1-66　Ⅳ类储层相对渗透率曲线

　　从实验结果可以看出，不同储层类型岩心，气水相对渗透率曲线具有相似特征：随着非润湿相气体驱替进行，含气饱和度增加的初始阶段，气相相对渗透率缓慢上升，水相相对渗透率缓慢下降，在气体驱替后期，气相相对渗透率快速增加，同时水相相对渗透率迅速下降[15]。出现这种现象的原因主要是岩石润湿性为水湿，并且初始阶段进入岩心的气量还很少，因此气体主要以分散态的不连续气泡的形式存在于大孔道中，对于仍处于连续相状态的水相而言，并不会对其渗流造成太大的影响，所以使得在含气饱和度上升的初始阶段，水相相对渗透率降低缓慢，气相相对渗透率缓慢上升。随着气体驱替的不断进行，气体饱和度不断增加，气相逐渐由分散状态向连续相状态转变，大孔道中的水不断被气体驱替，最终水相存在于孔隙壁面和更细小的毛细孔隙中，水的渗流能力大幅降低，导致在气体驱替的后期，气体相对渗透率快速上升，而水相相对渗透率快速降低。

　　为了便于分析不同储层之间的相渗曲线的变化规律及其差异，将不同类型储层对应的岩心相渗曲线进行归一化处理，结果如图 1-67 至图 1-70 所示。

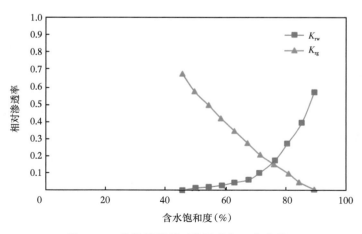

图 1-67　Ⅰ类储层相对渗透率归一化曲线

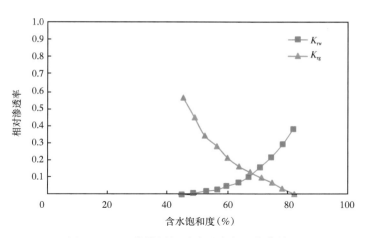

图 1-68 Ⅱ类储层相对渗透率归一化曲线

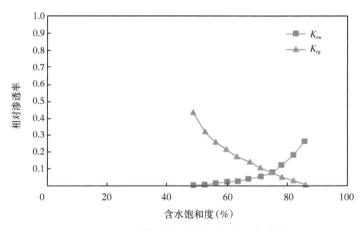

图 1-69 Ⅲ类储层相对渗透率归一化曲线

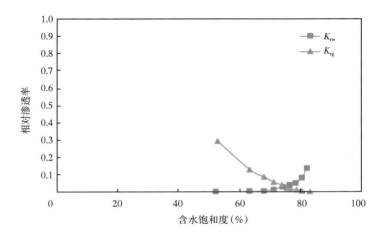

图 1-70 Ⅳ类储层相对渗透率归一化曲线

从实验数据归一化曲线可以看出：岩心渗透率与水相相对渗透率下降速度呈负相关关系，与气相相对渗透率上升速度呈正相关关系。并且当岩心渗透率逐渐降低，气水两相渗流区范围不断减小，岩心的残余水饱和度逐渐上升，等渗点不断向右下方偏移，并且残余水饱和度下的气相相对渗透率不断降低。渗透率差异对气水相对渗透率产生的影响，其根本原因是岩石孔隙结构之间的差异。因为孔隙结构对渗流通道和流体分布有重要影响，因此，流体在不同渗透率岩心中的流动阻力存在差异，流体的相对渗透率会有明显不同。根据相对渗透率归一化结果可知：物性好的岩心，气、水的有效渗透率大，残余水饱和度低，且岩心物性越好，对气相流动越有利。

第二章 典型致密气藏生产动态特征与分类评价

致密气藏具有储层致密、有效砂体结构复杂、非均质性强的地质特征,与北美致密气藏相比,其砂体规模小、有效储层薄,地质条件更差,表现在埋藏深(2800~3700m)、储层薄(3~15m)、横向连续性差、丰度低[(1.1~1.5)×10^{8}m^3/km^2]、压力低(0.70~0.98MPa),覆压条件下渗透率小于0.1mD的样品比例达到92%,单井一般无自然产能。在特殊复杂的地质条件和开采模式下,致密气藏投产井数多,气井产量低,初期递减快,压力恢复难,在生产中长期处于不稳定流阶段,达到边界流的时间相对较长,为气井动态规律和生产管理带来了巨大挑战,因此有必要分析典型致密气藏的生产动态特征和分类评价情况,为其他致密气藏开发提供经验[16]。

第一节 苏里格气田致密气井生产动态特征及分类评价

苏里格气田是典型的致密气藏,自2000年发现以来,坚持低成本开发战略,采用井下节流、简化开采、低压集气的低成本开发模式,通过管理和技术创新,形成了12项配套技术和"5+1"合作开发模式,攻克了"三低"致密气藏有效开发难题,2006年苏里格气田规模开发,2013年底形成230×10^{8}m^{3}规模,稳产6年来,累计投产气井12978口(水平井1418口),累计产气量为1877×10^{8}m^3。

苏里格气田是"三低"气田,它的开发是世界级的难题。2002年,苏里格气田确定了开发评价方向,围绕着寻找高产富集区、大幅提高单井产量、以高产井实现效益开发的思路[17,18],建立了苏S先导性开发试验区,先后投产运行28口气井并采用放压生产模式生产,但通过评价发现气井初期压力高、下降快、稳产时间短,井筒及地面管线水合物堵塞严重。经过几年技术攻关,为了简化地面流程、降低建设投资、防止井筒及地面水合物生成,苏里格气田气井均采用井下节流、低压集气的生产模式[19,20]。为此本节主要阐述苏里格气田如何总结致密气井生产规律,建立分类评价标准,指导气井管理。

一、苏里格气田致密气井生产动态特征

苏里格气田气井存在两种不同的生产模式[21,22],无井下节流气井主要以先导性试验区的28口老井为主,而评价期后,气井均采用井下节流生产,下面介绍井下节流器生产和无井下节流器生产两种不同模式下的生产特征。

通过典型井生产曲线(图2-1、图2-2)可以看到,两种生产模式的生产特征都表现出了初期递减快,具有长期的低压、低产期,目前都处于间开阶段。井下节流器典型井的油压因节流稳定在2~3MPa,油套压差非常明显,从油套压曲线可以直观地判断气井是否存在井下节流;其次,无井下节流器典型井的压力产量明显较井下节流器生产典型井初期递减更快,且不同的生产方式决定了气井的生产特征[23]。

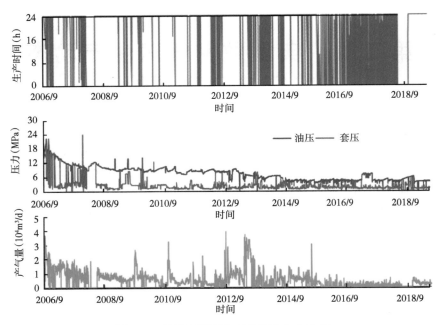

图 2-1　井下节流器生产典型井生产曲线

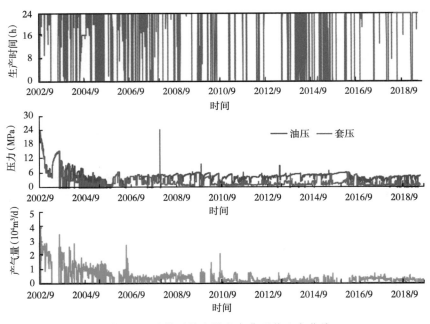

图 2-2　无井下节流器生产典型井生产曲线

气田目前无井下节流气井主要以先导性试验区 28 口老井为主,而评价期后,气田气井都采用井下节流生产,为了更好地对比井下节流器生产和无井下节流器生产的致密气井生产特征,本节选取井下节流生产的 2006 年投产井和 28 口老井为研究对象(图 2-3、图 2-4),评价动态指标的差异。

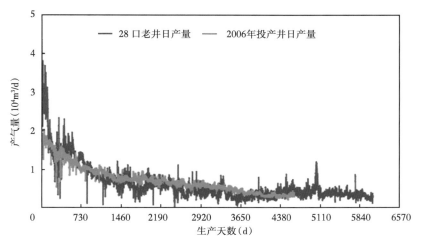

图 2-3　不同生产方式下的日产气量对比

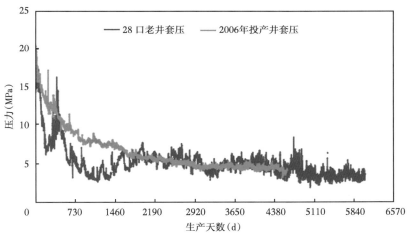

图 2-4　不同生产方式下的压力对比

1. 气井初期递减快，具备长期低压、低产期

从压力和产量变化特征来看具有明显的两段式特征，考虑气井在当前储层和管柱条件下的临界携液流量 $0.5 \times 10^4 m^3/d$ 和气井外输压力 6MPa，从生产曲线看出气井 80% 的生产时间处于低压、低产阶段，且低产阶段采出的气量占到最终累计采气量比例较大，具有较长的低产、低压期（图 2-3、图 2-4）。

从产量特征曲线（图 2-3）可以看到，无井下节流器生产气井的初期产量递减快，平均单井产气量 $0.15 \times 10^4 m^3/d$，井均累计产气量 $2432 \times 10^4 m^3$；而井下节流器生产气井的初期产量递减较为平缓，平均单井产气量 $0.19 \times 10^4 m^3/d$，井均累计产气量 $2510 \times 10^4 m^3$；考虑气井在当前储层和管柱条件下的临界携液流量 $0.5 \times 10^4 m^3/d$，可以看出井下节流器生产气井产量降至 $0.5 \times 10^4 m^3/d$ 的时间平均为 4.7 年，对应的阶段累计产气量是 $1473 \times 10^4 m^3$，较无井下节流器生产气井平均晚 1.3 年（图 2-5）。

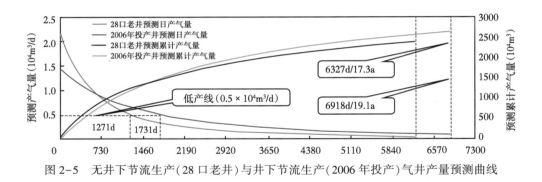

图 2-5　无井下节流生产(28 口老井)与井下节流生产(2006 年投产)气井产量预测曲线

从压力特征曲线(图 2-4)可以看到,无井下节流器生产气井的压力下降快,平均套压 4.4MPa,三年末平均套压 2.6MPa;而井下节流器生产气井的压降较为平缓,平均套压 4.5MPa,三年末平均套压 8.3MPa;若考虑气井外输压力 6MPa,可以看出井下节流器生产气井压力大于 6MPa 的生产时间是 5.4 年,较无井下节流器生产气井长 4.2 年。

2. 井下节流生产气井动态指标优于无井下节流生产气井

在已投产 12 年以上的生产数据基础上,采用递减分析方法在相同的废弃条件下进行预测[24],28 口老井生命周期 17.3 年,预测累计产气量 2579×10⁴m³;2006 年投产井生命周期 19.1 年,预测累计产气量 2795×10⁴m³。28 口老井比 2006 年投产井生命周期短 1.8 年,预测累计产气量少 216×10⁴m³(图 2-5)。28 口老井比 2006 年投产井早 460 天进入低产期(产气量小于 0.5×10⁴m³/d),该阶段累计产气量少 225×10⁴m³,占生命周期累计产气量比例小 4.3%(表 2-1)。由于统计数据中的气井均生产超过 12 年以上,大部分井已经达到废弃条件,因此该预测结果是完全可信的。

表 2-1　28 口老井与 2006 年投产井生命周期数据对比表

投产井	产量降至 0.5×10⁴m³/d				预测累计产气量 (10⁴m³)	预测生产年限 (d/a)
	时间 (d)	占生命周期时间比例(%)	阶段累计产气量 (10⁴m³)	占生命周期累计产气量比例(%)		
28 口老井	1271	20.01	1248	48.4	2579	6327/17.3
2006 年投产井	1731	24.49	1473	52.7	2795	6981/19.1

因此,井下节流生产气井控制压差,可延长气井稳产时间,而无井下节流气井产量压力递减更快,两种生产方式的生产特征不同,若气层具有一定的压敏效应,同时在一定压差条件下外围的低渗透区有向高渗透区供气的可能性,合理的气井生产制度可在一定程度上提高单井最终累计产气量[25]。

3. 气井全生命周期的生产特征

针对气井渗流规律、生产特点及现场管理需求,气井在整个生命周期内的不同阶段具有不同的生产特点,可将气井生命周期划分成投产初期段、自然连续生产段、措施连续生产段、间开生产段及经济废弃段五个生产阶段,每个生产阶段的压力、产量、压降速率均呈现不同的特点[26]。

下面以典型井为例,说明气井生命周期的阶段划分情况及阶段的特点。由图 2-6 可见,不同阶段持续时间存在明显差异,产量和压力的变化规律也不同[27]。

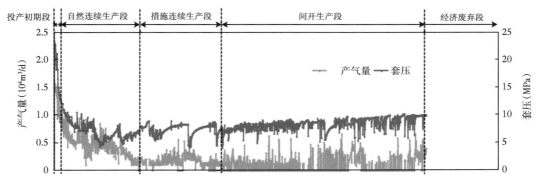

图2-6 典型井全生命周期阶段划分图

(1)投产初期段:近井地带与改造裂缝沟通,产量较高,但受外围供给影响,持续时间较短,持续时间仅为0.25年,该阶段压力、产量下降快,初始压降速率0.09MPa/d,结束压降速率0.02MPa/d,平均压降速率0.06MPa/d,气井净开井时率基本在85%以上,且阶段产气量占整体产气量的5%左右。

(2)连续生产阶段:投产初期结束后,气井进入生产平稳阶段,即连续生产阶段,该阶段主要需要跟踪气井压力、产量变化,气井的近井产出与外围供给基本处于平衡状态,持续4.25年,该阶段产量与套压下降速率变缓并趋于稳定,初始压降速率0.02MPa/d,结束压降速率0.002MPa/d,气井净开井时率65%~85%,且阶段产气量占整体产气量的45%~50%,是气井产量贡献的主要生产段。

(3)措施生产阶段:气井产量下降到临界携液流量附近,气井不能正常连续生产,需要以泡排、速度管柱等辅助措施才能实现连续生产,该阶段持续2.5年,该阶段产量与压力受措施影响,起伏较大,气井净开井时率50%~65%,且阶段产气量占整体产气量的20%~25%。

(4)间开生产阶段:气井能量衰竭过多,只能通过关井恢复提高近井地带压力,提高生产压差,保证气井间歇性生产,该阶段大约持续8年,气井净开井时率基本小于50%,且阶段产气量占整体产气量的15%~20%;间开阶段结束后,气井基本走向生命周期末端,进入经济废弃阶段。

二、苏里格气田致密气井分类标准

苏里格气田开发井多达万余口,且逐年以千余口井的速度递增,若对气井逐一进行分析无疑会带来繁重、巨大的工作量,可操作性不强[23]。为此,在跟踪气井生产情况的基础上加深对气井生产特征的认识,采取对具有相同生产特征的气井进行归类与分析的方法,揭示其共有的生产规律,从而指导同类井的生产,使繁重的动态分析工作简单化[28]。

气田开发初期,气井投产样本数较少,气井分类主要以静态参数及动态参数为指标,其中静态参数主要有气层有效厚度、渗透率、储层系数、储能系数及试气无阻流量[29];动态参数主要有气井合理产量及单位压降采出量。随着气田开发的不断深入,对气井生产规律认识的加深,为规避试气无阻测试时间短和不同配产制度下指标的影响,基于苏里格气田一万余口井样本数的条件下,综合考虑气井动静参数及经济效益等因素,分析单井的预测最终累计产气量与三年平均日产气量概率分布规律,应用偏态分布理论,形成了新的气井分类方法[30]。

1. 气井分类理论依据

将重复发生的或具有特殊分布特征的某个生产井生产参数进行分类评价,可以应用概率统计学原理。致密气井分类主要采用正态分布与偏态分布曲线特点,对气井进行分类。在应用正态分布和偏态分布曲线进行气井动态分类之前,首先将以上两种分布的概念和原理做一个介绍。正态分布通常应用于测量误差及平均值计算结果的描述。通常由加减法计算得到的参数符合正态分布。正态分布曲线主要包括正态分布概率图和正态累积频率分布图(图2-7、图2-8)。偏态分布是与"正态分布"相对,分布曲线左右不对称的数据次数分布,是连续随机变量概率分布的一种[31]。可以通过峰度和偏度的计算,衡量偏态的程度。可分为正偏态和负偏态,前者曲线右侧偏长,左侧偏短;后者曲线左侧偏长,右侧偏短。正偏态分布也包含两种曲线,偏态分布概率图和偏态累积频率分布图。描述这些分布的常用变量包括模量、中值、平均值、标准方差。

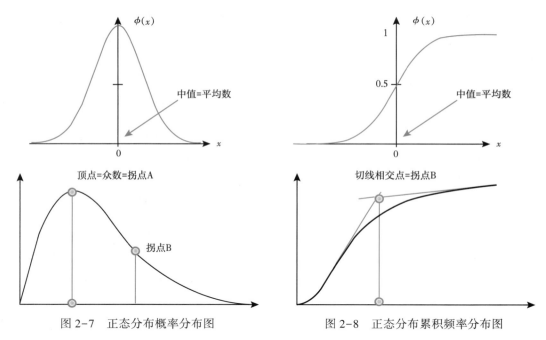

图2-7 正态分布概率分布图　　　　图2-8 正态分布累积频率分布图

2. 气井分类方法在苏里格气田中的应用

以苏里格气田生产时间较长的7238口气井作为样本,统计其三年平均产量并预测最终累计产量,依据正态分布和偏态分布理论作概率分布图和累积频率分布图。结果表明,直井的最终累计产量和三年平均累计产量均符合偏态分布。以气井最终累计产量及三年平均产量累计频率曲线拐点作为节点,初步将气井分为三类,气井最终累计产量累积概率分布图与三年平均产量累积概率分布图如图2-9、图2-10所示。

由图2-9可见,直井的最终累计产量累积概率分布曲线存在两个明显的拐点,根据经济条件评价直井经济极限累计产量为 $1350 \times 10^4 \text{m}^3$,与最终累计产量频率分布曲线的拐点A基本吻合;因此从经济极限区分出Ⅲ类井,其累计产量上限为 $1400 \times 10^4 \text{m}^3$ 左右,表明Ⅲ类是无效益的;同时根据累计产量累积频率分布曲线的拐点B区分出Ⅱ类井和Ⅰ类井。

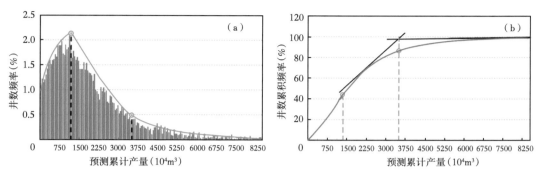

图 2-9 直井最终累计产量概率分布(a)与累积频率(b)分布曲线

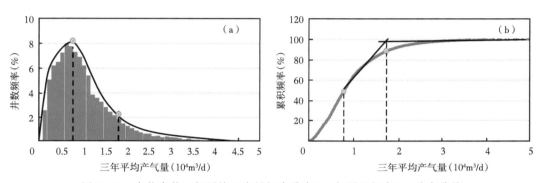

图 2-10 直井直井三年平均日产量概率分布(a)与累积频率(b)分布曲线

从图 2-10 可以看出,直井的三年平均日产量累积频率曲线也存在两个明显的拐点,对应值分别为 $0.8 \times 10^4 m^3/d$ 和 $1.8 \times 10^4 m^3/d$,依据这两个拐点将气井分为三种类型。

除根据气井的最终累计产量和三年平均日产量累积频率曲线进行气井分类之外,进一步考虑了气井的经济极限产量。依据现有的致密气井经济评价标准,建立了不同气价条件下对应的直井经济极限累计产量曲线[32]。不同气价条件下对应的直井经济极限累计产量曲线如图 2-11 所示。

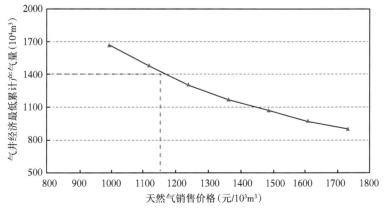

图 2-11 不同气价条件下直井经济极限累计产量曲线

从图 2-11 中可以看出,在现有气价条件下,直井单井建井投资定为 800 万元/年,人均单位操作成定为 130 元/$10^3 m^3$,商品率取历年平均值(92.55%),内部收益率定为 8%时,气井的最终累计产量达到 $1350 \times 10^4 m^3$,就可以满足收益条件。综合直井的预测最终累计产量和不同类型直井三年平均日产量和累积概率及气井经济下限条件,建立直井分类条件见表 2-2。

表 2-2　直井动态分类标准

类型	单气层最大厚度 (m)	累计气层厚度 (m)	无阻流量 ($10^4 m^3/d$)	三年平均产量 ($10^4 m^3/d$)	稳产时间 (a)	最终累计采气量 ($10^4 m^3$)
Ⅰ	>5	>8	>10	1.8	3	≥3500
Ⅱ	3~5	>8	4~10	0.8~1.8	3	1350~3500
Ⅲ	<3	<5	<4	0.8	3	≤1350

根据气田直井分类标准,气田目前投产直井 11560 口,Ⅰ类井 1655 口,Ⅱ类井 4335 口,Ⅲ类井 5560 口,Ⅰ类井+Ⅱ类井比例为 51.9%,产气贡献率占累计产气量的 81.0%。Ⅰ类井平均三年产量 $2.14 \times 10^4 m^3/d$,预测累计产量 $4995 \times 10^4 m^3$。Ⅱ类井平均三年产量 $1.07 \times 10^4 m^3/d$,预测累计产量 $2298 \times 10^4 m^3$。Ⅲ类井平均三年产量 $0.50 \times 10^4 m^3/d$,预测累计产量 $998 \times 10^4 m^3$。合计直井三年平均产量 $0.95 \times 10^4 m^3/d$,预测最终累计产量 $2055 \times 10^4 m^3$。

水平井动态分类的标准与直井类似,也是通过统计生产时间较长的水平井三年平均产量和最终预测累计产量,按照概率统计学原理建立水平井三年平均日产量和最终预测累计产量的累积概率分布曲线(图 2-12、图 2-13)。

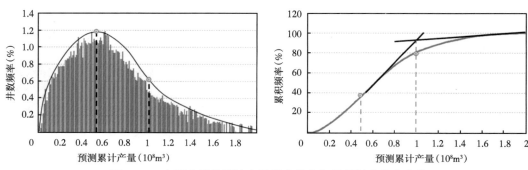

图 2-12　水平井最终累计产量概率分布与累积频率分布曲线

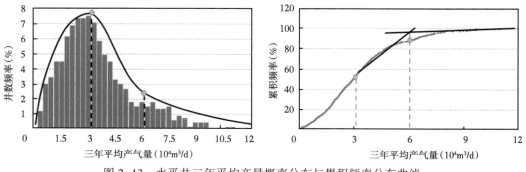

图 2-13　水平井三年平均产量概率分布与累积频率分布曲线

由图 2-12 可知,水平井的最终累计产量累积概率分布曲线存在两个明显的拐点,第一拐点对应的气井最终累计产量为 $0.5×10^8m^3$,第二拐点对应的气井最终累计产量为 $1.0×10^8m^3$;由图 2-13 可知,水平井的三年平均日产量累积频率曲线也存在两个明显的拐点,对应值分别为 $3.0×10^4m^3/d$ 和 $6.0×10^4m^3/d$,依据这两个拐点将气井分为三种类型[33]。

与直井类似,建立了不同气价条件下水平井对应的经济极限累计产量。同一投资目标不同生产年限下水平井经济极限累计产量曲线如图 2-14 所示。

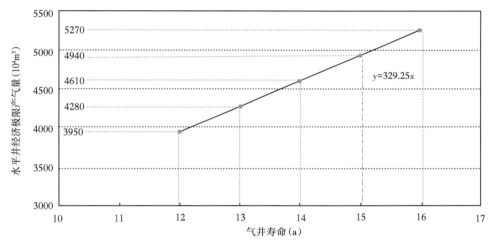

$y=329.25x$

图 2-14　同一投资目标不同生产年限下水平井经济极限累计产量曲线

从图 2-14 中可以看出,在现有气价条件下,水平井单井建井投资定为 2200 万元/年,人均单位操作成定为 130 元/10^3m^3,商品率取历年平均值(92.55%),内部收益率定为 8% 时,气井的最终累计产量达到 $4940×10^4m^3$,就可以满足收益条件。综合水平井的预测最终累计产量和不同类型水平井三年平均日产量累积概率及气井经济下限条件,建立分类标准见表 2-3。

表 2-3　水平井动态分类标准

类别	无阻流量(单点法) ($10^4m^3/d$)	气井产量 ($10^4m^3/d$)	稳产时间 (a)	最终累计采气量 (10^8m^3)
I	≥50	≥6	≥3	≥1.0
II	20~50	3~6	≥3	0.5~1.0
III	≤20	≤3	≥3	≤0.5

根据气田水平井分类标准,气田目前投产水平井 1418 口,I 类井 166 口,II 类井 543 口,III 类井 709 口,I 类井+II 类井比例为 50%,产气贡献率占累计产气量的 72.4%。I 类井平均三年产量 $7.3×10^4m^3/d$,预测累计产量 $12390×10^4m^3$。II 类井平均三年产量 $4.0×10^4m^3/d$,预测累计产量 $7384×10^4m^3$。III 类井平均三年产量 $1.6×10^4m^3/d$,预测累计产量 $3863×10^4m^3$。合计水平井三年平均产量 $3.2×10^4m^3/d$,预测最终累计产量 $6213×10^4m^3$。

三、苏里格气田不同类型气井生产规律

为了总结不同类型气井生产规律,深化气井全生命周期阶段划分及阶段特征描述,同样选取了生产时间超过12年的气井,它们具备了研究气井全生命周期生产规律的条件,且所预测的气井生产指标也靠实,根据上述的分类标准,可总结不同类型气井生产规律和动态指标变化情况[34]。

基于气井分类标准,结合气井生命周期阶段的划分,描述各阶段生产特征,形成了不同类型井全生命周期的开发特点。

1. I类井不同生产阶段生产规律

I类井根据生产情况,通过产量不稳定分析、产量递减分析、压降法等[35,36]手段预测平均单井动用地质储量为 $4800 \times 10^4 m^3$,预测平均最终累计采气量为 $4365 \times 10^4 m^3$。

若按照气井全生命周期划分,投产初期阶段时间为0.25年左右,投产初期阶段末期,平均套压17MPa,平均产气量 $2.4 \times 10^4 m^3/d$,阶段累计产气量占最终累计采气量的4%;连续生产期时间共计6.75年,时间较长,累计产气量占最终累计采气量的70%,其中生产三年累计产气量占最终累计采气量的43%;措施连续生产期持续4年,初始套压5.2MPa,产气量 $0.7 \times 10^4 m^3/d$,累计产气量占最终累计采气量的85%;间歇生产期持续12年,初始套压3.4MPa,平均产气量 $0.4 \times 10^4 m^3/d$,占动储量的91%;废弃产量 $0.1 \times 10^4 m^3/d$,废弃套压1.5MPa(图2-15)。I类井不同生命周期阶段指标见表2-4。

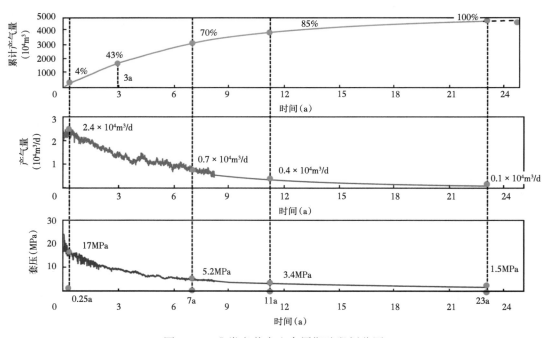

图2-15　I类老井全生命周期阶段划分图

表 2-4 I 类井老井全生命周期阶段指标结果表

生产阶段	投产初期段	自然连续生产段	措施连续生产段	间开生产段
持续时间(a)	0.25	6.75	4	12
阶段累计产量占比(%)	4	66	15	15
结束时平均产气量($10^4 m^3/d$)	2.4	0.7	0.4	0.1
结束时套压(MPa)	17	5.2	3.4	1.5

2. II类井不同生产阶段生产规律

II类井同样通过产量不稳定分析、产量递减分析、压降法等手段预测平均单井动用地质储量为 $3000 \times 10^4 m^3$,预测平均最终累计采气量为 $2298 \times 10^4 m^3$。

II类井投产初期时间持续 0.25 年左右,投产初期阶段末期,套压 16MPa,产气量 $1.1 \times 10^4 m^3/d$,累计产气量占最终累计采气量的 5%;连续生产期时间持续 3.25 年,累计产气量占最终累计采气量的 50%,其中生产三年累计产气量占最终累计采气量的 45%;措施连续生产期持续 2.5 年,初始套压 6.6MPa,产气量 $0.7 \times 10^4 m^3/d$,累计产气量占最终累计采气量的 70%;间歇生产期持续 9 年,初始套压 5.0MPa,日产气量 $0.4 \times 10^4 m^3$,占动储量的 76%;废弃产量 $0.1 \times 10^4 m^3/d$,废弃套压 3MPa(图 2-16)。II类井不同生命周期阶段指标见表 2-5。

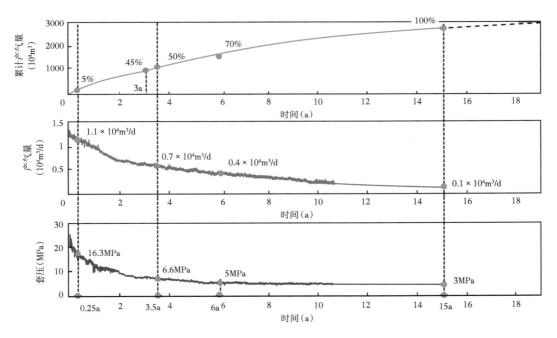

图 2-16 II类老井全生命周期阶段划分图

表 2-5 II类井老井全生命周期阶段指标结果表

生产阶段	投产初期段	自然连续生产段	措施连续生产段	间开生产段
持续时间(a)	0.25	3.25	2.5	9
阶段累计产量占比(%)	5	45	20	30
结束时平均产气量($10^4 m^3/d$)	1.1	0.7	0.4	0.1
结束时套压(MPa)	16	6.6	5	3

3. Ⅲ类井不同生产阶段生产规律

Ⅲ类井同样通过产量不稳定分析、产量递减分析、压降法等手段预测平均单井动用地质储量为 $1500×10^4m^3$,预测平均最终累计采气量为 $998×10^4m^3$ 。

Ⅲ类井投产初期时间持续 0.25 年左右,投产初期阶段末期,套压 13.9MPa 左右,产气量 $0.8×10^4m^3/d$,累计产气量占最终累计采气量的 7%;连续生产期时间持续 1.25 年,累计产气量占最终累计采气量的 40%,其中生产三年累计产气量占最终累计采气量的 55%;措施连续生产期持续 2 年,初始套压 10.0MPa,产气量 $0.5×10^4m^3/d$,累计产气量占最终累计采气量的 60%;间歇生产期持续 7.5a,初始套压 8.5MPa,产气量 $0.3×10^4m^3/d$,占动储量的 64%;废弃产量 $0.1×10^4m^3/d$,废弃套压 6.2MPa(图 2-17)。Ⅲ类井不同生命周期阶段指标见表 2-6。

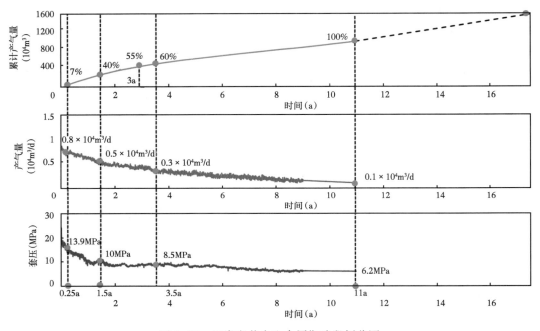

图 2-17　Ⅲ类老井全生命周期阶段划分图

表 2-6　Ⅲ类井老井全生命周期阶段指标结果表

生产阶段	投产初期段	自然连续生产段	措施连续生产段	间开生产段
持续时间(a)	0.25	1.25	2	7.5
阶段累计产量占比(%)	7	33	20	40
结束时平均产气量($10^4m^3/d$)	0.8	0.5	0.3	0.1
结束时套压(MPa)	13.9	10	8.5	6.2

通过不同类型井指标对比可以看出,Ⅰ类井在生产 11 年后进入间歇生产期,采出气量占最终累计采气量的 85%;Ⅱ类井在生产 6 年后进入间歇生产期,采出气量占最终累计采气量的 70%;Ⅲ类井在生产 3.5 年后进入间歇生产期,采出气量占最终累计采气量的 60%。

对于Ⅰ类井、Ⅱ类井,及时跟踪气井压力产量变化,提前采取措施,延长连续生产期,对气田稳产具有重要意思。对于Ⅲ类井,制定合理的开关井制度,延缓气井进入废弃阶段。对于地质条件良好，具有良好潜力的Ⅱ类井、Ⅲ类井，通过重复压裂、查层补孔、老井侧钻等技术手段，提高储量动用程度，挖潜气井产能。

四、不同类型井 *IC* 指数变化规律

基于不同类型井不同阶段的生产规律研究，为了评价气井开发情况的优劣，利用压力、产量指标相结合，明确 *IC* 指数分析法的气井评价手段，为气井生产管理奠定了基础[37]。

1. *IC* 指数定义及理论推导

由于气井生产过程中，产量及压力存在一定的相关性，单独分析某一参数变化时，难以全面了解气井的产量、压力动态，因此前人提出了 *IC* 指数的概念，即气井单位套压下的累计采气量，其最初的定义式为[38]：

$$\begin{cases} IC = \dfrac{Q_{t_2} - Q_{t_1}}{p_{ct_1} - p_{ct_2}} \\ t_2 - t_1 = \Delta t \end{cases} \tag{2-1}$$

利用该式能够量化产量及压力变化的相互关系，从而实现对于气井生产动态的综合分析。但值得注意的是，此处之所以采用套压是由于苏里格气田采用了井下节流措施，压力计难以下至井底，因此无法记录实际的井底流压[39]。在产量变化不大的情况下，套压与井底流压具有较好的相关性，可利用套压差直接替代流压差，但对于苏里格气田这类产量变化较为频繁的气井，二者往往具有较大差别，因此需要用井底流压来定义，即：

$$\begin{cases} IC_p = \dfrac{Q_{t_2} - Q_{t_1}}{p_{wft_1} - p_{wft_2}} \\ t_2 - t_2 = \Delta t \end{cases} \tag{2-2}$$

在利用式（2-2）进行分析的过程中，需要先通过套压及产量数据，结合管流压力损失进行折算，从而得到井底流压值。此外，由于气体的物性会随着压力的变化而改变，从而导致产量及流压差不再满足线性关系，因此可通过引入井底流压拟压力替代流压对式（2-2）进行修正，修正后的 *IC* 指数关系式如式（2-3）所示[37]：

$$\begin{cases} IC_\psi = \dfrac{Q_{t_2} - Q_{t_1}}{p_{wft_1} - p_{wft_2}} \\ t_2 - t_2 = \Delta t \end{cases} \tag{2-3}$$

分别针对井底流压差式（2-2）及井底拟压力差式（2-3）定义的 *IC* 指数形式进行了推导，并对其进行了进一步的修正，从而更加准确地考虑了天然气的特殊性，在此基础上分析了 *IC* 指数随时间的变化规律。

2. 井底流压差条件下的 *IC* 指数

井底流压差条件下的 *IC* 指数源于压力平方差表示的气井产能方程。压裂气井在渗流过程中主要涉及双线性流、线性流、拟径向流及边界控制流，各流态的产能方程形式有所区别[40]。设气体流动过程中符合达西渗流，不考虑储层及裂缝的应力敏感性，气井定产生产，则不同流态井底流压差条件下的 *IC* 指数关系符合如下特点。

1) 双线性流阶段

当裂缝导流能力较低时，气井生产过程中会形成显著的双线性流阶段，双线性流延续时间与储层渗透率及裂缝的导流能力有关。双线性流阶段，井底流压与产量满足如下关系：

$$p_i^2 - p_{wf}^2 = \frac{1.733 \times 10^{-3} \mu Z T \sqrt[4]{t}}{h \sqrt[4]{\phi \mu_{gi} C_{gi} K w_f^2 K_f^2}} q \tag{2-4}$$

式中 p_i——初始压力，MPa；

p_{wf}——井底压力，MPa；

T——地层温度，°K；

t——时间，d；

h——厚度，m；

μ_{gi}——黏度，mPa·s；

C_{ti}——渗透系数，MPa^{-1}；

K——渗透率，mD；

w_f——裂缝宽度，m；

K_f——裂缝渗透率，mD；

q——产量，10^3ft^3。

式（2-4）可简写为：

$$p_i^2 - p_{wf}^2 = A_1 \sqrt[4]{t} q_g \tag{2-5}$$

其中，$A_1 = \dfrac{1.732 \times 10^{-3} \overline{\mu z} T}{h \sqrt[4]{\phi \mu_{gi} C_{ti} K w_f^2 K_f^2}}$

则对于时间 t_n 时应当满足：

$$p_i^2 - p_{wfn}^2 = A_1 \sqrt[4]{t_n} q_g \tag{2-6}$$

同理，对于时间 t_{n+m} 时应当满足：

$$p_i^2 - p_{wf(m+n)}^2 = A_1 \sqrt[4]{t_{n+m}} q_g \tag{2-7}$$

相减可得：

$$p_{wfn}^2 - p_{wf(m+n)}^2 = A_1(\sqrt[4]{t_{n+m}} - \sqrt[4]{t_n}) q_g \tag{2-8}$$

定义 IC 指数为：

$$IC_p = \frac{\Delta G}{\Delta p_{wf}} = \frac{(t_{n+m} - t_n) q_g}{p_{wf(n)} - p_{wf(m+n)}} = \frac{(p_{wf(n+m)} + p_{wf(n)})(t_{n+m} - t_n) q_g}{A_1(\sqrt[4]{t_{n+m}} - \sqrt[4]{t_n}) q_g}$$
$$= \frac{(p_{wf(n+m)} + p_{wf(n)})(t_{n+m} - t_n)}{A_1(\sqrt[4]{t_{n+m}} - \sqrt[4]{t_n})} \tag{2-9}$$

通过式（2-9）可以看出，随着生产时间的增加，双线性流阶段的 IC 指数值不断上升。但值得注意的是，井底流压差表示条件下的 IC 指数随时间的变化，除了与储层及完井条件有关（体现在系数 A1 中）外，还与 $p_{wf(n+m)} + p_{wf(n)}$ 有关，即与气井的配产量相关。此外，定产条件下，由于 $p_{wf(n+m)} + p_{wf(n)}$ 同时是时间的函数，因此，IC 指数并不与其呈正比关系，利用常规的 IC 指数分析双线性流特征时难以剔除配产量的影响。

2）线性流阶段

当压裂裂缝为无限导流，或在双线性流结束之后，压裂气井渗流将进入线性流阶段，该阶段压力及产量满足的关系为：

$$p_i^2 - p_{wf}^2 = \frac{4.34 \times 10^{-5} \overline{\mu Z} T \sqrt{t}}{x_f h \sqrt{\phi \mu_{gi} C_{ti} K}} q \tag{2-10}$$

采用与双线性流类似的推导方式可得：

$$IC_p = \frac{(p_{wf(n+m)} + p_{wf(n)})(\sqrt{t_{n+m}} + \sqrt{t_n})}{A_2} \tag{2-11}$$

$$IC_{p2} = \frac{\sqrt{t_{n+m}} + \sqrt{t_n}}{A_2} \tag{2-12}$$

其中，$A_2 = \dfrac{4.34 \times 10^{-5} \overline{\mu Z} T}{x_f h \sqrt{\phi \mu_{gi} C_{ti} K}}$

通过式（2-12）可以看出，随着生产时间的增加，线性流阶段的 IC 指数值不断上升。但值得注意的是，井底流压差表示条件下的 IC 指数随时间的变化，除了与储层及完井条件有关（体现在系数 A_2 中）外，还与 $p_{wf(n+m)} + p_{wf(n)}$ 有关，即与气井的配产量相关。此外，定产条件下，由于 $p_{wf(n+m)} + p_{wf(n)}$ 同时是时间的函数，因此，IC 指数并不与 $\sqrt{t_{n+m}} + \sqrt{t_n}$ 成正比关系，利用常规的 IC 指数分析线性流特征时难以剔除配产量的影响。

3）拟径向流阶段

如果气井控制面积较大，且裂缝半长有限，则压裂井渗流将表现出显著的拟径向流特征。拟径向流阶段产量及压力满足：

$$p_i^2 - p_{wf}^2 = \frac{1.51 \times 10^{-3} T}{Kh} \lg 24 t q \tag{2-13}$$

采用与双线性流类似的推导方式可得：

$$IC_p = \frac{(p_{wf(n+m)} + p_{wf(n)})(t_{n+m} - t_n)}{A_3 \left(\lg \dfrac{t_{n+m}}{t_n}\right)} \tag{2-14}$$

其中，$A_3 = \dfrac{1.51 \times 10^{-3} \overline{\mu Z} T}{Kh}$

通过式（2-14）可以看出，随着生产时间的增加，拟径向流阶段的 IC 指数值不断上升。但值得注意的是，井底流压差表示条件下的 IC 指数随时间的变化，除了与储层及完井条件有关（体现在系数 A_2 中）外，还与 $p_{wf(n+m)} + p_{wf(n)}$ 有关，即与气井的配产量相关。

4）拟稳态阶段（边界控制流阶段）

拟稳态阶段，气井的拟压力及产量之间满足[38]：

$$\psi_{wD} = \frac{2t_D}{R_{eD}} + \ln R_{eD} - \frac{3}{4} \tag{2-15}$$

当地层压力较低时,采用压力平方式替代拟压力可得:

$$p_{wD}^2 = \mu z \left(\frac{2t_D}{R_{eD}} + \ln R_{eD} - \frac{3}{4} \right) \tag{2-16}$$

通过转换,可得井底流压差表示条件下拟稳态阶段 IC 指数为:

$$IC_p = \frac{25(p_{wf(n)} + p_{wf(n+m)})}{172.8} \frac{\overline{\mu C_g}}{\overline{\mu Z T_f}} \phi \pi R_e^2 h \tag{2-17}$$

通过式(2-17)可以看出,井底流压差表示条件下拟稳态阶段 IC 指数似乎与生产时间无关。但实际上,对于定产的气井来说,$p_{wf(n)} + p_{wf(n+m)}$ 的值会随着生产时间而发生变化,同时随着平均地层压力的降低,$\overline{\mu z}$ 会不断减小,从而使井底流压差表示条件下拟稳态阶段 IC 指数随时间的变化规律更加复杂,不利用定性定量的分析方式来确定气井的储量及产能特征。

3. 井底流压拟压力差定义条件下的 IC 指数

1)双线性流阶段

若认为气体流动过程中遵从达西定律,且流动为等温渗流过程,则压裂气井生产过程中,双线性流阶段的产能方程可表示为:

$$\psi_i - \psi_{wf} = \frac{1.732 \times 10^{-3} T \sqrt[4]{t}}{h \sqrt[4]{\phi \mu_{gi} C_{ti} K w_f^2 K_f^2}} q \tag{2-18}$$

式(2-18)可简写为:

$$\psi_i - \psi_{wf} = A_4 \sqrt[4]{t} q_g \tag{2-19}$$

其中, $A_4 = \dfrac{1.732 \times 10^{-3} T}{h \sqrt[4]{\phi \mu_{gi} C_{ti} K w_f^2 K_f^2}}$

则对于时间 t_n 时应当满足:

$$\psi_i - \psi_{wf(n)} = A_4 \sqrt[4]{t_n} q_g \tag{2-20}$$

同理,对于时间 t_{n+m} 时应当满足:

$$\psi_i - \psi_{wf(n+m)} = A_4 \sqrt[4]{t_{n+m}} q_g \tag{2-21}$$

相减可得:

$$\psi_{wf(n)} - \psi_{wf(n+m)} = A_4 (\sqrt[4]{t_{n+m}} - \sqrt[4]{t_n}) q_g \tag{2-22}$$

定义 $IC\psi$ 指数为:

$$IC_\psi = \frac{\Delta G}{\Delta \psi_{wf}} = \frac{(t_{n+m} - t_n) q_g}{\psi_{wf(n)} - \psi_{wf(n+m)}} = \frac{(t_{n+m} - t_n) q_g}{A_4(\sqrt[4]{t_{n+m}} - \sqrt[4]{t_n}) q_g} = \frac{t_{n+m} - t_n}{A_4(\sqrt[4]{t_{n+m}} - \sqrt[4]{t_n})} \tag{2-23}$$

其中，$A_4 = \dfrac{1.732 \times 10^{-3} T}{h \sqrt[4]{\phi \mu_{gi} C_{ti} K w_f^2 K_f^2}}$。

从而式（2-23）可进一步改写为：

$$IC_\psi = \frac{\Delta G}{\Delta \psi_{wf}} = \frac{(t_{n+m} - t_n) q_g}{\psi_{wf(n)} - \psi_{wf(n+m)}} = \frac{(t_{n+m} - t_n) q_g}{A_4(\sqrt[4]{t_{n+m}} - \sqrt[4]{t_n}) q_g} = \frac{(t_{n+m} - t_n)}{A_4(\sqrt[4]{t_{n+m}} - \sqrt[4]{t_n})} \qquad (2-24)$$

由式（2-24）可知，若假设储层及裂缝参数不变，当采用井底流压的拟压力形式表示时，双线性流的 IC_ψ 指数与 $\dfrac{t_{n+m} - t_n}{\sqrt[4]{t_{n+m}} - \sqrt[4]{t_n}}$ 成正比，随时间的增加而不断增大。同时，IC 指数随时间的增长速度还与 A_4 中的参数有关（包括气藏温度、气藏厚度、孔隙度、储层渗透率及裂缝导流能力等），由此，可判别双线性流阶段 IC 指数曲线特征的影响因素。

2）线性流阶段

线性流条件下，拟压力与产量满足：

$$\psi_i - \psi_{wf} = \frac{4.34 \times 10^{-5} T \sqrt{t}}{x_f h \sqrt{\phi \mu_{gi} C_{ti} K}} q \qquad (2-25)$$

与双线性流类似推导可得：

$$IC_\psi = \frac{\sqrt{t_{n+m}} + \sqrt{t_n}}{A_5} \qquad (2-26)$$

其中，$A_5 = \dfrac{4.34 \times 10^{-5} T}{x_f h \sqrt{\phi \mu_{gi} C_{ti} K}}$

由式（2-26）可知，若假设储层及裂缝参数不变，当采用井底流压的拟压力形式表示时，双线性流的 IC_ψ 指数与（$\sqrt{t_{n+m}} + \sqrt{t_n}$）成正比，随时间的增加而不断增大。同时，$IC$ 指数随时间的增长速度还与 A_5 中的参数有关（包括气藏温度、气藏厚度、孔隙度、储层渗透率及裂缝半长等），由此，可判别线性流阶段 IC 指数曲线特征的影响因素。

3）拟径向流阶段

拟径向流条件下，拟压力与产量满足：

$$\psi_i - \psi_{wf} = \frac{1.51 \times 10^{-3} T}{Kh} \lg 24 t q \qquad (2-27)$$

与双线性流类似可得：

$$IC_\psi = \frac{t_{n+m} - t_n}{A_6 \left(\lg \dfrac{t_{n+m}}{t_n} \right)} \qquad (2-28)$$

其中，$A_6 = \dfrac{1.51 \times 10^{-3} T}{Kh}$

由式（2-28）可知，若假设储层及裂缝参数不变，当采用井底流压的拟压力形式表示时，

双线性流的 IC_ψ 指数与 $\dfrac{t_{n+m}-t_n}{\lg\dfrac{t_{n+m}}{t_n}}$ 成正比,随时间的增加而不断增大。同时,IC 指数随时间的增长速度还与 A_6 中的参数有关(包括气藏温度、气藏厚度、储层渗透率等),由此,可判别拟径向流阶段 IC 指数曲线特征的影响因素。

4)拟稳态阶段(边界控制流阶段)

拟稳态阶段,气井的拟压力及产量之间满足:

$$\psi_{wD} = \frac{2t_D}{R_{eD}} + \ln R_{eD} - \frac{3}{4} \tag{2-29}$$

通过转换,可得井底流压拟压力差表示条件下拟稳态阶段 IC 指数为:

$$IC_\psi = \frac{25}{172.8}\frac{\overline{\mu C_g}}{T_f}\phi\pi R_e^2 h \tag{2-30}$$

值得注意的是,此时 $\overline{\mu C_t}$ 的值与平均地层压力有关,换言之即与生产时间有关,因此进一步引入了拟时间的概念对式(2-30)进行修正[38]。从而,严格意义上的拟压力差表示条件下拟稳态阶段 IC 指数可修正为:

$$IC_{\psi'} = \frac{25}{172.8}\frac{(\mu C_g)_i}{T_f}\phi\pi R_e^2 h = \frac{25}{172.8}\frac{(B_g\mu C_g)_i}{T_f}G \tag{2-31}$$

由式(2-31)可知,通过校正之后,IC 指数的值与生产时间无关,而表现为与储量相关,由此,若已知定产条件下 IC 指数峰值,便可确定单井控制储量及控制半径等参数。

通过以上分析可以看出,利用拟压力形式表征的 IC 指数曲线,相对于压力形式,可以剔除工作制度对曲线形态的影响,不稳定流阶段与特定的时间关系式成正比。同时,通过引入拟时间概念,可得到 IC 指数在拟稳态阶段的峰值,从而确定气井储量及边界条件。

根据上述公式推导,分别绘制了井底流压及拟压力表示条件下的 IC 指数特征,通过分析可以看出,在有界条件下,利用井底流压差及井底流压拟压力差表示的 IC 指数有所不同,如图 2-18、图 2-19 所示。

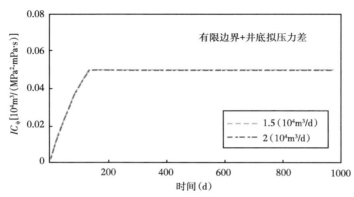

图 2-18　以井底拟压力差定义的 IC 指数

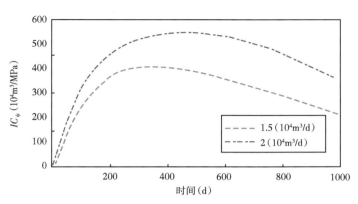

图 2-19　以井底流压差定义的 *IC* 指数

　　由图 2-18、图 2-19 可知,两种定义条件下 *IC* 指数曲线表现为早期上升,上升的一定程度后出现一拐点的特征。井底流压表示形式下的 *IC* 指数曲线出现拐点后,呈下降趋势,并且随日产气量增大幅度变大。*IC* 指数曲线出现拐点后,形成一条水平线,且不随日产气量变化。由于拟压力表征下的 *IC* 指数曲线更加直观,也更符合气井的实际生产状况,现主要分析拟压力表示条件下的苏里格气田气井 *IC* 指数曲线特征。

4. 苏里格气田气井 *IC* 指数分析

　　IC 指数分析流程如图 2-20 所示,步骤如下:

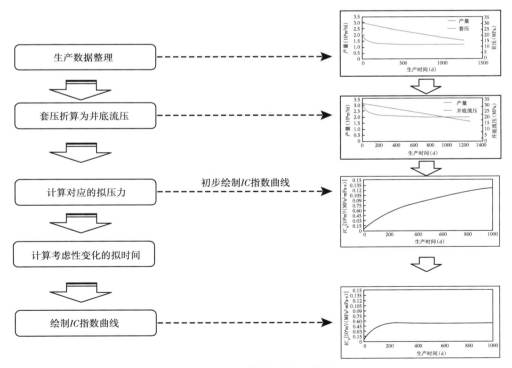

图 2-20　*IC* 指数分析流程图

（1）进行生产数据整理，这里的生产数据主要包括产量及压力数据，由于苏里格气田采用了井下节流工艺，因此压力数据使用套压记录结果[41]。

（2）根据气井的深度及产量，将套压折算为井底流压，从而更准确地描述气井的压力变化特征。

（3）编程计算了井底流压所对应的拟压力值，从而考虑了天然气物性随压力的变化规律；计算各时间点所对应的 IC 指数值，剔除异常值，初步绘制 IC 指数随生产时间的变化规律。

（4）计算考虑气体物性变化的拟时间，从而更符合气井实际生产特征；进一步校正 IC 指数曲线[13]。

1）典型直井 IC 指数特征分析

苏 s-f-t 井（Ⅰ类直井）的 IC 指数曲线表现为逐渐上升后基本水平的特征，到时间为350 天时出现拐点，拐点所对应 IC 指数值为 0.286[38]。

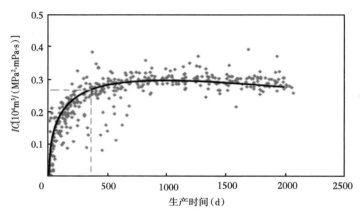

图 2-21　苏 s-f-t 井 IC 指数特征

苏 s-on-os 井（Ⅱ类直井）的 IC 指数曲线表现为逐渐上升后基本水平的特征，到时间为500 天时出现拐点，拐点所对应 IC 指数值为 0.127[38]。

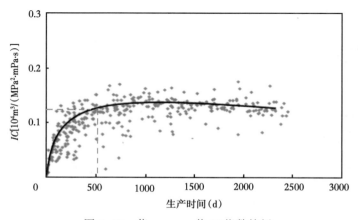

图 2-22　苏 s-on-os 井 IC 指数特征

苏 s-ot-on 井(Ⅲ类直井)的 IC 指数曲线表现为逐渐上升后基本水平的特征,到时间为560 天时出现拐点,拐点所对应 IC 指数值为 0.060[38]。

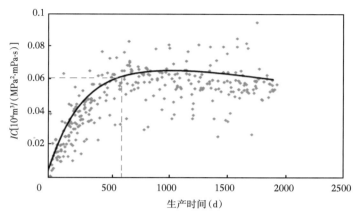

图 2-23　苏 s-ot-on 井 IC 指数特征

2)典型水平井 IC 指数特征分析

苏 ft-et-ffH 井(Ⅰ类水平井)的 IC 指数曲线表现为逐渐上升后基本水平的特征,到时间为 270 天时出现拐点,拐点所对应 IC 指数值为 0.726[38]。

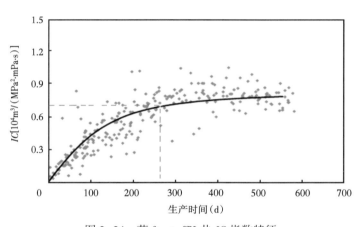

图 2-24　苏 ft-et-ffH 井 IC 指数特征

苏 ft-se-fxH 井(Ⅱ类水平井)的 IC 指数曲线表现为逐渐上升后基本水平的特征,到时间为 330 天时出现拐点,拐点所对应 IC 指数值为 0.346[38]。

苏 ft-et-ftH 井(Ⅲ类水平井)的 IC 指数曲线表现为逐渐上升后基本水平的特征,到时间为 510 天时出现拐点,拐点所对应 IC 指数值为 0.215。

3)不同类型井 IC 指数变化规律及应用

通过对苏里格气田不同类型典型井 IC 指数进行分析,得到了各类型的平均 IC 指数特征如图 2-27 至图 2-32 所示。

总结各类直井及水平井的 IC 指数拐点及峰值平均特征见表 2-7。

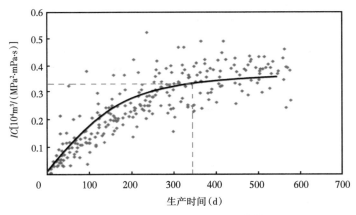

图 2-25　苏 ft-se-fxH 井 *IC* 指数特征

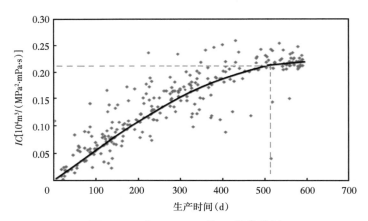

图 2-26　苏 ft-et-ftH 井 *IC* 指数特征

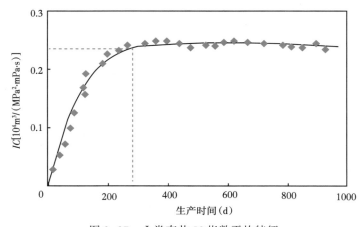

图 2-27　Ⅰ类直井 *IC* 指数平均特征

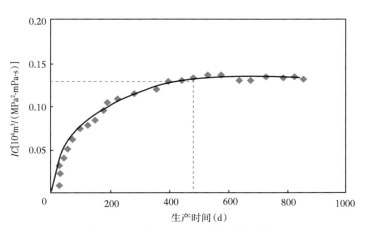

图 2-28　Ⅱ类直井 *IC* 指数平均特征

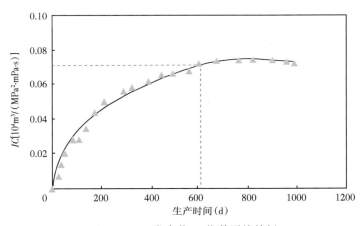

图 2-29　Ⅲ类直井 *IC* 指数平均特征

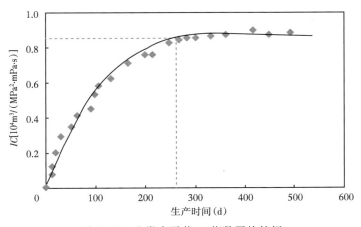

图 2-30　Ⅰ类水平井 *IC* 指数平均特征

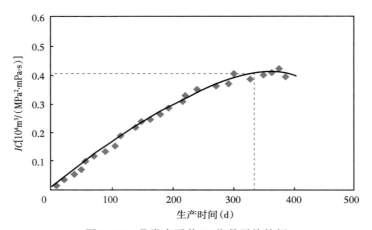

图 2-31　Ⅱ类水平井 IC 指数平均特征

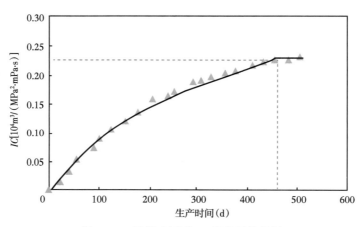

图 2-32　Ⅲ类水平井 IC 指数平均特征

表 2-7　不同类型井 IC 指数平均特征

井型	IC 指数峰 拐点时间（d）	IC 指数峰值 $[10^4 m^3/(MPa^2 \cdot mPa \cdot s)]$	井型	IC 指数峰 拐点时间（d）	IC 指数峰值 $[10^4 m^3/(MPa^2 \cdot mPa \cdot s)]$
Ⅰ类直井	320	0.239	Ⅰ类水平井	280	0.826
Ⅱ类直井	460	0.145	Ⅱ类水平井	330	0.397
Ⅲ类直井	630	0.078	Ⅲ类水平井	450	0.226

　　在各类型井平均 IC 指数峰值的基础上，可利用该峰值估算气井的单井控制储量。该方法的原理为：校正后的 IC 指数曲线到达拐点后保持恒定，该恒定值为：

$$IC_{\psi} = \frac{25}{172.8} \frac{(\mu C_g)_i}{B_g T_f} G \tag{2-32}$$

　　该值与储层、完井参数及工作制度无关，因此可利用 IC 指数峰值估算气井的单井控制储量[37]。基于表 2-7 中的结果，得到各类型井的平均单井控制储量见表 2-8。

表 2-8 由 *IC* 指数估算的各类型井平均单井控制储量

井型	*IC* 指数值 $[10^4 m^3/(MPa^2 \cdot mPa \cdot s)]$	估算储量 $(10^4 m^3)$	井型	*IC* 指数值 $[10^4 m^3/(MPa^2 \cdot mPa \cdot s)]$	估算储量 $(10^4 m^3)$
Ⅰ类直井	0.239	4810	Ⅰ类水平井	0.826	16670
Ⅱ类直井	0.145	2950	Ⅱ类水平井	0.397	7520
Ⅲ类直井	0.078	1520	Ⅲ类水平井	0.226	4190

第二节 须家河组气藏致密气井生产动态特征及分类评价

一、须家河组气藏产水分类

川中地区须家河组气藏具过渡带性质,气水分异均不彻底,地层水赋存状态与川东石炭系气水分异彻底的常规构造圈闭气藏不同,没有明显的边(底)水体和气水界面。根据地层水占据的微观孔喉空间分为小孔喉可动水、大孔喉可动水和裂缝系统自由水三类。其中,大孔喉可动水根据宏观分布位置、规模及产水动态特征进一步划分为局部滞留水和高含水层两种气水赋存状态[42](图 2-33)。

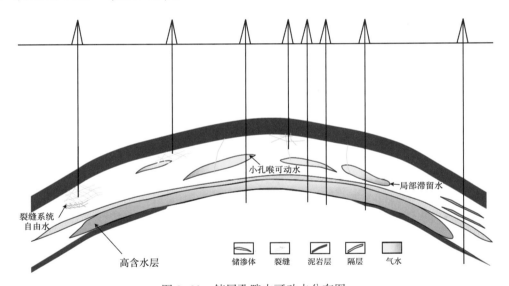

图 2-33 储层孔隙中可动水分布图

1. Ⅰ类小孔喉产水型

该类井主要分布在广安须六段气藏 A 区顶部,合川气田街子坝构造顶部、高部位砂体边缘和八角场构造顶部。这些井处于砂体发育的构造顶部,构造闭合度较大(大于 100m),孔喉搭配较好,基本满足 Ⅰ类、Ⅱ类储层的分异条件。气驱水实验表明,气体能够将连通性较好的大孔喉中的水驱替殆尽,剩余水分布在喉道、孔隙盲端及孔隙壁。其中,孔隙盲端和孔隙壁、喉道壁中小于水膜厚度的水为不可流动的束缚水,剩下少量位于喉道和孔隙水膜边缘的可动水,气始终在孔隙的中央流动。而在水驱气的实验表明,在低速驱替条件下,水的流动主要沿壁流动。该类井的储层低渗透,天然气富集,在此种渗流条件下,生产上显示为气产量大、水产量小,水气比多小于 $1.0m^3/10^4m^3$,水量、水气比与气产量成正相关联动,水对气井生产影响小。

2. Ⅱ类局部下倾端孔喉产水型

该类井处于构造翼部富水区与富气区之间的过渡带。裂缝不发育,气层厚度较大。水分布在砂体下倾端的大孔喉中。

气井处于富水区和富气区之间,没有钻遇水层时,其所产水初期为成藏时小孔喉中尚未排尽的可动水,后期由于富水区水的侵入,气产量下降,水气比上升,但由于储层低渗透,水的流动主要沿壁流动,水量上升慢,水气比小,对气井生产影响不大。

气井钻遇气层厚度较大,部分射开下倾端水层时,由于高含水层大孔喉为水的渗流通道,投产即产水且水量较大。由于水为砂体下倾端滞流水,水量有限,中后期水量和水气比均有所减小,对气井生产有一定影响。

3. Ⅲ类高含水层产水型

该类井处于构造边部和单斜低部位富水区。裂缝不发育,上部气层厚度薄,物性相对较差,下部高含水层厚度大、物性好。储层中含有少量的气,水沿高含水层大孔喉流动,测试即产水,投产后产水量大,产水对气井生产影响大,产量压力快速递减,排水不畅的情况下易水淹。

4. Ⅳ类裂缝产水型

该类井处于构造顶部或转折端,裂缝局部发育,地层水赋存状态为与裂缝系统相连的自由水体。储渗类型以裂缝或孔隙为主,地层水赋存状态为与裂缝系统相连的自由水体,气井出水后,产水量和水气比持续上升,其产水量大小受自由水体能量影响存在一定差异。

综上所述,川中须家河组气藏在没有裂缝发育的情况下具有过渡带性质,大多数出水气井投产即产水,气产量递减速度快,停产井和间歇井累计产气量小。

二、须家河组气藏出水气井动态特征分类

川中须家河组气藏储层总体上具有低孔隙度、低渗透率、高含水、非均质性强的特点。出水气井产地层水的时间早晚、产水量大小各有不同[43]。通过对川中须家河组气藏生产时间超过两年的出水气井生产资料的统计分析,从描述气井产水动态特征和出水对气井生产的影响程度考虑,选择无水采气期、无水采气期采气量、出水初期水产量、最大水产量、出水后产气量年递减率、出水后采气量等六项内容作为出水气井动态特征分类判别指标。

1. 模糊聚类分析方法

聚类分析是“物以类聚”的一种统计分析方法,应用模糊数学方法做聚类分析称为模糊聚类分析,它的基本原理是根据样品的属性特征,用模糊数学方法定量地确定样品之间的亲疏关系。在自然科学或社会科学研究中,存在许多具有模糊性的概念,具有包含处于中间过渡态情况的不分明性。如评价气井出水对开发的影响并非只有“危害严重”和“几乎没有影响”两个极端,可以评价为“危害严重”“危害较重”“危害较轻”“几乎没有影响”。模糊集合论是专门为处理分析具“模糊”性概念的数据而产生的。

对于一个普通的集合 A ,空间中任一元素 x ,要么 $x \in A$,要么 $x \notin A$,二者必居其一。这一特征可用一个函数表示为[44]:

$$A(x) = \begin{cases} 1 & x \in A \\ 0 & x \notin A \end{cases} \qquad (2-33)$$

式中 $A(x)$——集合 A 的特征函数。

对模糊集 A,空间中任一元素 x 与 A 的关系值并非只有 0 或 1 两值,而是一个从 0 到 1 的连续区间[0,1]。

若 A 为 x 上的任一模糊集,对任意 $0 \le \lambda \le 1$,记 $A_\lambda = \{x \mid x \in X, A(x) \ge \lambda\}$,称 A_λ 为 A 的 λ 截集。直观地可理解为特征函数的元素值大于或等于 λ 时,λ 截集对应元素值取 1,否则取 0。

若 A 和 B 是 $n \times m$ 和 $m \times l$ 的模糊矩阵,则它们的乘积 $C = AB$ 为 $n \times l$ 阵,其元素为:

$$C_{ij} \bigvee_{k=1}^{m} (a_{ik} \wedge b_{kj}) \qquad (i = 1, 2, \cdots, n; j = 1, 2, \cdots, l) \qquad (2-34)$$

其中:$a \vee b = \max(a, b), a \wedge b = \min(a, b)$。

模糊聚类分析的实质就则是根据研究对象本身的属性构造模糊矩阵,在此基础上根据一定的隶属度来确定其分类关系。

模糊聚类分析的具体步骤如下[44]:

(1)建立相似系数矩阵。

设要对 n 个样本分类,已挑选出 m 项判别指标,采用人工评分方法,建立评分矩阵:

$$X = \begin{bmatrix} x_{11} & x_{12} & \cdots & x_{1m} \\ x_{21} & x_{22} & \cdots & x_{2m} \\ \vdots & \vdots & & \vdots \\ x_{n1} & x_{n2} & \cdots & x_{nm} \end{bmatrix}_{n \times m} \qquad (2-35)$$

(2)计算模糊相似矩阵。

采用数量积方法进行对上一矩阵进行标定:

$$r_{ij} = \begin{cases} 1 & (j = j) \\ \dfrac{1}{M} \sum_{k=1}^{m} x_{ik} x_{jk} & (i \ne j) \end{cases} \qquad (2-36)$$

得到模糊相似关系矩阵 R。

(3)改造模糊相似矩阵。

用上述方法建立起来的相似关系矩阵 R,一般只满足自反性和对称性,不满足传递性,因而还不是模糊等价关系。为此,需要将 R 改造成 R^* 后得到聚类图:

$$R \to R^2 \to R^4 \to R^8 \to \cdots \to R^{2k}$$

即先将 R 自乘改造为 R^2,再自乘得 R^4,如此继续下去,直到某一步出现 $R^{2k} = R^k = R^*$。此时 R^* 满足了传递性,于是模糊相似矩阵(R)就被改造成了一个模糊等价关系矩阵(R^*)[43,44]。

(4)模糊聚类。

对满足传递性的模糊分类关系的 R^* 进行聚类处理,给定不同置信水平的 λ,求 R_λ^* 阵,

找出 R^* 的 λ 显示,得到普通的分类关系。当 $\lambda = 1$ 时,每个样品自成一类,随 λ 值的降低,由细到粗逐渐归并,最后得到动态聚类谱系图。

2. 出水气井动态特征聚类分析过程

根据选定的判别指标,首先建立评分标准,六个指标的评分标准见表 2-9 ,选择的评分原则是:反映气井生产不利并影响大的评分高,反映气井生产不利但影响小的评分低[43],这一评分标准满足了使模糊聚类分析取得成功这一基本条件。

表 2-9 出水气井动态特征分类判别指标评分标准表

无水采气期 (a)	评分	无水采气量 ($10^4 m^3$)	评分	出水初期水产量 (m^3/d)	评分	最大水产量 (m^3/d)	评分	出水后产气量年递减率 (%)	评分	出水后采气量 ($10^4 m^3$)	评分
0	10	0	10	100	10	200	10	100	10	50	10
0.1	9	100	9	50	9	150	9	90	9	100	9
0.2	8	200	8	40	8	100	8	80	8	200	8
0.5	7	500	7	30	7	50	7	70	7	500	7
1	6	1000	6	20	6	30	6	60	6	1000	6
2	5	2000	5	10	5	20	5	50	5	2000	5
3	4	3000	4	5	4	10	4	40	4	3000	4
5	3	5000	3	1	3	5	3	30	3	5000	3
10	2	10000	2	0.5	2	1	2	20	2	10000	2
≥10	1	≥10000	1	<0.5	1	<1	1	10	1	≥10000	1

对川中须家河组气藏 72 口出水气井,参照表 2-9 的标准逐条进行评分,评分结果见表 2-10。采用数量积方法进行标定:

$$r_{ij} = \begin{cases} 1 & (j = j) \\ \dfrac{1}{M} \sum_{k=1}^{m} x_{ik} x_{jk} & (i \neq j) \end{cases} \tag{2-37}$$

表 2-10 典型出水气井动态特征分类判别指标评分结果表

序号	井号	无水采气期 (a)	无水采气量 ($10^4 m^3$)	出水初期水产量(m^3/d)	最大水产量 (m^3/d)	出水后产气量年递减率(%)	出水后采气量 ($10^4 m^3$)
1	潼南6	10	10	5	6	10	10
2	潼南101	10	10	1	2	1	5
3	潼南102	10	10	5	5	1	6
4	潼南105	10	10	1	5	3	5
5	女103	10	10	1	1	1	1
6	合川1	10	10	5	5	5	7
7	西12	9	9	1	3	1	9
8	西20	10	10	10	8	1	2

续表

序号	井号	无水采气期（a）	无水采气量（$10^4 m^3$）	出水初期水产量(m^3/d)	最大水产量（m^3/d）	出水后产气量年递减率(%)	出水后采气量（$10^4 m^3$）
9	西35-1	10	10	1	7	1	4
10	西51	10	10	2	1	1	2
11	西56	10	10	3	8	3	6
12	西57	10	10	4	10	4	6
13	西64	10	10	5	4	5	7
14	西69	10	10	8	10	4	6
15	西71	9	9	1	1	1	7
16	西72	9	8	3	10	6	5
17	西73X	10	10	3	7	3	5
18	西62	10	10	4	7	10	10
19	西67	10	10	5	9	10	6
20	西74	9	7	8	10	10	6
21	庙4	8	9	5	7	1	3
22	庙6	10	10	3	5	10	8
23	通6	10	10	1	4	1	2
24	角13	1	5	1	2	1	6
25	角40-0	10	10	1	1	1	2
26	角43	10	10	5	4	10	10
27	角46-0	6	8	3	3	1	6
28	角51	2	4	1	2	1	6
29	角52	10	10	1	2	1	4
30	角53	10	10	1	7	1	7
31	角55	7	9	2	2	2	6
32	角57	5	8	1	1	1	5
33	遂8	5	4	3	10	1	3
34	遂9	1	2	1	5	2	3
35	遂12	10	10	6	8	2	5
36	遂28	5	7	1	9	7	9
37	遂32	6	8	1	8	10	10
55	女106	1	2	1	3	1	6
56	广19	6	5	1	1	1	1
57	广51	6	7	1	2	1	2
58	广安002-H1	7	5	1	3	3	3
59	广安002-23	6	5	2	2	2	3
60	广安106	6	6	3	4	2	8

序号	井号	无水采气期 （a）	无水采气量 （$10^4 m^3$）	出水初期水 产量（m^3/d）	最大水产量 （m^3/d）	出水后产气量 年递减率（%）	出水后采气量 （$10^4 m^3$）
61	广安002-21	10	10	3	2	2	2
62	广安002-31	10	10	3	3	1	3
63	广安002-33	10	10	3	3	4	2
64	广安002-35	10	10	3	3	4	1
65	广安002-38	10	10	4	5	2	5
66	广安002-43	10	10	5	6	5	7
67	广安107	10	10	3	5	1	7
68	广安108	10	10	3	4	2	3
69	广安111	10	10	5	5	6	6
70	广安115	10	10	4	4	3	6
71	兴华1	10	10	5	6	3	7
72	广安128	10	10	4	4	3	5

经试算后选定 $M = 235$，算出衡量被分类对象间相似程度的统计量 r_{ij}（$i = 1,2,\cdots,n, j = 1,2,\cdots m, n$ 为被分类对象的个数，m 为评分指标个数），从而建立模糊相似矩阵 $\underset{\sim}{\boldsymbol{R}}$[43]：

$$\underset{\sim}{\boldsymbol{R}} = \left\{ \begin{matrix} r_{11} & r_{12} & \cdots & r_{1m} \\ r_{21} & r_{22} & \cdots & r_{2m} \\ \vdots & \vdots & \vdots & \vdots \\ r_{n1} & r_{n2} & \cdots & r_{nm} \end{matrix} \right\} \tag{2-38}$$

根据表2-10计算出相似关系矩阵 $\underset{\sim}{\boldsymbol{R}}$。一般来说，模糊相似矩阵 $\underset{\sim}{\boldsymbol{R}}$ 仅是模糊相似关系，即满足自反性和对称性，而不能满足传递性，因此不能直接用来分类，只有满足模糊等价关系时才能根据它进行分类。

将 $\underset{\sim}{\boldsymbol{R}}$ 自乘得到 $\boldsymbol{R} \cdot \boldsymbol{R} = \boldsymbol{R}^2$，再自乘得到 $\boldsymbol{R}^2 \cdot \boldsymbol{R}^2 = \boldsymbol{R}^4$，直到某一步出现 $\underset{\sim}{\boldsymbol{R}}^{2K} = \underset{\sim}{\boldsymbol{R}}^{4K}$ 为止，则 $\underset{\sim}{\boldsymbol{R}}^K$ 便是一个模糊等价关系矩阵。

根据上面的 $\boldsymbol{R}$ 矩阵计算 $\boldsymbol{R}^2$，再计算 $\boldsymbol{R}^4$，对比后知 $\boldsymbol{R}^2 = \boldsymbol{R}^4$，故 $\underset{\sim}{\boldsymbol{R}}^2$ 即为一个模糊等价关系矩阵，可用于聚类分析。

在上述计算的 $\boldsymbol{R}^2$ 矩阵中，逐步取 λ 截集进行聚类分析，分类结果见表2-11。

表2-11 川中须家河组气藏出水气井动态特征聚类分析结果

λ 截集	井 号
$0.25 \leqslant \lambda < 0.35$	西51、西71、角40-0、角52、磨66、金2、广19、广51、广安002-H1、广安002-23、广安002-21、广安002-31、广安002-33、广安002-35
$0.35 \leqslant \lambda < 0.45$	西12、女103、角13、遂56、磨78、女106
$0.45 \leqslant \lambda < 0.65$	潼南101、潼南105、角46-0、角51、角53、角55、角57、遂40、广安002-38、广安115、广安108

续表

λ 截集	井　号
0.65≤λ<0.85	潼南 6、潼南 102、合川 1、广安 106、广安 002-43、广安 107、广安 111、兴华 1、广安 128
0.85≤λ<1	西 20、西 35-1、西 56、西 57、西 64、西 69、西 72、西 73X、西 62、西 67、西 74、庙 4、庙 6、通 6、角 43、遂 8、遂 9、遂 12、遂 28、遂 32、遂 37、遂 42、遂 47、磨 25、磨 72、磨 73、磨 76、磨 85、磨 147、磨 64、花 3、金 17

三、须家河组气藏不同类型出水气井生产规律

在动态特征分类结果的基础上，结合川中须家河组气藏地质特征和地层水赋存状态研究，将出水气井分为四大类（表 2-12）。

表 2-12　川中地区须家河气藏出水气井分类特征统计表

出水气井类型		构造位置	λ 截集	地层水赋存状态	裂缝发育情况	井　号
I	孔喉产水型	顶部、翼部	0.25~0.45	孔喉可动水	不发育	西 51、西 71、角 40-0、角 52、磨 66、金 2、广 19、广 51、广安 002-H1、21、23、31、33、35、西 12、合川 3
II	局部下倾端孔喉产水型	翼部	0.45~0.65	局部滞留水	不发育	潼南 101、潼南 105、角 46-0、角 51、角 53、角 55、角 57、遂 40、广安 108、广安 002-38、广安 115
III	高含水层产水型	边部	0.65~0.85	高含水层	不发育	潼南 6、潼南 102、合川 1、广安 106、广安 002-43、广安 107、广安 111、兴华 1、广安 128
IV	裂缝产水型	顶部及转折端	0.35~0.45 或 0.85~1	裂缝自由水	发育	女 103、角 13、遂 56、磨 78、女 106、西 20、西 35-1、西 56、西 57、西 64、西 69、西 72、西 73X、西 62、西 67、西 74、庙 4、庙 6、通 6、角 43、遂 8、遂 9、遂 12、遂 28、遂 32、遂 37、遂 42、遂 47、磨 25、磨 72、磨 73、磨 76、磨 85、磨 147、磨 64、花 3、金 17

1. I 类小孔喉产水型

该类井处于构造顶部，裂缝不发育，储渗类型以孔隙型为主，地层水赋存状态为小孔喉可动水，测试基本不产水或产少量水，投产后产少量水，一般小于 5m³/d，日产水量与日产气量呈正相关，水气比一般小于 1m³/10⁴m³，生产稳定。如位于广安须六段气藏 A 区顶部的广安 002-33 井于 2007 年 6 月对须六段射孔加砂压裂后，获气 14.56×10⁴m³/d，不产水。该井于 2007 年 6 月 27 日投产，初期产气量 7.0×10⁴m³/d 左右，产水量 2m³/d。2007 年 7 月至 12 月，该井不断提产，产水量略有上升，最高产气量达 14.8×10⁴m³/d，产水量也相应升至 4m³/d 左右，水气比仅上升至 0.3m³/10⁴m³ 左右。其后，随着该井的产气量降低，产水量也相应地回落，水气比基本稳定在 0.2m³/10⁴m³ 左右，后期低压小产阶段，受产水波动影响，水气比在 0.2~1.0 m³/10⁴m³ 间波动（图 2-34）。分析认为，这类气井不发育裂缝，位于构造顶部，天然气富集，其所产水为成藏时小孔喉中尚未排尽的可动水，水量小，对气井生产几乎没有影响。具有该类产水特征的井还有广安须六段气藏 A 区顶部部分气井，A 区砂体边缘的广安 002-X62 井、广安 002-X69 井、广安 002-29 井、合川气田街子坝构造顶部的气井和八角

场构造顶部气井。

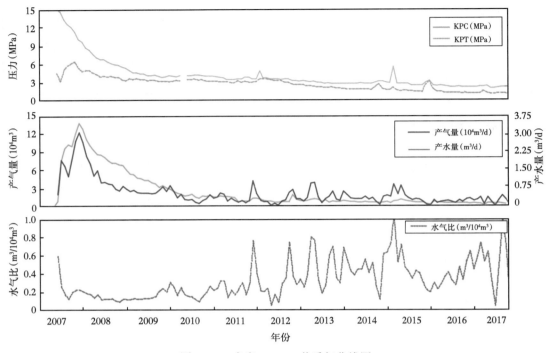

图 2-34　广安 002-33 井采气曲线图

2. Ⅱ类局部下倾端孔喉产水型

该类井处于构造翼部富水区与富气区之间的过渡带,裂缝不发育,储渗类型以孔隙型为主,地层水赋存状态为砂体下倾端的局部滞留的大孔喉可动水。未射开高含水层条件下,测试不产水,投产后产少量水,一般在 5m³/d 以下,水气比小,一般在 1m³/d 以下,低压小产期产水量与气量同步递减。如广安 002-X45 井于 2007 年 7 月对须六段射孔加砂压裂后,获气 13.29×10⁴m³/d,不产水。该井于 2007 年 7 月 28 日投产,初期产气量 7.5×10⁴m³/d 左右,产水量 1.5m³/d 左右。2007 年 7 月至 2008 年 3 月,该井气产量在 8×10⁴m³/d 左右,产水量 1~2m³/d 之间,水气比相对稳定在 0.2m³/10⁴m³ 以下。2008 年 4 月至 9 月,产水量不变,但产气产量降低,水气比缓慢上升至 0.4m³/10⁴m³。2008 年 10 月至 2011 年 6 月,产水量上升至 4m³/d 左右,水气比持续上升至 1m³/10⁴m³(图 2-35),低压小产阶段,产水量与产气量同步递减,水气比在一定区间内波动。分析认为,这类气井不发育裂缝,位于构造翼部,处于富水区和富气区之间,其所产水初期为成藏时小孔喉中尚未排尽的可动水,后期由于富水区水的侵入,产气量持续下降,水气比持续上升,对气井生产有一定影响。具有该类产水特征的井还有处于广安须六段气藏 A 区顶部与边部富水区之间的广安 002-38 井和八角场边部角 51 井、角 57 井。

上部气层厚度较大,部分射开下部高含水层时,投产后即产水,初期水产量和水气比大,产水量较大,可达 10m³/d 以上,水气比一般小于 10m³/10⁴m³,中后期降产后,水产量和水气比明显下降,产水量和水气比相对稳定。如合川 001-2 井于 2008 年 10 月对须二段射孔加

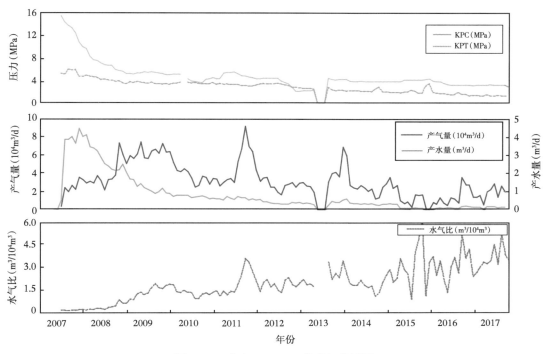

图 2-35　广安 002-X45 井采气曲线图

砂压裂后,获气 9.41×10⁴m³/d,不产水。该井于 2008 年 10 月 13 日投产,初期产水量较大达 10m³/d 以上,在累计产水量达到 300m³ 后,产水量降至 8m³/d 左右,可能为该井压裂后应排液 717.3m³,实际排液 407.5m³ 所致。2008 年 12 月 18 日至 2009 年 3 月 17 日,水量和水气比相对稳定,产水量 5m³/d 左右,水气比 2m³/10⁴m³ 左右。2009 年 3 月 18 日后,产水量降至 2m³/d 左右,水气比 1m³/10⁴m³ 左右(图 2-36)。分析认为,这类气井不发育裂缝,位于构造翼部,处于富水区和富气区之间,其所产水为砂体下倾端局部滞流水,水体能量有限,动态上表现为前期水量大,后期水量较小,对气井生产有一定影响。具有该类产水特征的井还有处于广安须六段气藏 A 区翼部广安 002-40 井、广安 H12 井、广安 H1-2 井,B 区广安 108 井、广安 002-X53 井、广安 002-X72 井、广安 002-X74 井和潼南须二段气藏的潼南 101 井、潼南 104 井、潼南 105 井、潼南 108 井、潼南 111 井、潼南 001-5 井。

3. Ⅲ类高含水层产水型

该类井处于构造边部和单斜低部位富水区,裂缝不发育,储渗类型以孔隙型为主,地层水赋存状态为大孔喉可动水,储层中含有少量的气,测试即产水,投产后产水量大,产水量一般大于 30m³/d,水气比大于 10m³/10⁴m³,产水对气井生产影响大,产量压力快速递减,大多数气井生产 4~5 个月就停产或间歇生产,仅少数井能以小产量连续生产(图 2-37)[45]。具有该类产水特征的井还有处于广安须六段气藏 A 边部富水区的广安 002-43 井,B 区除广安 108 井、广安 002-X53 井、广安 002-X72 井、广安 002-X74 井外的其他生产井,广安须四段气藏广安 5 井、广安 106 井、广安 113 井、广安 123 井、广安 125 井、广安 126 井、广安 127 井、广安 128 井、广安 141 井、广安 003-H1 井、广安 003-5 井、广安 003-6-X1 井,潼南须二段气

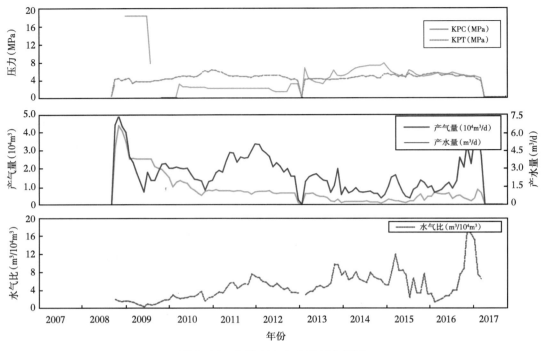

图 2-36　合川 001-2 井采气曲线图

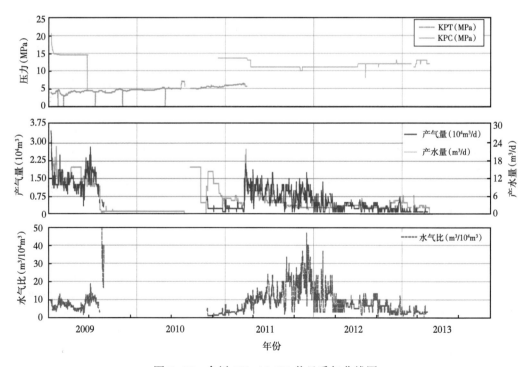

图 2-37　合川 001-15-X1 井日采气曲线图

藏潼南 2 井、潼南 6 井、潼南 102 井、潼南 107 井、潼南 001-2 井和合川 108 井、合川 112 井、合川 001-11-X1 井、合川 001-15-X1 井。

4. Ⅳ类裂缝产水型

该类井处于构造顶部或转折端,裂缝发育,储渗类型以裂缝或孔隙为主,地层水赋存状态为与裂缝系统相连的自由水体,气井出水后,产水量和水气比持续上升,其产水量大小受自由水体能量影响存在一定差异。

女 106 井于 1963 年 6 月对须二段射孔试气,于 1973 年 11 月投产。1978—2000 年,年产气 $420×10^4m^3$ 左右,年产水 $0.84~47m^3$,产微量凝析水稳定生产达 27 年,无水期累计产气量达 $9629.752×10^4m^3$。2000 年底开始产地层水,产气量 $0.61×10^4m^3/d$,产水量 $1.17m^3/d$,油套压差 0.2MPa,其后,产水量和水气比持续上升。2003 年 6 月该井缩小油嘴,减小生产压差,短时间内产水量由 $3m^3/d$ 降至 $1m^3/d$ 以下,得到了一定的控制。但从 2004 年 4 月开始,产水量再次上升,但油套压差和产水量始终较小(图 2-38)。分析认为,这类气井裂缝发育局限,与裂缝系统相连的储层物性差,气井投产初期不产水;随着开采的延长,气井采出量增加,地层压力不断下降,地层水流入井底,使气井产水,水量较小(小于 $5m^3/d$),其后,产水量和水气比持续上升,但产水量始终较小。具有该类产水特征的井主要有遂 56 井、磨 78 井。

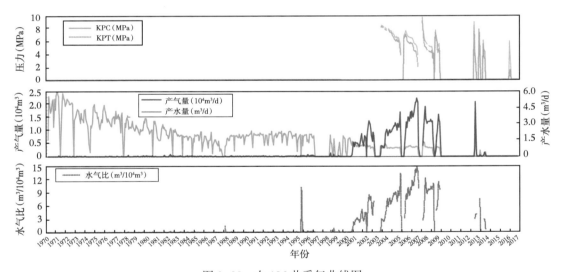

图 2-38　女 106 井采气曲线图

磨 76 井于 1990 年 2 月对须二段裸眼测试获气,于 1990 年 5 月投产,初期气产量达 $13.44×10^4m^3/d$。1990 年 5 月至 1991 年 11 月,累计产气量 $3625.531×10^4m^3$,累计产水 $52.045m^3$,产微量凝析水稳定生产 16 个月。1991 年 12 月即开始产地层水,产气量 $4.58×10^4m^3/d$,产水量 $4.4m^3/d$,水气比 $0.96m^3/10^4m^3$,油套压差 1.3MPa,其后水量快速上升,油套压差逐渐增大,至 1992 年 5 月产水量升至 $25.05m^3/d$,水气比升至 $8.79m^3/10^4m^3$,油套压差升至 3.9MPa,井筒积液严重,严重影响气井生产,产气量降至 $2.85×10^4m^3/d$。1992 年 6 月至 1996 年 2 月,经历多次开、关井和间隙生产,平均产气量 $5×10^4m^3/d$,产水量快速升至 $200m^3/d$ 以上,最大达 $329.25m^3/d$,油套压进一步扩大到 7MPa 左右。1996 年 3 月至 2000 年 8 月间隙生产,平均产气量 $2.3×10^4m^3/d$,平均产水量 $140m^3/d$,油套压差 $5~7MPa$。2000

年 8 月后关井(图 2-39)。分析认为,气井裂缝较发育,裂缝与水体连通,气井高产使井底附近地层压力快速下降,水侵入裂缝流入井底,导致气井水量和水气比迅速上升,出水量、水气比和油套压差大,严重影响气井生产[45]。具有该类产水特征的井还有遂 8 井、遂 9 井、遂 37 井、遂 28 井、磨 147 井、金 17 井、西 20 井、西 35-1 井、西 56 井、西 57 井、西 69 井、西 72 井、西 73X 井、西 74 井等井。

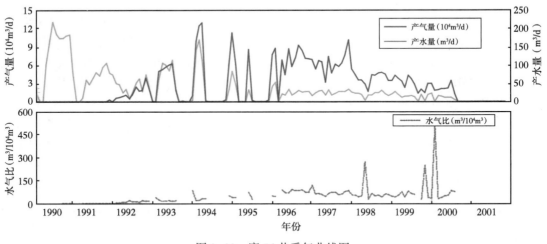

图 2-39　磨 76 井采气曲线图

第三节　致密气井生产动态特征与渗流机理的内在联系

致密气藏开发过程是多种复杂渗流机理共同作用的结果,且不同微观渗流机理在不同开发阶段作用程度存在一定差异。根据苏里格气田生产时间较长的 7100 口气井统计数据,综合静态数据与动态数据,确定了苏里格气田直井与水平井的分类方法(表 2-13)。

表 2-13　苏里格气田直井、水平井分类标准

井型	类型	基质渗透率(mD)	裂缝半长(m)	裂缝传导率(mD·m)	周期(a)
压裂直井	I	0.218	80	110	23
	II	0.053	70	95	15
	III	0.02	65	82	11
压裂水平井	I	1.12	70	60	23
	II	0.102	60	55	15
	III	0.029	50	42	11

根据直井和水平井井网井距、井控储量、开发动态等数据建立不同类型压裂直井和压裂水平井单井物理模型(图 2-40、图 2-41)。

基于致密气藏渗流机理研究成果建立致密气藏开发数学模型体系,据此建立数值模型并编程求解形成致密气开发数值模拟方法。然后根据表 2-13 中参数,利用该数值模拟方法

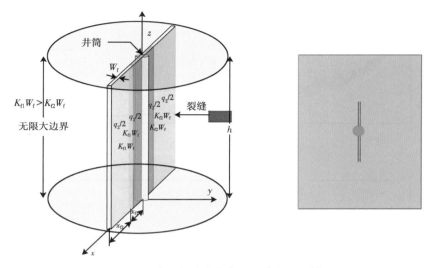

图 2-40 苏里格致密气藏压裂直井物理模型

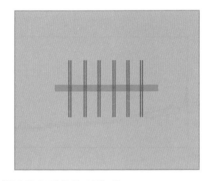

图 2-41 苏里格致密气藏压裂水平井物理模型

对各类井生产动态进行历史拟合(图 2-42)。再对上述压裂直井和多级压裂水平井物理模型开展衰竭开发数值模拟研究,分析微观机理和宏观动态特征的联系。

一、直井微观机理和宏观动态特征的联系

图 2-43 至图 2-45 为Ⅰ类直井、Ⅱ类直井、Ⅲ类直井改造后不同微观机理对生产动态影响规律。从图中可以看出,致密气藏压裂直井生产时,裂缝应力敏感性对开发影响最大,基质应力敏感性次之,非达西渗流效应最小,应力敏感性均导致产量降低,非达西渗流对产量有轻微的正作用;基质应力敏感性和非达西渗流效应主要作用在开发早期,裂缝应力敏感性影响时间较长,Ⅰ类直井影响最明显,Ⅱ类直井次之,Ⅲ类直井几乎无影响。

图 2-46 为根据不同类型井各种微观机理对生产动态特征影响规律得到的直井改造后全生命周期不同开发阶段微观机理与动态特征联系。压裂直井开发早期为产量快速递减阶段,产量主要来源于井筒及裂缝周围,裂缝应力敏感性、基质应力敏感性和高速非达西渗流效应均对初期阶段产量有较大影响;中期为缓慢递减阶段,产量贡献来源于压裂改造区外

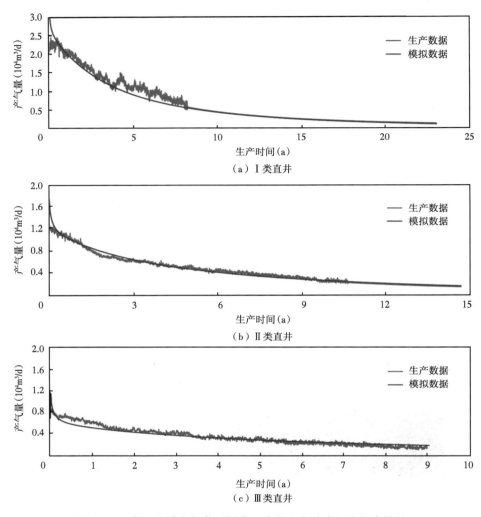

图 2-42 苏里格致密气藏不同类型直井生产动态历史拟合结果

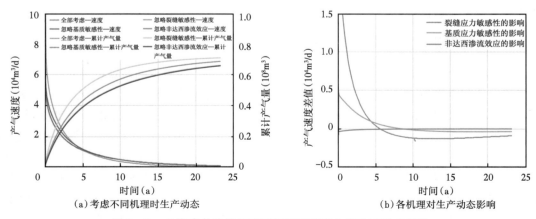

图 2-43 Ⅰ类直井改造后不同微观机理对生产动态影响规律

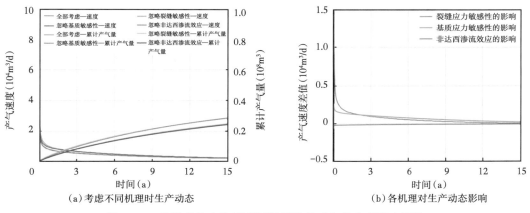

图 2-44　Ⅱ类直井改造后不同微观机理对生产动态影响规律

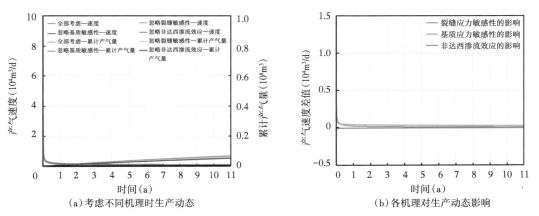

图 2-45　Ⅲ类直井改造后不同微观机理对生产动态影响规律

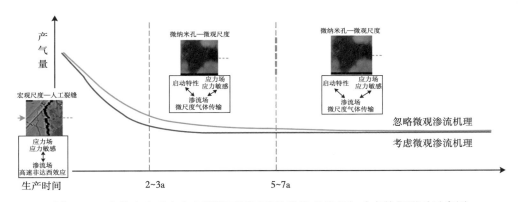

图 2-46　直井改造后全生命周期不同开发阶段微观机理与动态特征联系示意图

围,裂缝应力敏感性和边界效应对生产动态有较大影响;后期为低产阶段,产量主要来源于远井地带,裂缝应力敏感性和边界效应对生产动态有较大影响。

二、水平井微观机理和宏观动态特征的联系

图 2-47 至图 2-49 为 Ⅰ 类水平井、Ⅱ 类水平井、Ⅲ 类水平井改造后不同微观机理对生产动态影响规律。从图中可以看出,致密气藏压裂水平井生产时,基质应力敏感性对开发影响最大,裂缝应力敏感性次之,非达西效应最小,应力敏感性均导致产量降低,非达西渗流对产量有轻微的正作用;裂缝应力敏感性和非达西渗流效应主要作用在开发早期,基质应力敏感性影响时间长,各类井影响都很明显。

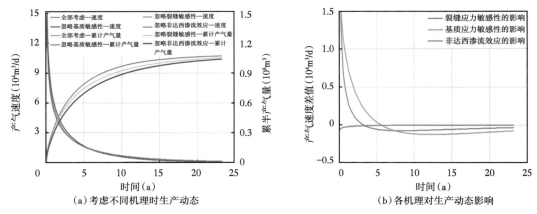

图 2-47   Ⅰ 类水平井改造后不同微观机理对生产动态影响规律

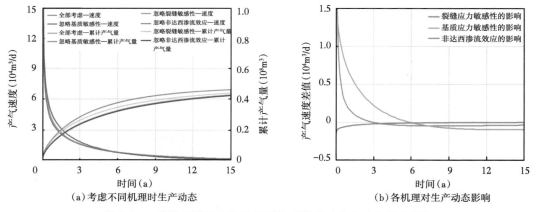

图 2-48   Ⅱ 类水平井改造后不同微观机理对生产动态影响规律

图 2-50 为根据不同类型水平井各种微观机理对生产动态特征影响规律得到的水平井改造后全生命周期不同开发阶段微观机理与动态特征联系。压裂水平开发早期为产量快速递减阶段,产量主要来源于压裂改造区及周围,人工裂缝应力敏感性、基质应力敏感性和高速非达西渗流效应是生产动态的主要影响机理;中期为缓慢递减阶段,产量贡献来源于压裂改造区外围,人工裂缝应力敏感性和边界效应对生产动态有较大影响;后期为产量平稳阶段,产量主要来源于远井地带,人工裂缝应力敏感性和边界效应对生产动态有较大影响。

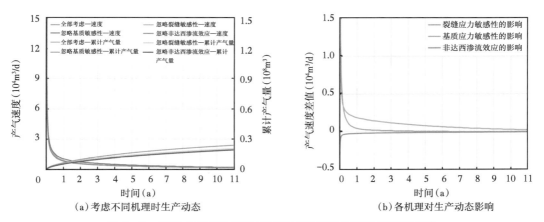

（a）考虑不同机理时生产动态　　　　　　（b）各机理对生产动态影响

图 2-49　Ⅲ类水平井改造后不同微观机理对生产动态影响规律

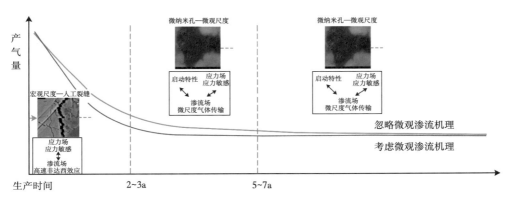

图 2-50　水平井改造后全生命周期不同开发阶段微观机理与动态特征联系示意图

第三章　致密气藏不稳定试井
解释理论及应用

致密气是典型的低孔隙度、低渗透率气藏,试井是了解低孔隙度、低渗透率气藏储层特征和压力特征最直接的矿场实验手段,致密气藏试井面临测试时间长、储层非均质强、储层边界不明显、多解性强和存在变产量变压力生产情况等挑战。因此研究致密气试井分析技术意义重大。

第一节　致密气压裂直井不稳定试井

本节通过引入摄动变换机制得到致密气藏应力敏感储层中垂直裂缝井不稳定渗流模型的解析解,并分析裂缝导流能力、边界对双对数曲线的影响[46]。

一、压裂直井物理模型与数学模型

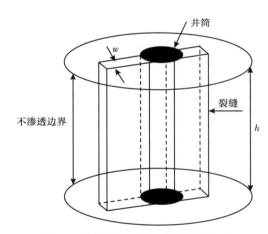

图 3-1　无限大地层中有限导流压裂
直井物理模型示意图

假设致密气藏内有一口压裂直井(图 3-1),地层及流体满足以下条件[46]:

(1)上下封闭、水平方向无限大的均质气藏,厚度为 h,储层渗透率为 K,存在应力敏感特性,原始条件下,气藏压力处处相等,即原始地层压力为 p_i;

(2)储层被压开一条垂直裂缝,裂缝相对井筒对称,裂缝半长为 L_f,宽度为 w,裂缝高度等于气藏厚度;裂缝渗透率为 K_f,且 $K_f \gg K$,沿裂缝存在压降;

(3)流体单相可压缩,渗流服从达西定律,且渗流过程等温,具有恒定的压缩系数和黏度,忽略毛细管力和重力的影响;

(4)该井以某一恒定产量 q 进行生产,气体呈二维平面流动,忽略其垂向渗流,地层流体先从气藏中流入裂缝,进而从裂缝流入井筒,无其他渗流方式。

考虑到气藏中气体的渗流特征,定义拟压力函数:

$$\psi(p) = \int_0^p \frac{2p}{\mu_q(p)Z(p)} dp \tag{3-1}$$

考虑到致密气藏储层具有较强的应力敏感性,因此定义岩石应力敏感模数:

$$\gamma = \frac{1}{K}\frac{\mathrm{d}K}{\mathrm{d}\psi} \tag{3-2}$$

对式(3-2)积分后即可得到储层有效渗透率的表达式[47]：

$$K = K_i \mathrm{e}^{\gamma(\psi-\psi_i)} \tag{3-3}$$

在达西单位制下,不稳定渗流数学模型详细步骤：

(1) 运动方程：

$$v = \frac{K_i \mathrm{e}^{\gamma(\psi-\psi_i)}}{\mu}\left(\frac{\mathrm{d}\psi}{\mathrm{d}r} - \lambda_B\right) \tag{3-4}$$

(2) 状态方程：

$$\rho = \frac{Mp}{RTZ} \tag{3-5}$$

恒定温度条件下,气体压缩系数有：

$$C_g = \frac{1}{\rho}\frac{\partial\rho}{\partial p} = \frac{1}{p} - \frac{1}{Z}\frac{\mathrm{d}Z}{\mathrm{d}p} \tag{3-6}$$

(3) 质量守恒方程：

$$\frac{1}{r}\frac{\partial}{\partial r}(r\rho v) = -\frac{\partial}{\partial t}(\phi\rho) \tag{3-7}$$

代入运动方程可得：

$$-K_i\frac{1}{r}\frac{\partial}{\partial r}\left(r\frac{p}{Z}\frac{\mathrm{e}^{\gamma(\psi-\psi_i)}}{\mu}\left(\frac{\mathrm{d}p}{\mathrm{d}r} - \lambda_B\right)\right) = -\frac{\partial}{\partial t}\left(\phi\frac{p}{Z}\right) \tag{3-8}$$

将拟压力定义式代入,左边化为：

$$-K_i\frac{1}{r}\frac{\partial}{\partial r}\left[r\frac{p}{Z}\frac{\mathrm{e}^{\gamma(\psi-\psi_i)}}{\mu}\left(\frac{\mathrm{d}\psi}{\mathrm{d}r} - \lambda_B\right)\right] = -\frac{K_i}{2}\frac{1}{\gamma}\frac{1}{r}\frac{\partial}{\partial r}\left(r\frac{\mathrm{d}\mathrm{e}^{\gamma(\psi-\psi_i)}}{\mathrm{d}r}\right) \tag{3-9}$$

根据气体压缩系数,右边化为：

$$-\frac{\partial}{\partial t}\left(\phi\frac{p}{Z}\right) = -\phi\frac{p}{Z}\frac{\partial p}{\partial t}\left(\frac{1}{p} - \frac{1}{Z}\frac{\partial Z}{\partial p}\right) = -\frac{1}{2}\phi\mu_g(p)C_g(p)\frac{\partial\psi}{\partial t} \tag{3-10}$$

从而得到地层不稳定渗流方程：

$$\frac{1}{r}\frac{\partial}{\partial r}\left(r\frac{\partial\psi}{\partial r} - \lambda_B\right) = \frac{\phi\mu_g(p)C_g(p)}{K_i}\mathrm{e}^{\gamma(\psi_i-\psi)}\frac{\partial\psi}{\partial t} \tag{3-11}$$

转化为矿产实用单位制：

$$\frac{1}{r}\frac{\partial}{\partial r}\left(r\frac{\partial\psi}{\partial r} - \lambda_B\right) = \frac{\phi\mu_g(p)C_g(p)}{3.6K_i}\mathrm{e}^{\gamma(\psi_i-\psi)}\frac{\partial\psi}{\partial t} \tag{3-12}$$

初始条件：

$$\psi(t = 0) = \psi_i \tag{3-13}$$

内边界条件：

$$r = \frac{\partial \psi}{\partial r}\bigg|_{r=r_w} = \frac{q_{sc}}{8.64 \times 10^{-3} \pi K_i h} e^{\gamma(\psi_i - \psi)} \frac{p_{sc}T}{T_{sc}} \tag{3-14}$$

外边界条件：

$$\psi(\gamma \to \infty) = \psi_i \tag{3-15}$$

引入无量纲量：

$$\psi_D = \frac{2.7143 \times 10^{-2} K_i h T_{sc}}{q_{sc} T p_{sc}} [\psi_i - \psi] \tag{3-16}$$

$$\gamma_D = \frac{q_{sc} T p_{sc}}{8.64 \times 10^{-3} \pi K_i h T_{sc}} \gamma \tag{3-17}$$

$$t_D = \frac{3.6 K_{i1}}{\phi \mu C_t X_f^2} t \tag{3-18}$$

$$C_D = \frac{0.1592 C}{\phi h C_t X_f^2} \tag{3-19}$$

$$x_D = \frac{x}{X_f} \tag{3-20}$$

$$y_D = \frac{y}{X_f} \tag{3-21}$$

$$r_D = \frac{r}{X_f} \tag{3-22}$$

上述方程无量纲化并联立，可得：

$$\begin{cases} \dfrac{1}{r_D} \dfrac{\partial}{\partial r_D} \left[r_D \left(\dfrac{\partial \psi_D}{\partial r_D} - \lambda_D \right) \right] = e^{\gamma_D \psi_D} \dfrac{\partial \psi_D}{\partial t_D} \\ \psi_D(r_D, t_D = 0) = 0 \\ \lim_{r_D \to 0} \left(r_D \dfrac{\partial \psi_D}{\partial r_D} \right) = -e^{\gamma_D \psi_D} \\ \psi_D(r_D \to \infty) = 0 \end{cases} \tag{3-23}$$

引入变换式：

$$\psi_D(r_D, t_D) = -\frac{1}{\gamma_D} \ln[1 - \gamma_D \eta_D(r_D, t_D)] \tag{3-24}$$

于是，式（3-24）中井筒储存效应内边界条件和表皮效应内边界条件转化为：

$$\frac{C_D}{1 - \gamma_D \eta_{wD}} \frac{d\eta_{wD}}{dt_D} - \left(r_D \frac{\partial \eta_D}{\partial r_D} \right)_{r_D = 1} = 1 \tag{3-25}$$

$$- \frac{1}{\gamma_D} \ln(1 - \gamma_D \eta_{wD}) = \left[- \frac{1}{\gamma_D} \ln(1 - \gamma_D \eta_D) - Sr_D \frac{\partial \eta_D}{\partial r_D} \right]_{r_D = 1} \tag{3-26}$$

应用各式的摄动技术变换式：

$$\eta_D = \eta_{0D} + \gamma_D \eta_{1D} + \gamma_D^2 \eta_{2D} + \Lambda \tag{3-27}$$

$$\frac{1}{1 - \gamma_D \eta_{wD}} = 1 + \gamma_D \eta_{wD} + \gamma_D^2 \eta_{wD}^2 + \Lambda \tag{3-28}$$

$$- \frac{1}{\gamma_D} \ln(1 - \gamma_D \eta_D) = \eta_D + \frac{1}{2} \gamma_D \eta_D^2 + \Lambda \tag{3-29}$$

$$- \frac{1}{\gamma_D} \ln(1 - \gamma_D \eta_{wD}) = \eta_{wD} + \frac{1}{2} \gamma_D \eta_{wD}^2 + \Lambda \tag{3-30}$$

考虑到较小无量纲渗透率模量，只要取零阶摄动解即可，于是有：

$$\frac{1}{r_D} \frac{\partial}{\partial r_D} \left(r_D \frac{\partial \eta_{0D}}{\partial r_D} \right) - \frac{\lambda_B}{r} = \frac{\partial \eta_{0D}}{\partial t_D} \tag{3-31}$$

$$\eta_{0D}(r_D, 0) = 0 \tag{3-32}$$

$$C_D \frac{d\eta_{0wD}}{dt_D} - \left(r_D \frac{\partial \eta_{0D}}{\partial r_D} \right)_{r_D = 1} = 1 \tag{3-33}$$

$$\eta_{0wD} = \left(\eta_{0D} - Sr_D \frac{\partial \eta_{0D}}{\partial r_D} \right)_{r_D = 1} \tag{3-34}$$

$$\lim_{r_D \to \infty} \eta_{0D}(r_D, t_D) = 0 \tag{3-35}$$

$$\frac{1}{\rho_D^2} \frac{\partial}{\partial \rho_D} \left[\rho_D^2 \left(\frac{\partial \bar{r}}{\partial \rho_D} - \frac{\lambda}{u} \right) \right] - u\bar{r} = 0$$

$$\text{且 } M_D \neq M_D' \tag{3-36}$$

外边界条件：$\bar{\gamma}(\infty, u) = 0$；

内边界条件：$\rho_D \dfrac{\partial \bar{\gamma}}{\partial \rho_D} \bigg|_{\rho_D = 1} = \dfrac{1 - \lambda}{\mu}$。

方程（3-36）的基本解表达式可表示为：

$$\bar{\gamma}(\rho_D, S) = Ae^{-\rho_D \sqrt{u}} + Be^{\rho_D \sqrt{u}} + \frac{2\lambda}{u^2 \rho_D} \tag{3-37}$$

由式（3-37）对 ρ_D 求导，并且由内边界条件 A 可由方程（3-36）求得：

$$\bar{r}_D = \frac{1}{4\pi \rho_D} \exp(-\rho_D \sqrt{u}) + \frac{2\lambda}{u^2 \rho_D} \tag{3-38}$$

方程（3-38）就是考虑启动压力梯度影响的低渗透油藏瞬时点源基本解，根据 Lord

Kelvin 的点源解，通过镜像反映可以得到上述模型的基本解。对于具有边界的瞬时点源可以利用无限多个对应的瞬时点源叠加求取[47]。得到顶底封闭边界瞬时点源的基本解为：

$$\bar{\gamma} = \frac{1}{4\pi} \sum_{-\infty}^{+\infty} \left[\frac{\exp\left(-\sqrt{u}\sqrt{R_D^2 + (Z_D + Z'_D - 2nZ_{eD})^2}\right)}{\sqrt{R_D^2 + (Z_D + Z'_D - 2nZ_{eD})^2}} \right.$$
$$\left. + \frac{\exp\left(-\sqrt{u}\sqrt{R_D^2 + (Z_D + Z'_D - 2nZ_{eD})^2}\right)}{\sqrt{R_D^2 + (Z_D - Z'_D - 2nZ_{eD})^2}} \right]$$
$$- \frac{2\lambda}{u^2} \sum_{-\infty}^{+\infty} \left[\frac{1}{\sqrt{R_D^2 + (Z_D - Z'_D - 2nZ_{eD})^2}} + \frac{1}{\sqrt{R_D^2 + (Z_D + Z'_D - 2nZ_{eD})^2}} \right] \qquad (3-39)$$

在方程中：

$$R_D^2 = (x_D - x'_D)^2 + (y_D - y'_D)^2$$

$$x_D = \frac{x}{l}\sqrt{\frac{K}{K_x}}$$

$$y_D = \frac{y}{l}\sqrt{\frac{K}{K_y}}$$

$$z_D = \frac{z}{l}\sqrt{\frac{K}{K_z}}$$

$$z_{eD} = \frac{z_e}{l}\sqrt{\frac{K}{K_z}}$$

利用级数函数性质、泊松叠加公式、拉普拉斯变换等方法对上述公式进行化简，顶底封闭疏松低渗透油藏瞬时点源基本解为：

$$\bar{\gamma} = \frac{1}{2\pi Z_{eD}} \left[K_0(R_D\sqrt{u}) + z\sum_{n=1}^{n=\infty} K_0\left(R_D\sqrt{u + \frac{n^2\pi^2}{Z_{eD}^2}}\right) \cos\left(n\pi\frac{Z_D}{Z_{eD}}\right) \cos\left(n\pi\frac{Z'_D}{Z_{eD}}\right) \right]$$
$$- \frac{2\lambda}{u^2} \sum_{-\infty}^{+\infty} \left[\frac{1}{\sqrt{R_D^2 + (Z_D - Z'_D - 2nZ_{eD})^2}} + \frac{1}{\sqrt{R_D^2 + (Z_D + Z'_D - 2nZ_{eD})^2}} \right] \qquad (3-40)$$

将该基本解沿垂直井段方向进行积分，然后沿裂缝延展方向积分，则压裂井井底压力响应函数拉氏解为：

$$\bar{\eta}_{0D} = \int_{-1}^{1} \frac{1}{2u} K_0\left[\sqrt{u}(\alpha - x_D)\right] d\alpha + \frac{2\lambda}{u^2} \sum_{-\infty}^{+\infty} \int_{-1}^{1}$$

$$\left\{ \ln\left[\frac{(Z_{ed} + Z'_D - 2n) + \sqrt{(\alpha - x_D)^2 + (Z_{ed} + Z'_D - 2nZ_{ed})^2}}{(-Z_{ed} + Z'_D - 2n) + \sqrt{(\alpha - x_D)^2 + (-Z_{ed} + Z'_D - 2nZ_{ed})^2}} \right] \right.$$

$$\left. + \ln\left[\frac{(Z_{ed} - Z'_D - 2nZ_{ed}) + \sqrt{(\alpha - x_D)^2 + (Z_{ed} + Z'_D - 2nZ_{ed})^2}}{(-Z_{ed} + Z'_D - 2nZ_{ed}) + \sqrt{(\alpha - x_D)^2 + (-Z_{ed} + Z'_D - 2nZ_{ed})^2}} \right] \right\} d\alpha \qquad (3-41)$$

$$\psi_D(r_D, t_D) = -\frac{1}{\gamma_D}\ln[1 - \gamma_D\eta_D(r_D, t_D)] \tag{3-42}$$

二、压裂直井压力动态特征分析

利用以上模型及求解,得到了考虑储层应力敏感条件下的压裂直井典型渗流曲线(图3-2)。

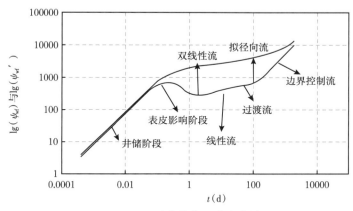

图3-2 压裂直井典型渗流曲线

压裂直井的典型流动阶段依次为井筒储集阶段、表皮影响阶段(若存在表皮)、裂缝—地层双线性流阶段、地层线性流阶段、过渡流阶段、拟径向流阶段、边界控制流阶段。其中各流动阶段的出现与否与延续时间主要与储层及裂缝物性有关。

为了验证该模型对于苏里格气田的适用性,本项目选取了苏6井试井测试数据进行了(图3-3)。通过验证可知,苏6井渗流曲线与该模型得到的曲线较为一致,因此本项目所提出的模型较为符合苏里格气田生产实际。

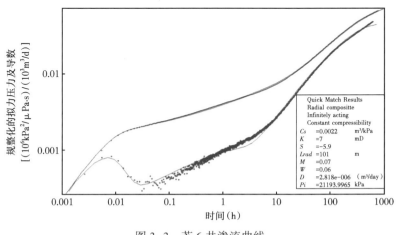

图3-3 苏6井渗流曲线

在此渗流模型的基础上,进一步研究了渗流曲线的影响因素,主要包括储层参数、裂缝参数等。

1. 储层渗透率

随着储层渗透率的减小,不稳定流延续时间不断增长,边界控制流出现时间不断延后,且拟径向流愈发不显著,线性流成为渗流的主要流态(图 3-4)。

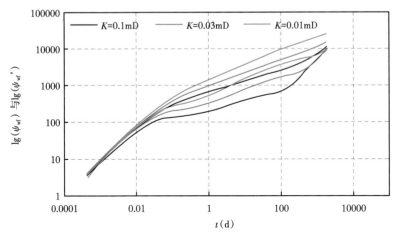

图 3-4　渗透率对压裂直井典型渗流曲线的影响

2. 应力敏感系数

随着渗透率应力敏感系数的增加,曲线后期上翘时间不断提前,因此此时通过曲线上翘判断边界控制流的开始时间可能会导致一定误差(图 3-5)。

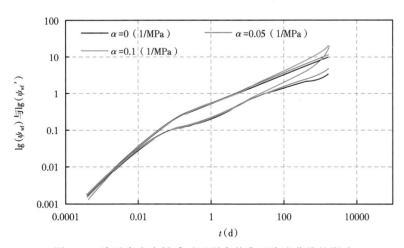

图 3-5　渗透率应力敏感对压裂直井典型渗流曲线的影响

3. 裂缝半长

当裂缝半长较短时,渗流过程中径向流特征较为显著,而双线流阶段不明显,当裂缝半长较大时,渗流过程中未见明显的径向流阶段(图 3-6)。

4. 裂缝导流能力

当裂缝导流能力较小时,渗流过程中双线性流现象较显著,但是当裂缝导流能力较大且接近无限导流能力时,双线性阶段基本消失(图 3-7)。

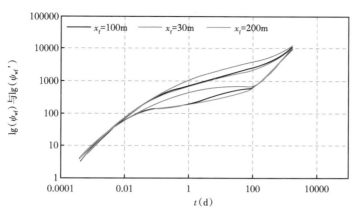

图 3-6　裂缝半长对压裂直井典型渗流曲线的影响

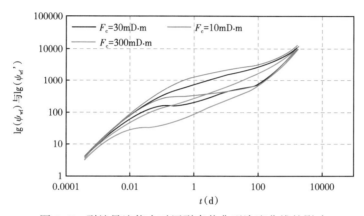

图 3-7　裂缝导流能力对压裂直井典型渗流曲线的影响

第二节　致密气分段压裂水平井不稳定试井

一、分段压裂水平井物理模型和数学模型

致密气藏水平井若进行多段压裂,则基本假设如下:(1)储层由似均质渗流介质组成,油藏厚度为 h,气藏侧向边界半径为无限大或 r_e;(2)流体流动遵循达西定律;(3)气井以定产量生产,标况下气井产量为 q_{sc};(4)流体等温渗流,忽略重力效应影响;(5)水平井井筒方向 y 为轴方向,轴方向平行于人工裂缝面,z 轴方向竖直向上;人工裂缝的间距为 $\Delta L_i (i=1,\cdots, m)$,第 i 条裂缝在 y 轴上的截距为 y_i;第 i 条裂缝上方半长为 L_{fRi},下方半长为 L_{fLi}。物理模型如图 3-8 所示[48]。

假设流量沿裂缝长度方向均匀分布。根据源函数的思想,储层中的压力响应可通过连续线源解沿裂缝长度积分得到:

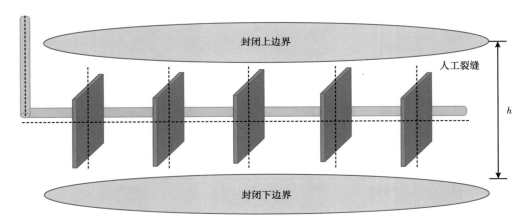

图 3-8　致密气藏多级压裂水平井渗流物理模型

$$\overline{\eta}_{0Di} = \int_{-L_{fRi}}^{L_{fLi}} \frac{1}{2u} K_0 \left[\sqrt{u} (\alpha - x_{Di}) \right] d\alpha + \frac{2\lambda}{u^2} \overline{q}_{Di} \sum_{-\infty}^{+\infty} \int_{-L_{fRi}}^{L_{fLi}}$$

$$\left\{ \ln \left[\frac{(Z_{ed} + Z'_D - 2n) + \sqrt{(\alpha - x_{Di})^2 + (Z_{ed} + Z'_D - 2nZ_{ed})^2}}{(-Z_{ed} + Z'_D - 2n) + \sqrt{(\alpha - x_{Di})^2 + (-Z_{ed} + Z'_D - 2nZ_{ed})^2}} \right] \right.$$

$$\left. + \ln \left[\frac{(Z_{ed} - Z'_D - 2nZ_{ed}) + \sqrt{(\alpha - x_{Di})^2 + (Z_{ed} + Z'_D - 2nZ_{ed})^2}}{(-Z_{ed} - Z'_D - 2nZ_{ed}) + \sqrt{(\alpha - x_{Di})^2 + (-Z_{ed} + Z'_D - 2nZ_{ed})^2}} \right] \right\} da \quad (3-43)$$

$$\rho_i(r_D, t_D) = -\frac{1}{\gamma_D} \ln \left[1 - \gamma_D \eta_D(r_D, t_D) \right]$$

根据压降叠加原理，多段裂缝在不同压裂位置 (x_D, y_D) 处产生的总压降为：

$$p_D(r_D, t_D) = \sum_{i=1}^{n} q_{Di}(u) p_i(r_{Di}, u) \quad (3-44)$$

式 (3-43) 与式 (3-44) 构成了一个含 $n+1$ 个方程的线性方程组，它也含 $n+1$ 个待求变量。方程组可以写为：

$$\begin{bmatrix} p_1(r_{wD}, u) & p_2(r_{d12}, u) & \cdots & p_n(r_{d1n}, u) \\ p_1(r_{21}, u) & p_2(r_{wD}, u) & \cdots & p_n(r_{d1n}, u) \\ \cdots & & & \\ p_1(r_{m1}, u) & p_2(r_{dm2}, u) & \cdots & p_n(r_{dmn}, u) \\ \cdots & & & \\ 1 & 1 & \cdots & 1 & 0 \end{bmatrix} \times \begin{bmatrix} q_{D1} \\ q_{D2} \\ \cdots \\ q_{Dm} \\ \cdots \\ p_{wD} \end{bmatrix} = \begin{bmatrix} 0 \\ \Delta p \\ \cdots \\ m\Delta p \\ \cdots \\ 1 \end{bmatrix} \quad (3-45)$$

因此，采用 Gauss 消元法或 Gauss-Jordan 消元法可以完成前述线性方程组的求解[48]，从而得到致密气藏中多级压裂水平井拉普拉斯空间中的井底压力 $\overline{p}_{wD}$ 及压裂裂缝的流量分布 $\overline{q}_{Di,j}$。

二、分段压裂水平井压力动态特征分析

利用以上模型及求解,得到了考虑储层应力敏感条件下的压裂水平井典型渗流曲线(图 3-9)。

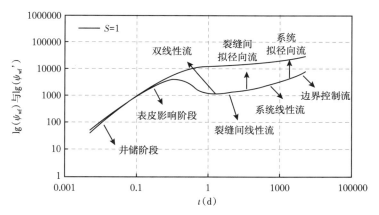

图 3-9 压裂水平井典型渗流曲线

压裂水平井的典型流动阶段依次为井筒储集阶段、表皮影响阶段(若存在表皮)、裂缝—地层双线性流阶段、裂缝间线性流阶段、裂缝间拟径向流阶段、系统线性流阶段、系统拟径向流阶段、边界控制流阶段[49]。

为了验证该模型对于苏里格气田的适用性,本项目选取了苏 14-19-09H 井试井测试数据进行了验证(图 3-10)。通过验证可知,苏 14-19-09H 井渗流曲线与该模型得到的曲线较为一致,因此本项目所提出的模型较为符合苏里格气田的生产实际。

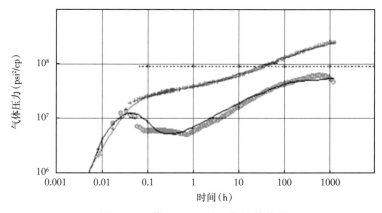

图 3-10 苏 14-19-09H 井试井曲线

在此渗流模型的基础上,进一步研究了渗流曲线的影响因素,主要包括储层参数、裂缝参数等。通过研究发现,储层渗透率及其应力敏感性、裂缝半长及其导流能力对压裂直井的影响与压裂水平井较为类似(图 3-11 至图 3-14)。

不同于压裂直井,压裂水平井的渗流特征同时还受到裂缝条数及井筒长度的影响。其

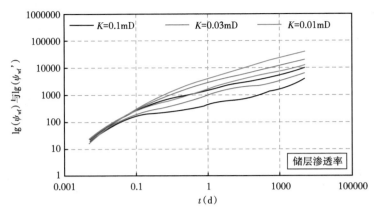

图 3-11　渗透率对压裂水平井典型渗流曲线的影响

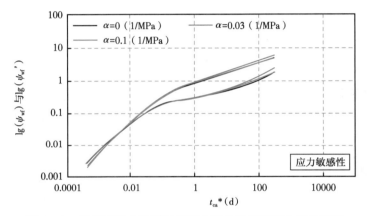

图 3-12　渗透率应力敏感对压裂水平井典型渗流曲线的影响

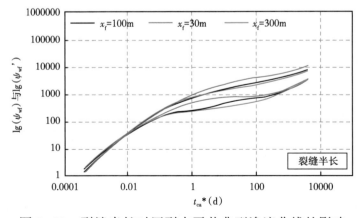

图 3-13　裂缝半长对压裂水平井典型渗流曲线的影响

中,随着裂缝条数的增加,渗流过程中双线性流时间延长,且渗流到达裂缝间拟径向流的时间较早,但对于裂缝区域以外的渗流特征没有显著影响(图 3-15)。

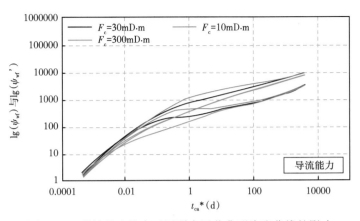

图 3-14　裂缝导流能力对压裂水平井典型渗流曲线的影响

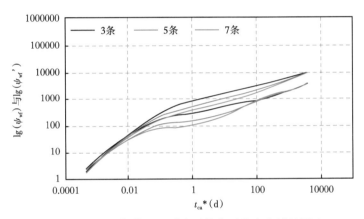

图 3-15　裂缝条数对压裂水平井典型渗流曲线的影响

　　而井筒长度对裂缝间拟径向流之前的流态没有显著影响,而是主要影响到达裂缝间拟径向流的时间及向边界控制流的过渡阶段的曲线形态(图 3-16)。

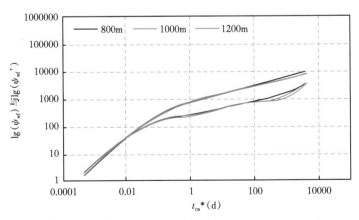

图 3-16　井筒长度对压裂水平井典型渗流曲线的影响

第三节 存在补给边界的不稳定试井

一、补给边界物理模型和数学定义

国内外学者分别利用不同方法研究了补给边界表征模型,但缺乏针对致密气藏补给边界表征模型。参照复合地层理论研究过程,并考虑到致密气藏补给边界表征模型在试井模型的应用及求解,构建合适的补给边界表征方法[47]。

1. 补给边界表征模型建立

根据渗流理论,油气藏边界条件可以表示为:

$$l\frac{\partial p}{\partial n} + hp = f(r,t) \quad (边界\ S\ 处,t>0) \tag{3-46}$$

式中 $\partial/\partial n$——外边界处 S 法线垂直方向的导数。

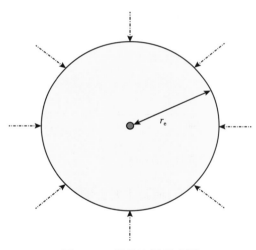

图 3-17   补给边界示意图

在式(3-46)中,考虑系数 l、h 均为常数。有如下特殊情况,$l=0$ 为第一类边界,$h=0$ 为第二类边界,l、h 均不为 0 为第三类边界条件。

如图 3-17 补给边界示意图所示,考虑到边界处存在流体补充入控制范围内,需有压力梯度;但异于常规的定压边界,边界处压力非为定值。此时,考虑 l、h 均不为 0,采用第三类边界条件表征补给边界,为简化模型的建立和求解,视 $f(r,t)$ 为常数即 $f(r,t)\equiv f$ [47]。

补给边界表征模型表示为:

$$\alpha p\big|_{r=r_e} + \beta\frac{\partial p}{\partial r}\bigg|_{r=r_e} = f \tag{3-47}$$

式中 α、β、f——定值,表示补给边界渗流特征的相关参数;

$p\big|_{r=r_e}$——补给边界处的压力水平;

$\dfrac{\partial p}{\partial r}\bigg|_{r=r_e}$——补给边界处的压力梯度。

接下来,对各未定参数进行分析,研究其表征含义[47]。

2. 补给边界表征模型参数含义分析

首先建立径向复合地层物理模型,分析其相应的边界特征,以此研究第三类边界对补给边界的表征模型。径向复合地层示意图如图 3-18 所示,图中标注了相应的地层参数[47]。

径向复合地层在两区交接面处存在流量变化和压力变化。

(1)两区交接面处的流量变化:

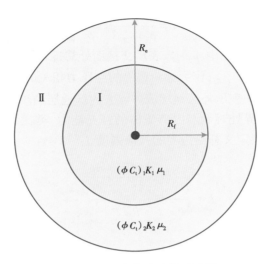

图 3-18　径向复合地层示意图

$$\frac{\partial p_1}{\partial r}\bigg|_{r=R_f} = \frac{(K/\mu)_2}{(K/\mu)_1}\frac{\partial p_2}{\partial r}\bigg|_{r=R_f} \qquad (3-48)$$

在内外区储层中,第 I 区的流度 M_1 与第 II 区的流度 M_2 之比为流度比 M_{12}:

$$M_{12} = \frac{M_1}{M_2} = \frac{(K/\mu)_1}{(K/\mu)_2} \qquad (3-49)$$

流量变化式化为:

$$\frac{\partial p_1}{\partial r}\bigg|_{r=R_f} = \frac{1}{M_{12}}\frac{\partial p_2}{\partial r}\bigg|_{r=R_f} \qquad (3-50)$$

(2)内外区界面考虑压力损失:

$$p_1\big|_{r=R_f} = \left(p_2 - \frac{\partial p_2}{\partial r}S\right)_{r=R_f} \qquad (3-51)$$

S 为内外区界面的附加表皮,将导致交界面处产生附加压降,造成内外区压力不连续变化,即为压力突变。

根据公式(3-50)、公式(3-51),在交接面处的流量变化是由内外区流度差异造成的,而交接面处的压力变化是由附加表皮引起的附加压降。将两公式相互代入,得[47]:

$$p_1 - p_1\big|_{r=R_f} = -S\frac{\partial p_2}{\partial r}\bigg|_{r=R_f} = -SM_{12}\frac{\partial p_1}{\partial r}\bigg|_{r=R_f} \qquad (3-52)$$

可化为:

$$\frac{p_1\big|_{r=R_f}}{p_2\big|_{r=R_f}} + \frac{SM_{12}}{p_2\big|_{r=R_f}}\frac{\partial p_1}{\partial r}\bigg|_{r=R_f} = 1 \qquad (3-53)$$

根据补给边界表征模型,可以看出 $\alpha = \dfrac{1}{p_2\big|_{r=R_f}}$、$\beta = \dfrac{SM_{12}}{p_2\big|_{r=R_f}}$ 和 $f=1$。除 f 为常数 1 外,α、β 均与 $p_2\big|_{r=R_f}$ 相关。在径向复合地层中,$p_2\big|_{r=R_f}$ 表示交接面处靠近外区地层的压力大小,考虑到补给边界中采用定值 p_{et} 代替 $p_2\big|_{r=R_f}$,作为补给边界的与压力相关的特征参数。β 还与 S 和 M_{12} 相关,在径向复合地层中,均表示外区地层流体流入内区地层的渗流能力[47]。

由于补给边界表征边界处对地层内部流体的补充能力,类比油气渗流理论中对生产强度和注水强度的定义,这里定义补给边界的补给强度 J:

$$J = \frac{Q_{et}}{\Delta p_{et}} = \frac{\dfrac{2\pi Kh}{\mu}\left[r\dfrac{\partial p}{\partial r}\right]_{r=r_e}}{p_{et} - p\big|_{r=r_e}} \tag{3-54}$$

式中　Q_{et}——补给的流体流量;

Δp_{et}——补给边界处压力与地层边界的压力差;

p_{et}——补给边界处补给压力的大小。

忽略变量单位的影响,引入以下无量纲变量。

无量纲补给强度:

$$J_D = \frac{\mu}{2\pi Kh}\frac{r_w}{r_e}J \tag{3-55}$$

无量纲压力:

$$p_D = \frac{2\pi Kh(p_i - p)}{quB} \tag{3-56}$$

无量纲半径:

$$r_D = \frac{r}{r_w} \tag{3-57}$$

公式(3-54)无量纲化为:

$$J_D = \frac{\dfrac{\partial p_D}{\partial r_D}\bigg|_{r_D = r_{eD}}}{p_{etD} - p_D\big|_{r_D = r_{eD}}} \tag{3-58}$$

即:

$$\frac{1}{p_{etD}}p_D\big|_{r_D = r_{eD}} + \frac{1}{J_D\,p_{etD}}\frac{\partial p_D}{\partial r_D}\bigg|_{r_D = r_{eD} = 1} \tag{3-59}$$

因此在补给边界表征模型中有:

$$\alpha = \frac{1}{p_{etD}} \tag{3-60}$$

$$\beta = \frac{1}{J_D p_{etD}} \tag{3-61}$$

$$f = 1 \tag{3-62}$$

式中 J_D——无量纲补给强度,表征补给边界流体进入地层能力的大小;

p_{etD}——无量纲补给压力,表征补给边界流体补给压力水平的大小。

二、致密气藏补给边界压裂直井不稳定渗流特征及其影响因素分析

本章建立了考虑补给边界条件下的致密气藏压裂直井试井模型,致密气藏存在应力敏感效应,因而引入了渗透率模量,利用摄动变换式处理数学模型中的强非线性,通过拉普拉斯变换得到了拉普拉斯空间解析解,并对裂缝导流能力、不同的边界响应等多种情况分别进行详细分析[47]。

1. 致密气藏补给边界条件下压裂直井无限导流裂缝渗流模型建立

建立考虑补给边界条件下致密气藏无限导流压裂直井的物理模型(图3-19)如下所示[47]:

(1)均质致密气藏,顶底不渗透,水平方向为圆形补给边界;应力敏感储层,有效厚度为 h,在初始时刻,气藏各处压力均为 p_i,渗透率均为 K_i;

(2)致密气藏水力压裂产生垂直人工裂缝,直井井筒位于人工裂缝几何中心,人工裂缝忽略宽度,裂缝半长为 x_f,考虑流体在裂缝中流动为无限裂缝导流;

(3)储层流体仅做平面渗流,忽略毛细管力和重力的影响,在储层中渗流服从达西定律,不考虑垂向渗流和储层温度变化,考虑压缩性为定值,黏度恒定;

(4)致密气藏气井定产量生产。

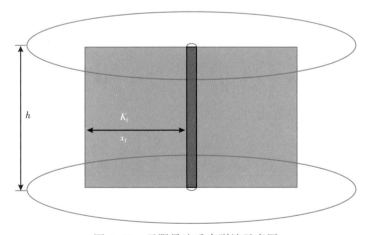

图3-19 无限导流垂直裂缝示意图

考虑到气藏中气体的渗流特征,定义拟压力函数:

$$\psi(p) = \int_0^p \frac{2p}{\mu_q(p) Z(p)} dp \tag{3-63}$$

考虑到致密气藏储层具有较强的应力敏感性,因此定义岩石应力敏感模数[47]:

$$\gamma = \frac{1}{K} \frac{dK}{d\psi} \tag{3-64}$$

对式(3-64)积分后即可得到储层有效渗透率的表达式：

$$K = K_i e^{\gamma(\psi - \psi_i)} \tag{3-65}$$

压裂直井的不稳定渗流数学模型是由两部分组成，即水力裂缝中的流动和地层中的流动。

单从裂缝流动来看，可视为一维渗流；而从地层流动来看，裂缝等价为地层中的"巨大井筒"[47]。

在达西单位制下，不稳定渗流数学模型详细步骤如下所示：

（1）运动方程：

$$v = -\frac{K_i e^{\gamma(\psi - \psi_i)}}{\mu} \frac{\mathrm{d}p}{\mathrm{d}r} \tag{3-66}$$

（2）状态方程：

$$\rho = \frac{Mp}{RTZ} \tag{3-67}$$

恒定温度条件下，气体压缩系数有：

$$C_g = \frac{1}{\rho} \frac{\partial \rho}{\partial p} = \frac{1}{p} = -\frac{1}{Z} \frac{\mathrm{d}Z}{\mathrm{d}p} \tag{3-68}$$

（3）质量守恒方程：

$$\frac{1}{r} \frac{\partial}{\partial r}(r\rho v) = -\frac{\partial}{\partial t}(\phi \rho) \tag{3-69}$$

代入运动方程可得：

$$-K_i \frac{1}{r} \frac{\partial}{\partial r}\left(r \frac{p}{Z} \frac{e^{\gamma(\psi-\psi_i)}}{\mu} \frac{\mathrm{d}p}{\mathrm{d}r}\right) = -\frac{\partial}{\partial t}\left(\phi \frac{p}{Z}\right) \tag{3-70}$$

将拟压力定义式代入，左边化为：

$$-K_i \frac{1}{r} \frac{\partial}{\partial r}\left(r \frac{p}{\gamma} \frac{e^{\gamma(\psi-\psi_i)}}{\mu} \frac{\mathrm{d}p}{\mathrm{d}r}\right) - = \frac{K_i}{2} \frac{1}{\gamma} \frac{1}{r} \frac{\partial}{\partial r}\left(r \frac{\mathrm{d}e^{\gamma(\psi-\psi_i)}}{\mathrm{d}r}\right) \tag{3-71}$$

根据气体压缩系数，右边化为：

$$-\frac{\partial}{\partial t}\left(\phi \frac{p}{Z}\right) = -\phi \frac{p}{Z} \frac{\partial p}{\partial t}\left(\frac{1}{p} - \frac{1}{Z} \frac{\partial Z}{\partial p}\right) = \frac{1}{2}\phi \mu_g(p) C_g(p) \frac{\partial \psi}{\partial t} \tag{3-72}$$

从而得到地层不稳定渗流方程：

$$\frac{\partial^2 \psi}{\partial r^2} + \frac{1}{r} \frac{\partial \psi}{\partial r} + \gamma \frac{\partial \psi^2}{\partial r} = \frac{\phi \mu_g(p) C_g(p)}{K_i} e^{\gamma(\psi_i - \psi)} \frac{\partial \psi}{\partial t} \tag{3-73}$$

转化为矿产实用单位制：

$$\frac{\partial^2 \psi}{\partial r^2} + \frac{1}{r} \frac{\partial \psi}{\partial r} + \gamma \frac{\partial \psi^2}{\partial r} = \frac{\phi \mu_g(p) C_g(p)}{3.6 K_i} e^{\gamma(\psi_i - \psi)} \frac{\partial \psi}{\partial t} \tag{3-74}$$

初始条件：

$$\psi(t = 0) = \psi_i \tag{3-75}$$

内边界条件：

$$r = \frac{\partial \psi}{\partial r}\bigg|_{r=r_w} = \frac{q_{sc}}{8.64 \times 10^{-3}\pi K_i h} e^{\gamma(\psi_i - \psi)} \frac{p_{sc}T}{T_{sc}} \tag{3-76}$$

外边界条件：

$$J = \frac{\dfrac{8.64 \times 10^{-3}\pi K_i h T_{sc}}{p_{sc}T}\left[e^{-\gamma(\psi_i - \psi)} r \dfrac{\partial \psi}{\partial r}\right]_{r=r_e}}{\psi_{et} - \psi\big|_{r=r_e}} \tag{3-77}$$

根据压力叠加原理，可得到无限导流压裂直井的压力分布。

引入无量纲量如下：

$$\psi_D = \frac{2.7143 \times 10^{-2} K_i h T_{sc}}{q_{sc}Tp_{sc}}(\psi_i - \psi) \tag{3-78}$$

$$\gamma_D = \frac{q_{sc}Tp_{sc}}{8.64 \times 10^{-3}\pi K_i h T_{sc}\gamma} \tag{3-79}$$

$$t_D = \frac{3.6K_{il}}{\phi\mu C_t X_f^2}t \tag{3-80}$$

$$C_D = \frac{0.1592C}{\phi h C_t X_f^2} \tag{3-81}$$

$$x_D = \frac{x}{X_f} \tag{3-82}$$

$$y_D = \frac{y}{X_f} \tag{3-83}$$

$$r_D = \frac{r}{X_f} \tag{3-84}$$

$$J_D = \frac{q_{sc}Tp_{sc}}{8.64 \times 10^{-3}\pi K_i h T_{sc}}\frac{x_f}{r_w} \tag{3-85}$$

上述方程无量纲化并联立，可得：

$$\begin{cases}
\dfrac{1}{r_D}\dfrac{\partial}{\partial r_D}\left(r_D \dfrac{\partial \psi_D}{\partial r_D}\right) - \gamma_D\left(\dfrac{\partial \psi_D}{\partial r_D}\right)^2 = e^{\gamma_D\psi_D}\dfrac{\partial \psi_D}{\partial t_D} \\[2mm]
\psi_D(r_D, t_D = 0) = 0 \\[2mm]
\lim\limits_{r_D \to 0}\left(r_D \dfrac{\partial \psi_D}{\partial r_D}\right) = -e^{\gamma_D\psi_D} \\[2mm]
\alpha\psi_D\big|_{r_D = r_{eD}} + \beta \cdot e^{-\gamma_D\psi_D}\dfrac{\partial \psi_D}{\partial r_D}\bigg|_{r_D = r_{eD}} = 1
\end{cases} \tag{3-86}$$

其中，$\alpha = \dfrac{1}{\psi_{etD}}, \beta = \dfrac{1}{J_D \psi_{etD}}$。

此时，裂缝中的压力分布公式为：

$$\psi_{fD}(r_D, t_D) = \frac{1}{2} \int_{-1}^{1} \psi\left(\sqrt{(x_D - s)^2 + y_D^2}, t_D\right) ds \qquad (3-87)$$

如 Gringarten 等指出，井底压力解可取 $x_D = 0.732, y_D = 0$ 得：

$$\psi_{wD}(t_D) \frac{1}{2} \int_{-1}^{1} \psi\left(\sqrt{(0.732 - s)^2}, t_D\right) ds \qquad (3-88)$$

在无限导流裂缝压裂直井数学模型中，描述地层渗流的方程组由于渗透率模量引起了很强的非线性影响，不能直接通过解析方法计算，考虑摄动变换方程[47]：

$$\psi_D(r_D, t_D) = -\frac{1}{\gamma_D} \ln\left[1 - \gamma_D \eta_D(r_D, t_D)\right] \qquad (3-89)$$

摄动变换参数有：

$$\begin{cases} \eta_D = \eta_{0D} + \gamma_D \eta_{1D} + \gamma_D^2 \eta_{2D} + \cdots \\ \dfrac{1}{1 - \gamma_D \eta_D} = 1 + \gamma_D \eta_D + \gamma_D^2 \eta_D^2 + \cdots \\ -\dfrac{1}{\gamma_D} \ln(1 - \gamma_D \eta_D) = \eta_D + \dfrac{1}{2} \gamma_D \eta_D^2 + \cdots \\ -\dfrac{1}{\gamma_D} \ln(1 - \gamma_D \eta_{wD}) = \eta_{wD} + \dfrac{1}{2} \gamma_D \eta_{wD}^2 + \cdots \end{cases} \qquad (3-90)$$

考虑到较小的无量纲应力敏感模量，η_D 的数值解中高阶部分远小于零阶部分，对整体解的影响很小可忽略，直接取最低阶部分中的零阶部分代入地层渗流方程组，通过拉普拉斯变换可得方程组[47]：

$$\begin{cases} \dfrac{1}{r_D} \dfrac{\partial}{\partial r_D}\left(r_D \dfrac{\partial \overline{\eta}_D}{\partial r_D}\right) = \dfrac{\partial \overline{\eta}_D}{\partial t_D} \\ \lim_{r_D \to 0}\left(r_D \dfrac{\partial \overline{\eta}_D}{\partial r_D}\right) = -\dfrac{1}{u} \\ \alpha \overline{\eta}_D \big|_{r_D = r_{eD}} + \beta \dfrac{\partial \overline{\eta}_D}{\partial r_D}\bigg|_{r_D = r_{eD}} = \dfrac{1}{u} \end{cases} \qquad (3-91)$$

根据圆形补给边界拉普拉斯空间下的点源函数，可得上述方程组的拉式空间解为[47]：

$$\overline{\eta}_D = \frac{1}{u}\left[K_0(r_D \sqrt{u}) + I_0(r_D \sqrt{u}) \frac{1 - \alpha K_0(r_{eD}\sqrt{u}) + \beta\sqrt{u} K_1(r_{eD}\sqrt{u})}{\alpha I_0(r_{eD}\sqrt{u}) + \beta\sqrt{U} I_1(r_{eD}\sqrt{u})}\right] \qquad (3-92)$$

因此，无限导流裂缝井底压力：

$$\overline{\eta}_{wD} = \frac{1}{2u} \int_{-1}^{1} K_0(\sqrt{u} \, | \, 0.732 - s \, |) + I_0(\sqrt{u} \, | \, 0.732 - s \, |) \frac{1 - \alpha K_0(r_{eD}\sqrt{u}) + \beta\sqrt{u} K_1(r_{eD}\sqrt{u})}{\alpha I_0(r_{eD}\sqrt{u}) + \beta\sqrt{U} I_1(r_{eD}\sqrt{u})} ds$$

$$(3-93)$$

通过杜哈美方法可得包含井筒储集和表皮效应的压力响应：

$$\overline{\eta}_{wCD} = \frac{u\overline{\eta}_{wD} + S}{u[1 + uC_D(u\overline{\eta}_{wD} + S)]} \tag{3-94}$$

零阶摄动解可得井筒压力近似解：

$$\psi_{wD}(t_D) = -\frac{1}{\gamma_D} \ln[1 - \gamma_D L^{-1}(\overline{\eta}_{wCD})] \tag{3-95}$$

其中 L^{-1} 表示拉普拉斯反变换。得到有限导流垂直裂缝井的拉普拉斯空间零阶摄动解后，可利用计算机编程方法实现数值反演算法，计算实空间的井底压力 ψ_{wD}。由此，可以获得真实空间内 ψ_{wD} 和 $\psi'_{wD} t_D/C_D$ 关于 t_D/C_D 的双对数典型曲线。

2. 致密气藏补给边界条件下压裂直井有限导流裂缝渗流模型建立

建立考虑补给边界条件下致密气藏有限导流压裂直井的物理模型（图 3-20），如下所示[47]：

（1）均质致密气藏，顶底不渗透，水平方向为圆形补给边界。应力敏感储层，有效厚度为 h，在初始时刻，气藏各处压力均为 p_i，而渗透率均为 K_i；

（2）致密气藏水力压裂产生垂直人工裂缝，直井井筒位于人工裂缝几何中心，人工裂缝忽略宽度，裂缝半长为 x_f，人工裂缝为有限导流，渗透率为 K_f；

（3）储层流体仅做平面渗流，满足达西渗流效应，忽略毛细管力和重力的影响，不考虑垂向渗流和储层温度变化；

（4）气井定产量生产，气体考虑压缩性且为定值，气体黏度恒定。

同样，有限导流压裂直井的渗流过程分别由两个动态阶段构成，就是水力裂缝中流体的渗流和储层中流体的渗流。对于储层流体的渗流数学模型可参考无限导流垂直裂缝井，因

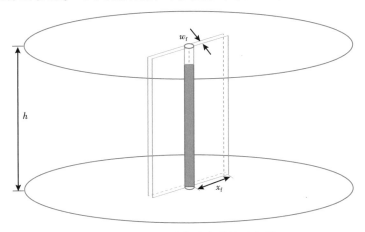

图 3-20　有限导流垂直裂缝示意图

此有限导流裂缝井的地层渗流数学模型不再赘述,接下来重点介绍建立裂缝流动数学模型的过程。

裂缝的流动方程:

$$\frac{\partial^2 \psi_f}{\partial x^2} + \frac{\partial^2 \psi_f}{\partial y^2} = \frac{\phi_f (\mu_g C_g)_i}{3.6 K_f} \frac{\partial \psi_f}{\partial t} \ (0 < x < X_f, 0 < y < \frac{W_f}{2}) \tag{3-96}$$

初始条件:

$$\psi_f(x, y, t) = \psi_i \tag{3-97}$$

缝端封闭条件:

$$\frac{\partial \psi_f(X_f, y, t)}{\partial x} = 0 \tag{3-98}$$

裂缝对称条件:

$$\frac{\partial \psi_f(X, 0, t)}{\partial y} = 0 \tag{3-99}$$

裂缝面与储层流量相等条件:

$$\frac{K_f}{\mu_g} \frac{\partial \psi_f}{\partial y} \bigg|_{y = \frac{w_f}{2}} = \frac{K_i e^{\gamma(\psi - \psi_i)}}{\mu_g} \frac{\partial \psi}{\partial y} \bigg|_{y = \frac{w_f}{2}} \tag{3-100}$$

井底流量条件:

$$K_f \int_0^{\frac{w_f}{2}} \frac{\partial p_f(0, y, t)}{\partial x} \mathrm{d}y = \frac{qB\mu}{4h} \tag{3-101}$$

由于裂缝宽度相对于储层尺度来说可以忽略不计,因而在裂缝宽度方向上流体流速几乎不发生变化可视为定值,即为流体从地层流入裂缝的流量,则有:

$$\frac{\partial^2 \psi_f}{\partial x^2} + \frac{\partial \psi_f}{\partial y} \bigg|_{y = \frac{w_f}{2}} = \frac{\phi_f (\mu_g C_g)_i}{3.6 K_f} \frac{\partial \psi_f}{\partial t} \ (0 \leqslant x < X_f) \tag{3-102}$$

由于裂缝的渗透率较大,忽略裂缝渗流随时间变化的影响,可得稳态形式如:

$$\frac{\partial^2 \psi_f}{\partial x^2} + \frac{\partial \psi_f}{\partial y} \bigg|_{y = \frac{w_f}{2}} = 0 \ (0 < x < X_f) \tag{3-103}$$

即:

$$\frac{\partial^2 \psi_f}{\partial x^2} + \frac{2K_i e^{\gamma(\psi - \psi_i)}}{W_f K_f} \frac{\partial \psi}{\partial y} \bigg|_{y = \frac{w_f}{2}} = 0 \ (0 < x < X_f) \tag{3-104}$$

再引入关于裂缝无量纲量:

$$\psi_{fD} = \frac{2.7143 \times 10^{-2} K_i h T_{sc}}{q_{sc} T p_{sc}} (\psi_i - \psi_f) \tag{3-105}$$

$$C_{FD} = \frac{K_F W_f}{K_i L_f} \tag{3-106}$$

上述方程无量纲变化联立，可得：

$$\frac{\partial^2 \psi_{fD}}{\partial x_D^2} + \frac{2e^{-\gamma_D \psi_D}}{C_{FD}} \frac{\partial \psi_D}{\partial y_D}\bigg|_{y_D = \frac{w_D}{2}} = 0 \ (0 < x_D < 1) \tag{3-107}$$

$$\frac{d\psi_{fD}}{dx_D}\bigg|_{x_D = 1} = 0 \tag{3-108}$$

$$\frac{d\psi_{fD}}{dx_D}\bigg|_{x_D = 1} = -\frac{\pi}{C_{FD}} \tag{3-109}$$

假设有限导流裂缝单位长度流量的无量纲表达式为：

$$q_{fD}(x_D, t_D) = \frac{2X_f q_f(x, t)}{q} \tag{3-110}$$

同样引入摄动变化式(3-89)，并对对裂缝模型进行拉普拉斯变换，结果为：

$$\frac{\partial^2 \overline{\eta}_{fD}}{\partial x_D^2} + \frac{2}{C_{FD}} \frac{\partial \overline{\eta}_D}{\partial y_D}\bigg|_{y_D = \frac{w_D}{2}} = 0 \ (0 < x_D < 1) \tag{3-111}$$

$$\frac{d\overline{\eta}_{fD}}{dx_D}\bigg|_{x_D = 1} = 0 \tag{3-112}$$

$$\frac{d\overline{\eta}_{fD}}{dx_D}\bigg|_{x_D = 1} = -\frac{\pi}{C_{FD}} \tag{3-113}$$

地层流体流入裂缝中的流量为：

$$\overline{q}_{fD}(x_D, u) = -\frac{2}{\pi} \frac{\partial \overline{\eta}_D}{\partial y_D}\bigg|_{y_D = \frac{w_D}{2}} \tag{3-114}$$

求解上述无量纲模型得出：

$$\overline{\eta}_{wD} - \overline{\eta}_{fD} = \frac{\pi}{C_{FD} u}\left[x_D - u \int_0^{x_D} \int_0^v \overline{q}_{fD}(x_D, u)\,ds\,dv \right] \tag{3-115}$$

对地层点源函数积分，得到垂直裂缝井裂缝压力分布公式：

$$\overline{\eta}_{fD}(x_D) = \frac{1}{2}\int_{-1}^1 \overline{q}_{fD}\left[K_0(\sqrt{u}\,|x_D - s|) + I_0(\sqrt{u}\,|x_D - s|)\frac{1 - \alpha K_0(r_{eD}\sqrt{u}) + \beta\sqrt{u}\,K_1(r_{eD}\sqrt{u})}{\alpha I_0(r_{eD}\sqrt{u}) + \beta\sqrt{u}\,I_1(r_{eD}\sqrt{u})} \right]ds$$
$$\tag{3-116}$$

生产井定产量生产时，裂缝中的产量有：

$$\int_{-1}^1 q_{fD}(s, u)\,ds = \frac{2}{u} \tag{3-117}$$

利用上述边界元法求解上述积分方程组式（3-115）和式（3-116）。对裂缝进行网格离散，将裂缝等分为 n 个微元段（图3-21），由于每一微元段长度很短，可以认为每一微元段内的流量为定值 $\overline{q}_{\mathrm{fD}i}$ [47]。

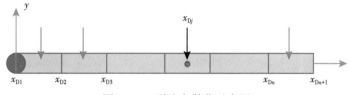

图3-21　裂缝离散化示意图

对于第 j 个单元积分方程有：

$$\int_0^1 \overline{q}_{\mathrm{fD}} \left[K_0(\sqrt{u}\,|x_{\mathrm{D}} - s|) + I_0(\sqrt{u}\,|x_{\mathrm{D}} - s|) \frac{1 - \alpha K_0(r_{\mathrm{eD}}\sqrt{u}) + \beta\sqrt{u}\,K_1(r_{\mathrm{eD}}\sqrt{u})}{\alpha I_0(r_{\mathrm{eD}}\sqrt{u}) + \beta\sqrt{u}\,I_1(r_{\mathrm{eD}}\sqrt{u})} \right] \mathrm{d}s$$

$$= \sum_{i=1}^n \overline{q}_{\mathrm{fD}i} \int_{x_{\mathrm{D}i}}^{x_{\mathrm{D}i+1}} \left[K_0(\sqrt{u}\,|x_{\mathrm{D}j} - s|) + I_0(\sqrt{u}\,|x_{\mathrm{D}j} - s|) \frac{1 - \alpha K_0(r_{\mathrm{eD}}\sqrt{u}) + \beta\sqrt{u}\,K_1(r_{\mathrm{eD}}\sqrt{u})}{\alpha I_0(r_{\mathrm{eD}}\sqrt{u}) + \beta\sqrt{u}\,I_1(r_{\mathrm{eD}}\sqrt{u})} \right] \mathrm{d}s$$

$$\tag{3-118}$$

$$\int_0^{x_{\mathrm{D}}} \int_0^v \overline{q}_{\mathrm{fD}}(x_{\mathrm{D}}, u)\,\mathrm{d}x\mathrm{d}v = \sum_{i=1}^{j-1} \overline{q}_{\mathrm{fD}i} \left[\frac{\Delta x_{\mathrm{D}}^2}{2} + \Delta x_{\mathrm{D}}(x_{\mathrm{D}j} - ix_{\mathrm{D}}) \right] + \frac{\Delta x_{\mathrm{D}}^2}{8} \overline{q}_{\mathrm{fD}j} \tag{3-119}$$

这里，$x_{\mathrm{D}j}$ 为第 j 个裂缝离散单元的中点。另外，在求解方程组时应补充裂缝流量分布的流量归一化方程：

$$\Delta x_{\mathrm{D}} \sum_{i=1}^n \overline{q}_{\mathrm{fD}i}(u) = \frac{1}{u} \tag{3-120}$$

同理，利用压力叠加原理得到包含井储和表皮效应的压力响应，以及利用零阶摄动解可得井筒压力近似解。

三、压裂直井试井曲线特征及其影响因素分析

利用以上模型及求解，得到存在补给边界的不稳定试井曲线特征。图3-22至图3-28展示了利用上述致密气藏补给边界条件下压裂直井时间模型进行编程计算的分析结果，在后面的拟压力及其导数双对数曲线图中，用虚线表示拟压力曲线，用实线表示拟压力导数曲线，在以下各图分析中不再赘述。

图3-22为不考虑井储效应、近井附近的伤害和储层塑性变形的垂直裂缝井的典型试井曲线图版，自上而下水力压裂生成的人工裂缝导流能越来越大。除无限导流裂缝井拟压力和导数曲线仅有斜率为0.5的直线，表明此时处于储层流入裂缝的线性流阶段外；无限导流裂缝的典型试井曲线在早期呈现为直线且直线斜率为0.25，考虑到裂缝具有一定的渗透率，流体在裂缝中也存在渗流过程，分析可得这是双线性流动的渗流特征。随着人工裂缝的渗透率越来越大，表征双线性流的直线段越来越小，直至无限导流裂缝没有双线性流[50]。

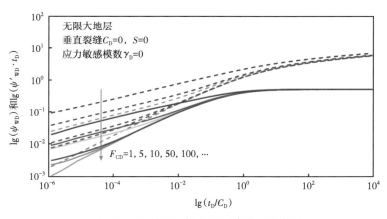

图 3-22 不同导流能力压裂直井试井曲线

图 3-23 是不考虑储层的塑性变形但考虑井储系数和表皮系数的垂直裂缝井的典型试井曲线图版,由于受到井储系数和表皮系数的影响,早期为斜率为 1 的直线段,是为纯井储效应阶段[50],随后呈"驼峰"状隆起,并伴随曲线凹陷,类似于储层向裂缝中的窜流过程,随着水力裂缝的渗透率越来越大,凹陷相应变深。并且,裂缝导流能力为 100mD·m 时,理论曲线几乎与无限导流裂缝的曲线相重合,说明裂缝导流能力达到一定程度可视为无限导流裂缝。所有试井曲线的导数曲线在最后阶段均呈现为水平线特征,值为 1/2,近井地带和裂缝附近的流体均已流入井筒,可视为扩大化的井筒,外围呈现平面拟径向流动阶段。当井筒存储效应淹没早期裂缝的双线性流或线性流动,此时裂缝导流能力对双对数曲线影响甚微[51]。

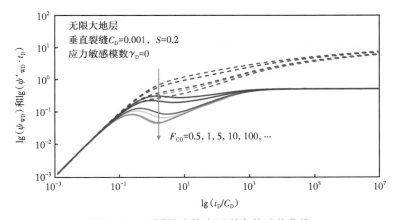

图 3-23 不同导流能力压裂直井试井曲线

图 3-24 为考虑井筒存储效应、表皮效应和储层塑性变形的垂直裂缝井的不稳定渗流典型图版。储层的应力敏感模数自上而下越来越小,与图 3-23 进行对比,发现可分为两个阶段进行分析应力敏感效应的响应特征:

(1)在典型试井曲线的早期(Ⅰ),几乎与不存在应力敏感效应的典型试井曲线相似。此时为压力响应为纯井储阶段,拟压力及拟压力导数为斜率为 1 的直线段,还有表皮效应引起的"驼峰"状隆起组成,受到 $C_D e^{2S}$ 主导。在此阶段尚未受到储层应力敏感效应的影响。

(2)在典型试井曲线的中后期(Ⅱ),明显受到了应力敏感效应的影响。从图中可以看出,随着无量纲应力敏感模数的增大,意味着储层的应力敏感效应越来越强,井底压力响应曲线均向上偏离无应力敏感时的曲线,表现出类似于常规非应力敏感性地层的不渗透外边界的压力响应特征,并且模数越大,偏离时间越早。在图中,当无量纲应力敏感模数 γ_D 大于0.1时,曲线偏离甚至影响到了早期裂缝渗流阶段[47]。

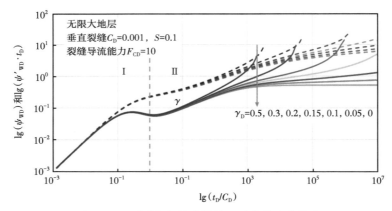

图 3-24 不同应力敏感模数压裂直井试井曲线

图 3-25 为考虑补给边界条件、井筒存储效应和表皮效应,但不考虑储层的塑性变形的有限导流压裂直井的不稳定渗流典型曲线。理论曲线在前期与无限大地层有限导流垂直裂缝井的响应特征一致,在曲线的后段出现了补给边界的响应特征。如图中所示,根据补给边界表达式[47] $\frac{1}{p_{etD}}p_D\big|_{r_D=r_{eD}}+\frac{1}{J_D p_{etD}}\frac{\partial p_D}{\partial r_D}\bigg|_{r_D=r_{eD}}=1$,补给压力 p_{etD} 取 0.01,当补给强度 J_D 取为 0 时,边界条件退化为圆形封闭边界,拟压力曲线及其导数曲线上翘合并,向无穷大延伸;当补给强度 J_D 逐渐增大,拟压力导数曲线向上升后下降,形成一个隆起,隆起时间随 J_D 增大而提前,隆起高度随 J_D 增大而减小;当补给强度 J_D 增大到某一程度(图中为 $J_D>0.5$ 时),拟压力导数曲线没有产生隆起,直接下掉,表现为圆形定压边界的特征[47]。

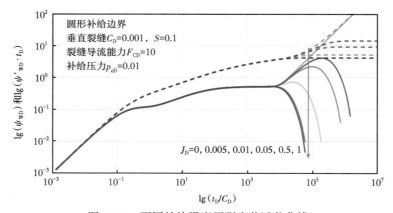

图 3-25 不同补给强度压裂直井试井曲线

　　图 3-26 和图 3-27 为考虑补给边界条件、井筒存储效应和表皮效应，但不考虑储层的塑性变形的有限导流压裂直井的不稳定渗流典型曲线。与图 3-24 类似，在理论曲线后段出现了补给边界的响应特征，曲线产生了明显的隆起。不论补给强度 J_D 为多少，当补给压力 p_{etD} >0 时，拟压力导数曲线产生明显隆起，并随 p_{etD} 增大而增大；当补给压力 p_{etD} = 0 时，拟压力导数曲线直接下掉，边界条件表现为定压边界的特性；当补给压力 p_{etD} <0 时，拟压力导数曲线同样下掉，随 p_{etD} 减小而下掉得更早、更快[47]。

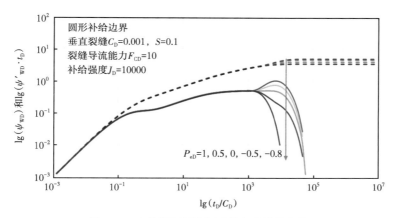

图 3-26　不同补给压力压裂直井试井曲线

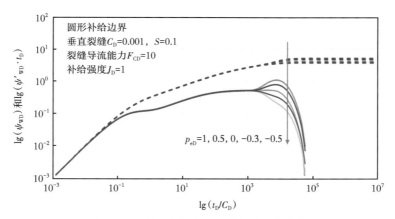

图 3-27　不同补给压力压裂直井试井曲线

　　图 3-28 为考虑补给边界条件、井筒存储效应和表皮效应，并考虑储层的塑性变形的有限导流压裂直井的不稳定渗流典型曲线。与图 3-27 进行对比，除了典型的理论曲线后段产生隆起作为补给边界特征外，随着无量纲应力敏感模数的增大，意味着储层的应力敏感效应越来越强，拟压力曲线和拟压力导数曲线均向上偏离无应力敏感时的曲线，并且模数越大，偏离时间越早。在图中，当无量纲应力敏感模数 γ_D 大于 0.1 时，曲线偏离甚至影响到了早期裂缝渗流阶段。当应力敏感模数达到一定大时，表现出类似于常规非应力敏感性地层的不渗透外边界的压力响应特征[47]。

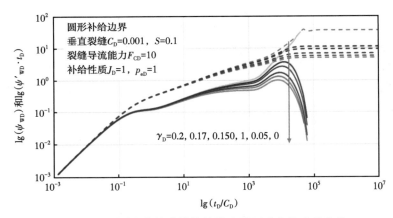

图 3-28　不同应力敏感模数补给边界压裂直井试井曲线

第四章 致密气藏产能评价方法及应用

第一节 致密气产能评价方法

气井的产能是气藏工程中的重要参数,当气田(或气藏)投入开发时,就需要对气田(或气藏)的产能进行了解,而对气田(或气藏)的产能的了解是通过气井产能试井来完成的,因此测试和分析气井的产能具有重要的意义[52]。气井产能试井包括回压试井、等时试井、修正等时试井和一点法试井等,其中最常用的是一点法试井。通过对气井产能试井资料的分析,可以确定测试井(或测试层)的产能方程和无阻流量,为气井的合理配产提供依据[53]。

一、气井回压试井资料分析方法

对于气体的稳定渗流,以拟压力形式表示的二项式产能方程为[53]:

$$\psi(p_R) - \psi(p_{wf}) = Aq_{sc} + Bq_{sc}^2 \tag{4-1}$$

在低压下可以简化为压力平方形式:

$$p_R^2 - p_{wf}^2 = Aq_{sc} + Bq_{sc}^2 \tag{4-2}$$

式中 A、B——分别是描述达西流动(或层流)及非达西流动(或紊流)的系数。

气井测试过程中首先关井求得稳定的地层压力 p_R,然后采用 3~5 种工作制度,依次测得每种工作制度下的稳定产量和压力。在测试过程中一般先以一个较小的产量生产稳定后,测取的稳定井底流压,然后再增大产量,再测取相应的稳定井底流压,如此改变多种工作制度。具体方法步骤如下[54]:

(1)关井测地层压力和测试各确定的气井稳定工作制度下的压力和产量;

(2)按照二项式、指数式方程整理测试数据表(表 4-1)。

表 4-1 常规回压试井资料整理格式表

点序	井口压力 p_w (MPa)	井口温度 t_0 (℃)	井底压力 p_{wf} (MPa)	产气量 q ($10^4 \mathrm{m}^3/\mathrm{d}$)	$\Delta p^2/q$	$\lg\Delta p^2$	$\lg q$

在直角坐标系中,做出 $[\psi(p_R)-\psi(p_{wf})]/q_{sc}$ 或 $(p_R^2-p_{wf}^2)/q_{sc}$ 与 q_{sc} 的关系曲线的关系曲线,将得到一条斜率为 B、截距为 A 的直线,称为二项式产能曲线(图 4-2)。其截距和斜率就分别是二项式产能方程的系数 A 和 B[53],

在求得二项式产能方程的系数 A 和 B 后,即可求得气井无阻流量并预测某一井底流压下气井的产量。

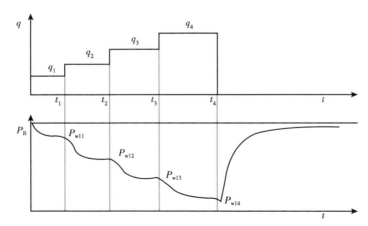

图 4-1　常规回压试井产量与压力关系图

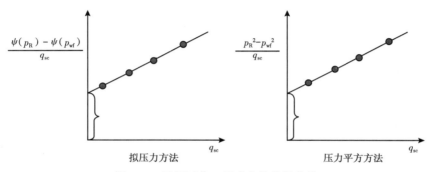

图 4-2　回压试井二项式产能分析曲线

拟压力方法计算气井无阻流量：

$$q_{AOF} = \frac{\sqrt{A^2 + 4B[\psi(p_R) - \psi(0.101)]} - A}{2B} \qquad (4-3)$$

压力平方方法计算气井无阻流量：

$$q_{AOF} = \frac{\sqrt{A^2 + 4B(p_R^2 - 0.101^2)} - A}{2B} \qquad (4-4)$$

二、气井等时试井资料分析方法

如果气藏渗透性较差，回压试井需要很长的时间，在地面管线尚未建成的情况下则必然要浪费相当数量的天然气，此时可使用等时试井法测试气井的产能。等时试井法测试产量和井底流压示意图如图 4-3 所示[52]。

气井等时试井的解释结果仍然是要通过测试资料（q_{sci}、p_{wfi}、p_R）的寻求直线关系，由直线的斜率和截距求取二项式产能方程的系数 A 和 B，其计算步骤如下[52]：

（1）根据测试资料，在直角坐标系中，做出 $[\psi(p_R) - \psi(p_{wf})]/q_{sc}$ 或 $(p_R^2 - p_{wf}^2)/q_{sc}$ 与 q_{sc} 的

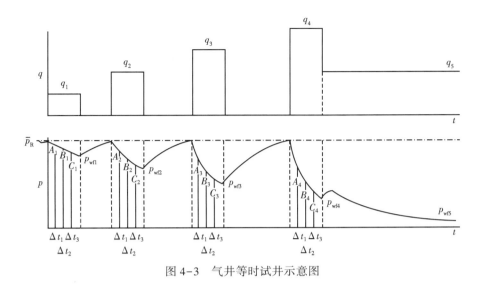

图 4-3 气井等时试井示意图

关系曲线。对于等时测试点,将得到一条斜率为 B 的直线,称为二项式不稳定产能曲线(图 4-4)。

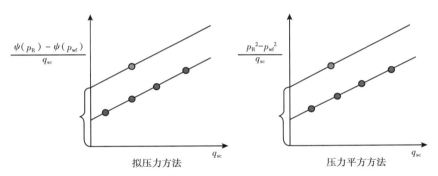

图 4-4 等时试井二项式产能分析曲线

(2)通过稳定点 C,作不稳定产能曲线的平行线,其纵截距就是二项式产能方程的系数 A。另外,也可直接将稳定点 (q_{sc5}, p_{wf5}) 的值代入二项式产能方程进行计算,求取系数 A。

拟压力形式:

$$A = \frac{\psi_R - \psi_{wf5} - Bq_{sc5}^2}{q_{sc5}} \tag{4-5}$$

压力平方形式:

$$A = \frac{p_R^2 - p_{wf5}^2 - Bq_{sc5}^2}{q_{sc5}} \tag{4-6}$$

在求得二项式产能方程的系数 A 和 B 后,可求得气井无阻流量并预测某一井底流压下气井的产量。

三、气井修正等时试井资料分析方法

修正等时试井是对等时试井做进一步的简化。在等时试井中,各次生产之间的关井时间要求足够长,以使压力恢复到气藏静压,因此各次关井时间一般来说是不相等的。在修正等时试井中,各次关井时间相同(一般与生产时间相等,也可以与生产时间不相等,不要求压力恢复到静压),最后也以某一稳定产量生产较长时间,直至井底流压达到稳定。在修正等时试井过程中,气井的产量及井底压力变化曲线如图4-5所示[52]。

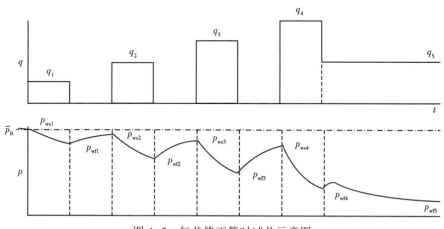

图4-5　气井修正等时试井示意图

气井修正等时试井的解释结果仍然是要通过测试资料(q_{sci}、p_{wfi}、p_{wsi})的寻求直线关系,由直线的斜率和截距求取二项式产能方程的系数 A 和 B。绘制 $[\psi(p_{wsi})-\psi(p_{wfi})]/q_{sci}$、$(p_{wsi}^2-p_{wfi}^2)/q_{sci}$ 与 q_{sc} 的关系曲线,其中 p_{wsi} 是第 i 次关井期末的关井井底压力($i=1,2,3,4\cdots$)。除此之外,产能方程的确定方法均和等时试井完全相同。修正等时试井二项式产能分析曲线如图4-6所示[53]。

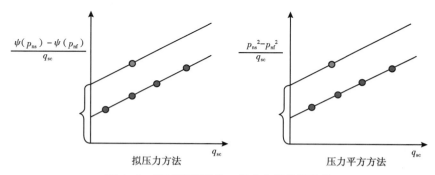

图4-6　修正等时试井二项式产能分析曲线

四、一点法试井资料解释方法

如果在一个气田进行过一批井(层)的产能试井,取得了相当多的资料,则可以得出该气田的产能和压力变化的统计规律,即无阻流量的经验公式。此后,在本气田或邻近地区的新

井(层)进行测试时,如果没有取得回压试井或等时试井、修正等时试井的资料,但测得了一个稳定产量及相应的稳定井底流压和地层压力,则可以采用经验公式估算该井(层)的无阻流量[52]。

由陈元千教授提出的三种一点法无阻流量经验公式为:

$$q_{AOF} = \frac{q_{sc}}{1.8p_D - 0.8p_D^2} \qquad (4-7)$$

$$q_{AOF} = \frac{6q_{sc}}{\sqrt{1 + 48p_D} - 1} \qquad (4-8)$$

$$q_{AOF} = \frac{q_{sc}}{1.0434p_D^{0.6594}} \qquad (4-9)$$

式中 q_{sc}—— 一点法试井实测产量,$10^4 m^3/d$;

p_{wf}—— 一点法实测井底流压,MPa;

p_D——无量纲压力,其定义为:

$$p_D = \frac{p_R^2 - p_{wf}^2}{p_R^2} = 1 - (\frac{p_{wf}}{p_R})^2 \qquad (4-10)$$

应该注意的是,上述一点法无阻流量经验公式是陈元千教授根据我国多个气田 16 口井的多点系统试井资料统计分析而得到的;如果某气藏获得了较多的可靠的回压试井、等时试井或修正等时试井的资料,则可据此建立适合本气藏的一点法无阻流量经验公式[53,55]。

在有些情况下,气井的二项式产能方程或指数式产能方程都十分有用,将一点法产能计算公式代入二项式或指数式产能方程中求解,即可获得二项式产能方程的系数 A、B,指数式产能方程的系数 C、n。

$$B = \frac{p_R^2 - p_{sc}^2 - \dfrac{p_R^2 - p_{wf}^2}{q_g}q_{AOF}}{q_{AOF}^2 - q_g q_{AOF}} \qquad (4-11)$$

$$A = \frac{p_R^2 - p_{wf}^2}{q_g} - Bq_g \qquad (4-12)$$

五、不关井回压试井方法

对于产量、压力恢复较缓慢的气井或超高压气井,以及因为某些原因不能关井求得地层压力的气井,可以用气井几个稳定测试电资料求取地层压力和产能方程。

产能测试的各测试点可构成方程组:

$$\begin{cases} p_R^2 - p_{wf1}^2 = Aq_1 + Bq_1^2 \\ p_R^2 - p_{wf2}^2 = Aq_2 + Bq_2^2 \\ \quad \cdots \\ p_R^2 - p_{wfn}^2 = Aq_n + Bq_n^2 \end{cases} \qquad (4-13)$$

方程组中 2 减 1 有：

$$\frac{p_{wf1}^2 - p_{wf2}^2}{q_2 - q_1} = A + B(q_1 + Bq_2) \tag{4-14}$$

方程组中 n 减 1 有：

$$\frac{p_{wf1}^2 - p_{wfn}^2}{q_n - q_1} = A + B(q_1 + Bq_n) \tag{4-15}$$

通式可写为：

$$\frac{p_{wfi}^2 - p_{wfj}^2}{q_j - q_i} = A + B(q_i + Bq_j) \tag{4-16}$$

按 $\frac{p_{wfi}^2 - p_{wfj}^2}{q_j - q_i} \sim q_i + Bq_j$ 坐标整理测试资料，式（4-16）为一条直线，其斜率为 B，截距为 A。地层压力可按式（4-17）求得：

$$p_R = \sqrt{p_{wfi}^2 + Aq_i + Bq_i^2} \tag{4-17}$$

根据方程组（4-13）的特点，将方程组改写成如下形式：

$$\frac{p_R^2 - p_{wfi}^2}{q_i} = A + Bq_i \tag{4-18}$$

基于式（4-18），可采用线性拟合方法，求出二项式产能方程系数 A 和 B。

第二节　苏里格气田致密气产能影响因素分析

致密气井产能差别较大，产能影响因素众多，且相互之间关系复杂。找出所有影响因素是不切实际的，这就需要采用合理的方法筛选出适合的评价参数，去掉相互之间具有较大关联性的参数，确定出必要的重点评价参数。从众多特征因素中筛选出对压裂井产能影响较大的因素，应当遵循几方面原则：一是参数能够反映出某一方面的特征，例如反映渗流能力的渗透率、储集空间的孔隙度等；二是选取的参数集合尽可能多地反映出主要特征，例如对于压裂水平井除了地质因素还应包含和压裂施工有关的裂缝参数及和水平井有关的参数；三是指标之间相关度小、相对独立；四是参数易获取，可量化。

按照上述原则进行筛选，重点选取既对压裂气井有着显著影响又相互独立的参数，选取尽可能少的因素覆盖较多属性。为便于分析，以实际数据为基础，将产能影响因素分为地质和工程两大类进行分析，从而确定产能主要影响因素。地质因素主要研究孔隙度、渗透率、含气饱和度、有效厚度、储层长度、有效储层长度、地层各向异性等，工程因素主要研究水平段长度、气井表皮系数、加砂量、压裂缝长、裂缝导流能力、压裂间距（段数）、压裂液返排率、储层钻遇率等。

一、地质因素对产能的影响

1. 孔隙度、渗透率、饱和度、有效厚度等物性参数

由图4-7至图4-10基本物性参数的分析发现,气层孔隙度、气层含气饱和度、气层渗透率及气层有效厚度与水平井单井控制储量的相关性中,有效厚度、渗透率与单井动态控制储量的相关性相对较高,孔隙度和含气饱和度相关性较低。由此可以说明气层有效厚度、渗透率是水平井产能的主要影响因素之一,孔隙度和含气饱和度对产能影响不明显。

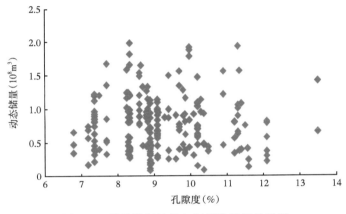

图4-7 单井控制储量与气层孔隙度关系图

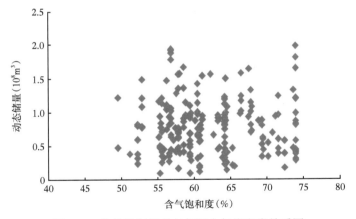

图4-8 单井控制储量与气层含气饱和度关系图

2. 气层有效厚度

为了消除工程因素对水平井开发效果分析的影响,对水平井长度进行分类,对比水平井长度相近的气井动态储量、前三年平均产量与有效厚度的关系。以单井动储量4000×10⁴m³、前三年平均产气量2.0×10⁴m³/d为下限。

由图4-11至图4-20可知,有效厚度是影响水平井产能的关键因素,在相应水平段长度区间下,达到一定产能开发指标,厚度需要达到相应的下限标准(表4-2)。

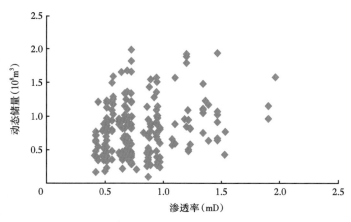

图 4-9　单井控制储量与气层渗透率关系图

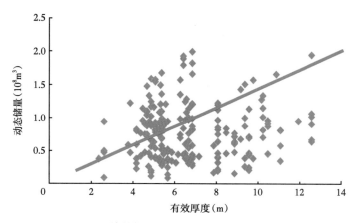

图 4-10　单井控制储量与气层有效厚度关系图

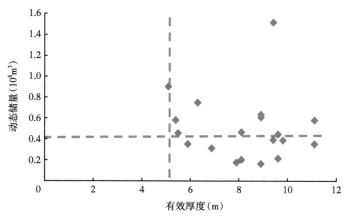

图 4-11　气层有效厚度与单井动态储量关系图(水平段长小于 1000m)

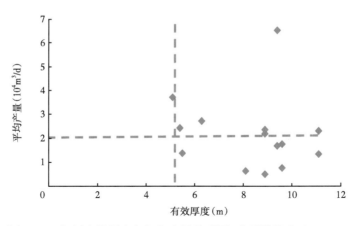

图4-12 气层有效厚度与初期产量关系图(水平段长小于1000m)

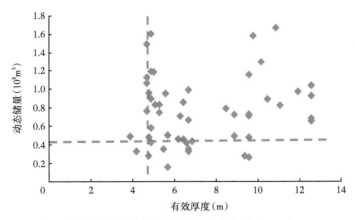

图4-13 气层有效厚度与单井动态储量关系图(水平段长1000~1200m)

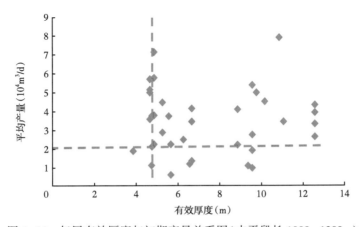

图4-14 气层有效厚度与初期产量关系图(水平段长1000~1200m)

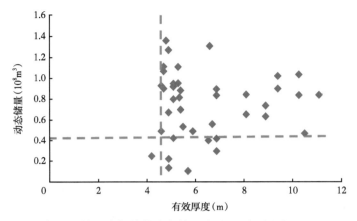

图 4-15　气层有效厚度与单井动态储量关系图(水平段长 1200~1400m)

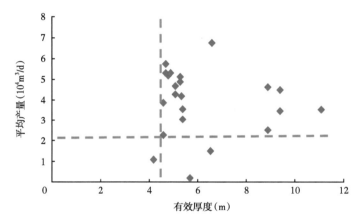

图 4-16　气层有效厚度与初期产量关系图(水平段长 1200~1400m)

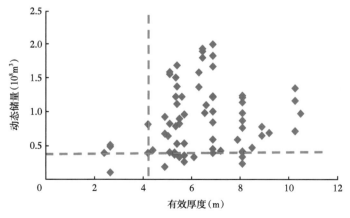

图 4-17　气层有效厚度与单井动态储量关系图(水平段长 1400~1600m)

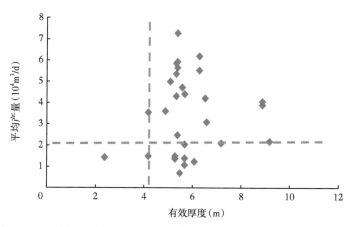

图 4-18　气层有效厚度与初期产量关系图(水平段长 1400～1600m)

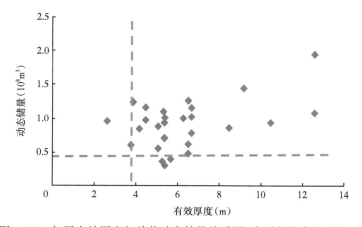

图 4-19　气层有效厚度与单井动态储量关系图(水平段长大于 1600m)

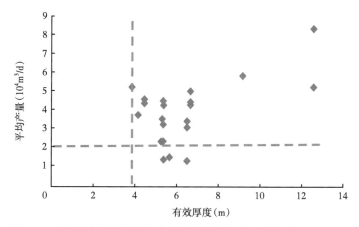

图 4-20　气层有效厚度与初期产量关系图(水平段长大于 1600m)

表4-2　水平井长度与达到一定产能对应的有效厚度下限统计表

水平井长度区间（m）	<1000	1000～1200	1200～1400	1400～1600	>1600
对应有效厚度下限（m）	5.1	4.7	4.6	4.2	3.9

3. 储层长度、有效储层长度

钻遇储层长度和钻遇有效储层长度是单井生产的物质基础，从图4-21、图4-22可知，二者均与动储量表现出一定的正相关性，其中，钻遇有效储层长度相关性较高。

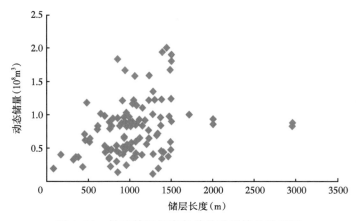

图4-21　钻遇储层长度与单井动态储量关系图

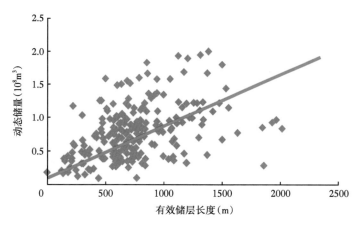

图4-22　钻遇有效储层长度与单井动态储量关系图

单井动态储量、气井产量与水平井有效储层长度具有一定的正相关性，这两个参数随着有效储层长度的增大而增大，且有效储层长度是达到一定产量和控制储量的必要条件（表4-3、图4-23、图4-24）。

表4-3　单井动态储量、气井产量与有效储层长度统计表

动态储量（$10^4 m^3$）	初期产量（$10^4 m^3/d$）	平均产量（$10^4 m^3/d$）	有效储层长度（m）
≥9000	≥8	≥5	≥711
≥6500	≥5	≥3.5	≥473
≥4000	≥2	≥2.5	≥323

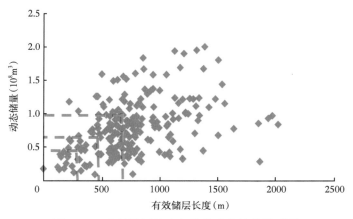

图 4-23　有效储层长度与单井动态储量关系图

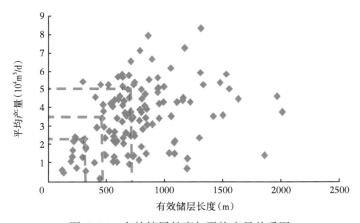

图 4-24　有效储层长度与平均产量关系图

二、工程因素对产能的影响

1. 储层钻遇率

由图 4-25、图 4-26 可知,储层钻遇率、有效储层钻遇率与动储量表现出一定的正相关性,提高有效储层钻遇率对提高水平井开发效果具有重要意义。

2. 水平段长度

水平井水平段长度影响钻遇储层长度的上限,关系到单井生产的物质基础,与动储量表现出一定的正相关性(图 4-27)。

3. 加砂量

加砂量与动储量和产量表现出一定的正相关性,在经济技术条件允许前提下,适当加大加砂规模,对提高水平井开发效果具有重要意义(图 4-28、图 4-29)。

4. 压裂段数

苏东南水平井大多压裂 5~10 段,动态储量和平均产量与水平井压裂段数总体呈一定的正相关性,说明压裂段数对水平井产能有影响,因此根据水平井地质情况优化压裂参数(间距与段数)具有重要意义(图 4-30、图 4-31)。

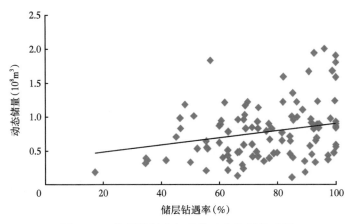

图 4-25　储层钻遇率与单井动态储量关系图

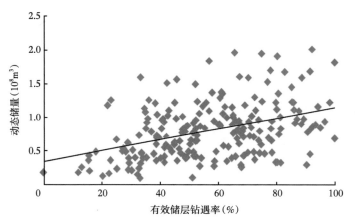

图 4-26　有效储层钻遇率与单井动态储量关系图

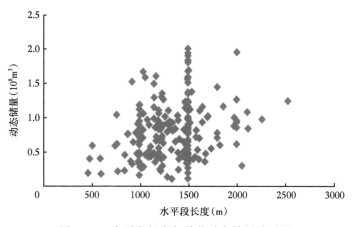

图 4-27　水平段长度与单井动态储量关系图

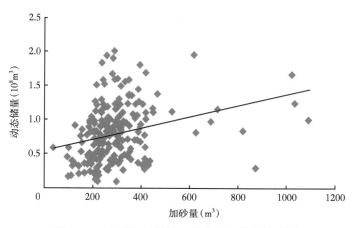

图 4-28　水平井加砂量与单井动态储量关系图

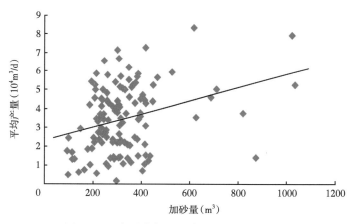

图 4-29　水平井加砂量与平均产量关系图

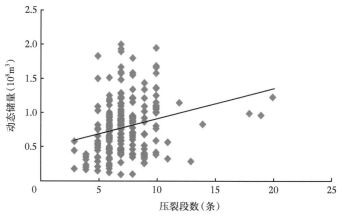

图 4-30　储层压裂段数与单井动态储量关系图

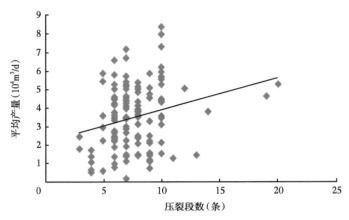

图 4-31 储层压裂段数与平均产量关系图

5. 压裂液返排率

动态储量、平均产量与压裂液返排率无明显相关性,说明压裂液返排率对水平井产能影响不明显(图 4-32、图 4-33)。

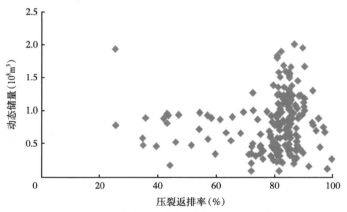

图 4-32 压裂液返排率与单井动态储量关系图

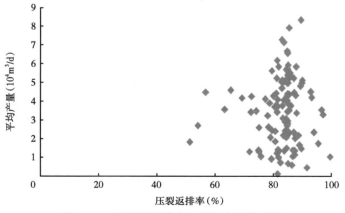

图 4-33 压裂液返排率与平均产量关系图

综上,根据苏里格气田水平井已有的地质资料和压裂有关参数,从地质和工程的角度分析了水平井产能影响因素。地质因素中,气层厚度、渗透率影响相对明显,有效储层长度、储层长度次之,孔隙度、含气饱和度影响不明显。工艺参数中,有效储层钻遇率对产能影响很大,压裂规模、压裂段数、水平段长度次之,压裂液返排率影响不明显。

三、多因素相互作用下产能影响因素分析

气井在实际生产过程中,往往是地质因素和工程因素同时相互作用的,储层改造、水平井施工过程中存在效果参差不齐的现象,造成井间产能差异除储层因素外,不同的工艺差异使影响因素复杂化。为了研究不同单因素同时相互作用下产能的主要影响因素,根据苏里格气田实际资料,建立典型致密气藏压裂水平井数模模型(表4-4,图4-34),设计正交试验,分析不同因素对水平井产能影响的主次顺序。

图4-34　压裂水平井数模模型

表4-4　数值模拟网格参数

平面面积(m×m)	600×1600
纵向厚度(m)	20
网格数(个)	30×80×20
网格大小(m)	20×20×1
水平段长度(m)	1200
压裂段数	7

基于之前实际数据分析中选取的主要影响因素,选取影响相对较大的渗透率、有效厚度、有效储层长度、水平段长度、裂缝条数、压裂规模(裂缝半长),同时考虑裂缝导流能力、水平井表皮系数及地层各向异性,设计9因素4水平正交试验(表4-5)。

表4-5　正交试验因素及其水平值

水平值	渗透率(mD)	有效厚度(m)	表皮系数	水平段长度(m)	裂缝条数(条)	裂缝半长(m)	导流能力(mD·m)	Kv/Kh	有效储层长度(m)
1	0.01	2	−2	900	2	50	100	0.05	600
2	0.1	6	−1	1000	5	100	200	0.1	800
3	0.5	10	0	1100	8	150	300	0.5	1000
4	1	14	1	1200	10	200	400	1	1200

根据极差大小,得到对于水平井产能影响的主次顺序(表4-6)。

表4-6 极差分析结果表

	试验因素								
	渗透率	有效厚度	表皮系数	水平段长度	裂缝条数	裂缝半长	导流能力	Kv/Kh	有效储层长度
均值1	2212.926	4529.034	5241.96	5090.704	3657.339	4331.836	5037.611	4932.37	4697.324
均值2	3844.547	4561.608	4961.505	4898.126	4787.845	4845.789	5056.547	4478.98	4890.258
均值3	6440.054	5301.819	4694.935	4745.715	5655.723	5194.192	4789.495	5111.184	5327.568
均值4	7581.614	5686.68	5180.74	5344.596	5978.234	5707.324	5195.488	5556.606	5163.991
极差R	5368.687	1157.646	547.0251	598.8812	2320.896	1375.488	405.9937	1077.626	630.2434
主次顺序	渗透率>裂缝条数>裂缝半长>有效厚度>Kv/Kh>有效储层长度>水平段长度>表皮系数>导流能力								

各因素对于压裂后水平井产能的影响顺序为:渗透率>裂缝条数>裂缝半长>有效厚度>Kv/Kh>有效储层长度>水平段长度>表皮系数>导流能力。

从以上结果可以看出,在致密气藏压裂水平井开发参数范围内,地质因素中,渗透率、有效厚度对产能影响最大,即地层的储集能力仍然是决定压裂水平井产能的主要因素;工艺因素中,裂缝条数、裂缝半长对产能影响最大,因此,优选压裂裂缝段数、选取适合的裂缝长度对水平井产能的提高具有重要作用。

第三节　须家河组致密气藏产能评价与影响因素分析

一、须家河组气藏产能评价新公式

对气井的产能评价,除无阻流量之外还可以考虑采气指数。气井的采气指数是指单位生产压差下气井的产气量,其表达式为:

$$J_g = \frac{q_g}{\psi_R - \psi_{wf}} = \frac{q_g}{2\int_{p_r}^{p_R} \frac{p \mathrm{d}p}{\mu Z} - 2\int_{p_r}^{p_{wf}} \frac{p \mathrm{d}p}{\mu Z}} \tag{4-19}$$

式中　μ——天然气黏度,mPa·s;

Z——天然气偏差系数;

p_r——参照压力,MPa。

利用采气指数可以获得气井的无阻流量,即

$$Q_{AOF} = J_g \times (\psi_R - \psi_{atm}) = \frac{q_{g1}}{2\int_{p_{wf}}^{p_R} \frac{p \mathrm{d}p}{\mu Z}} \times (2\int_{p_r}^{p_R} \frac{p \mathrm{d}p}{\mu Z} - 2\int_{p_r}^{p_{atm}} \frac{p \mathrm{d}p}{\mu Z}) \tag{4-20}$$

取平均压力 $\bar{p}$ 来求得 $\bar{\mu}$ 和 $\bar{Z}$,而式(4-20)中分子分母积分限不同,因此对应的平均压力也不同,所以,用压力平方形式来表现式(4-16)为:

$$Q_{AOF} = \frac{Cq_g(p_R^2 - p_{atm}^2)}{p_R^2 - p_{wf}^2} \tag{4-21}$$

其中，$C = \dfrac{\overline{\mu_1}\,\overline{Z_1}}{\overline{\mu_2}\,\overline{Z_2}}$，是常数。

在实际应用中，对处于同一压力系统且温度相近的一批气井，选择一口经过产能试井的气井，获取无阻流量，采用反推得到 C 值，然后将得到的 C 值应用于该批气井的无阻流量估算。估算得到的结果能够保证无阻流量的相对大小不变。

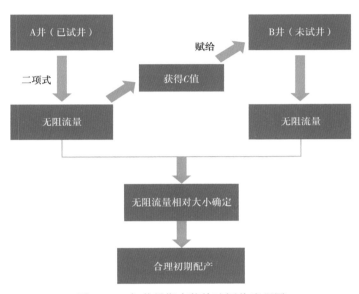

图 4-35　气井早期产能快速评价流程图

川中须家河组气藏开展过产能试井的气井有 7 口：广安 2 井、合川 3 井、合川 001-15-X2 井、岳 114 井、岳 101-X10 井、岳 101-X12 井、岳 103 井，运用式（2-10）获得这 7 口井的产能 C 值，广安 2 井位于广安须六段气藏 A 区构造高部位，在评价广安须六段气藏 A 区构造顶部气井初期产能就用广安 2 井获得的 C 值；合川 001-15-X2 井位于合川须二段气藏街子坝古构造区域，在评价合川须二段气藏街子坝构造高部位的气井初期产能时就用合川 001-15-X2 井获得的 C 值；合川 3 井获得的 C 值可用于评价主体构造区域外平缓带气井初期产能；根据岳 114 井、岳 101-X10 井、岳 101-X12 井、岳 103 井产能试井资料计算的 C 值，综合评价裂缝发育气井的初期产能。川中须家河组气藏致密低渗透，气井均经过工艺改造，测试压力在短时间内未能达到稳定，利用产能试井资料对常规"一点法"进行矫正，计算的气井初期产量较为可靠。运用建立的"采气指数 C 值法"评价计算了川中须家河组所有测试气井的初期产能，对比前期建立的产能评价方法计算的气井产能，本次建立的"采气指数 C 值法"计算的气井产能偏小，具有较好的正相关关系，C 值法无阻流量是"一点法"无阻流量 50% 左右（表 4-7，图 4-36、图 4-37）。

表 4-7 采气指数 C 值法计算无阻流量结果

井名	常规一点法无阻流量 （$10^4\text{m}^3/\text{d}$）	采气指数 C 值法无阻流量 （$10^4\text{m}^3/\text{d}$）	差值 （$10^4\text{m}^3/\text{d}$）
广安 002-21	14.5	13.67	0.83
广安 002-23	9.35	11.24	-1.89
广安 002-25	68.17	15.74	52.43
广安 002-29	15.66	4.69	10.97
广安 002-30	11.67	2.62	9.05
广安 002-H9	9.55	1.81	7.74
合川 001-13-X1	10.51	5.03	5.48
合川 001-13-X3	6.85	5.45	1.4
合川 001-52-X4	33.86	5.98	27.88
合川 001-5-X3	29	5.69	23.31
合川 001-5-X4	21.61	8.07	13.54
......			
岳 101-7-X1	85.11	16.57	68.54
岳 101-7-X2	32.16	4.2	27.96
岳 101-17-X2	8.56	10.62	-2.06
岳 101-75-H1	7.38	3.33	4.05
岳 101-45-H1	72.01	16.23	55.78
岳 101-27-H2	160.15	23.16	136.99
岳 101-53-H3	18.08	6.59	11.49
岳 101-82-H1	2.91	5.26	-2.35

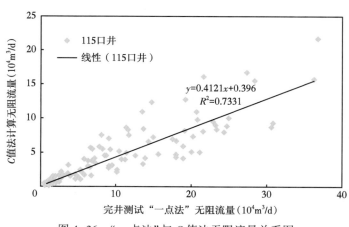

图 4-36 "一点法"与 C 值法无阻流量关系图

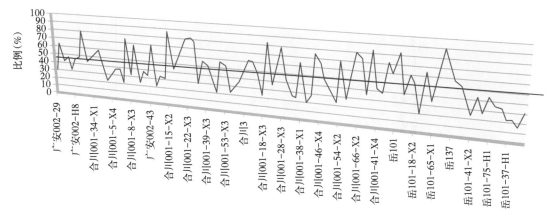

图 4-37 C 值法无阻流量占"一点法"比例图

二、川中须家河组气藏气井产能影响因素

1. 气井无阻流量与储层物性参数相关性不强

川中须家河组气藏产能影响因素复杂,储层物性条件各异,通过建立气井初期无阻流量与渗透率、孔隙度、含水饱和度、储能系数、地层系数等的相关关系可以看出,无阻流量与储层物性参数相关性不明显。通过不同储层控制影响因素分类,不同类型气藏气井的无阻流量与储层物性也无明显相关性(图 4-38 至图 4-53)。

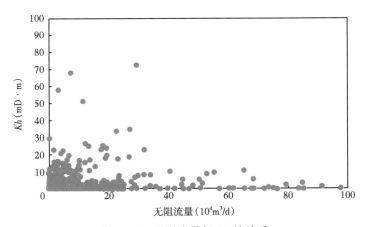

图 4-38 无阻流量与 Kh 的关系

2. 气井测试产能主要反映近井区的生产能力

低渗致密是大川中须家河组气藏储层的共性,因此单井完井后均进行了压裂改造。单井测井解释的 Kh 与产能不具明显有相关性,试井解释的 Kh 与产能相关性具有较大差异,储层改造范围内相关性很弱,而储层改造范围外的相关性较强,说明气井测试产能主要反映远井区的生产能力(图 4-54 至图 4-56)。

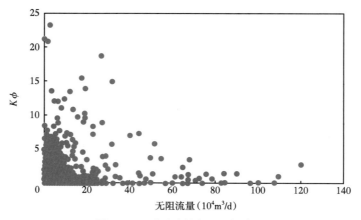

图 4-39　无阻流量与 $K\phi$ 的关系

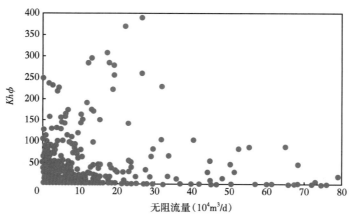

图 4-40　无阻流量与 $Kh\phi$ 的关系

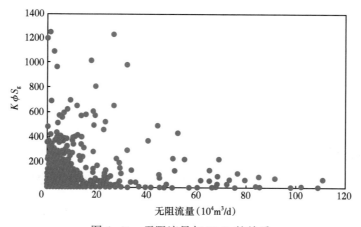

图 4-41　无阻流量与 $K\phi S_g$ 的关系

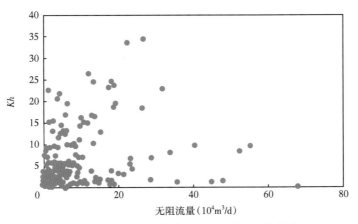

图 4-42　构造控制气藏无阻流量与 Kh 的关系

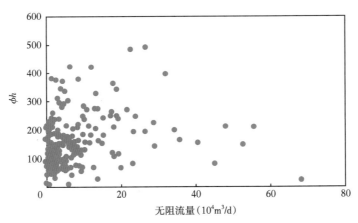

图 4-43　构造控制气藏无阻流量与 ϕh 的关系

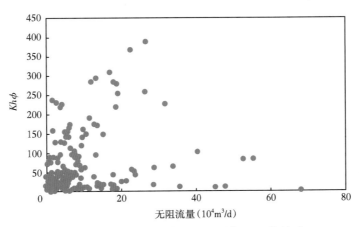

图 4-44　构造控制气藏无阻流量与 $Kh\phi$ 的关系

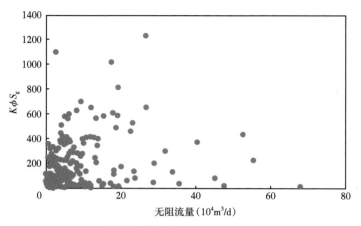

图 4-45　构造控制气藏无阻流量与 $K\phi S_g$ 的关系

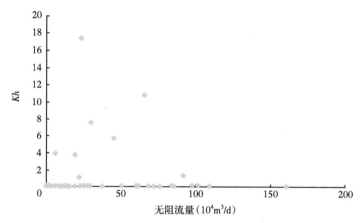

图 4-46　裂缝控制气藏无阻流量与 Kh 的关系

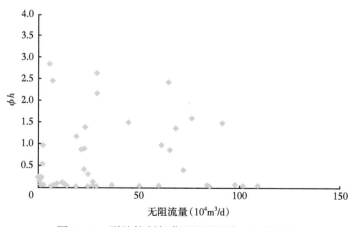

图 4-47　裂缝控制气藏无阻流量与 ϕh 的关系

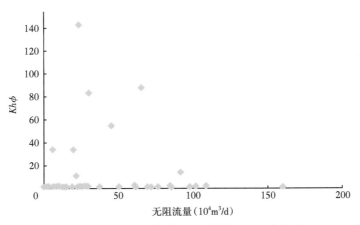

图 4-48　裂缝控制气藏无阻流量与 $Kh\phi$ 的关系

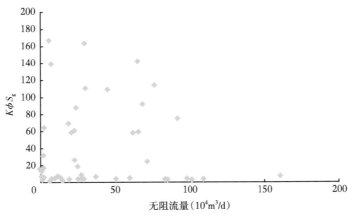

图 4-49　裂缝控制气藏无阻流量与 $K\phi S_g$ 的关系

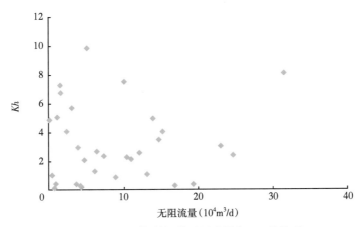

图 4-50　岩性控制气藏无阻流量与 Kh 的关系

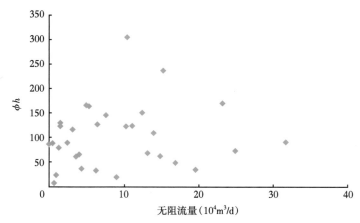

图 4-51　岩性控制气藏无阻流量与 ϕh 的关系

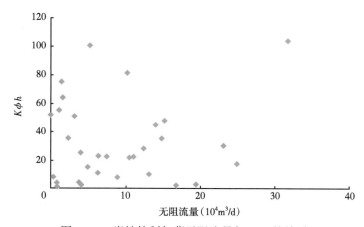

图 4-52　岩性控制气藏无阻流量与 $Kh\phi$ 的关系

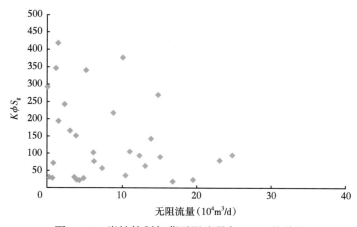

图 4-53　岩性控制气藏无阻流量与 $K\phi S_g$ 的关系

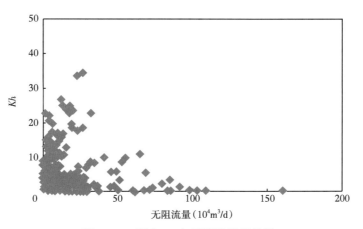

图 4-54　测井 *Kh* 与无阻流量相关图

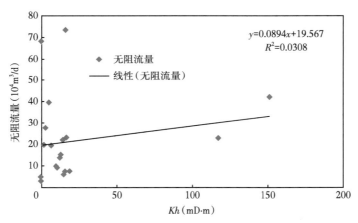

图 4-55　储层改造范围 *Kh* 与无阻流量相关图

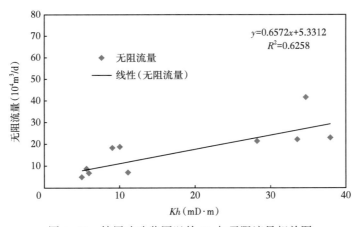

图 4-56　储层改造范围以外 *Kh* 与无阻流量相关图

3. 钻遇裂缝和处于构造高部位的气井产能高

广安须六段气藏在平面上分 A、B 两个区域，A 区属于气藏构造高部位，B 区构造相对平缓，A、B 两区单井平均有效储层厚度分别为 21.38m、19.34m。A 区 41 口生产井平均无阻流量为 $19.32\times10^4m^3/d$，是 B 区生产井平均无阻流量的 3 倍；A 区生产井平均稳定产量是 $5.94\times10^4m^3/d$，是 B 区的 4.7 倍（表 4-8）。气藏平面上表现出单井产能差异较大，A 区顶部气井较 A 区边部和 B 区气井产能高（图 4-57）。

表 4-8 广安须六段气藏 A 区、B 区产能统计表

气藏分区	生产井数（口）	平均有效储层厚度（m）	平均孔隙度（%）	平均无阻流量（$10^4m^3/d$）	平均稳定产量（$10^4m^3/d$）
A	41	21.38	10.99	19.32	5.94
B	15	19.34	10.54	6.64	1.26

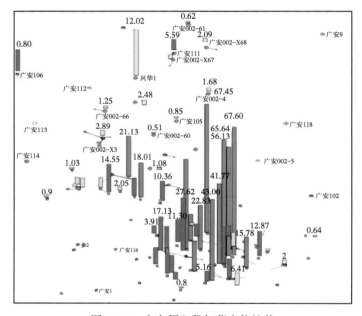

图 4-57 广安须六段气藏产能柱状

广 51 井位于 A 区构造高部位，投产初期气产量为 $6\times10^4m^3/d$，生产期间产少量水，至今累计生产 8.5 年，虽然该井投产就进入递减，未见稳产期，现保持 $2.2\times10^4m^3/d$ 生产；广安 111 井位于构造相对平缓带的 B 区，初期气产量仅 $1\times10^4m^3/d$ 左右，且生产期间受水影响明显，产水量高达 10m³/d，该井产量持续下降且间歇生产（图 4-58、图 4-59）。

蓬莱须二段气藏及安岳须二段气藏属于裂缝发育的岩性气藏，蓬莱须二段气藏单井初期产能与裂缝系数存在较好的相关关系；根据地震、测井等资料对安岳须二段气藏裂缝进行预测，生产井裂缝发育产能明显高于裂缝不发育气井。

统计分析了川中须家河组不同类型气藏工业气井测试产量及无阻流量，总体来说，裂缝发育岩性气藏获得产能较构造控制气藏大，裂缝欠发育岩性气藏获得产能最低，工业气井平

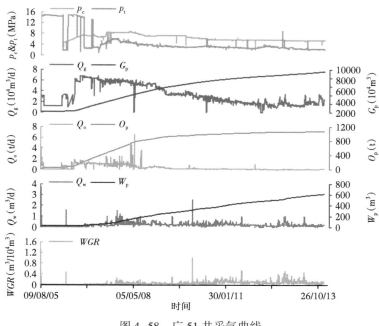

图 4-58 广 51 井采气曲线

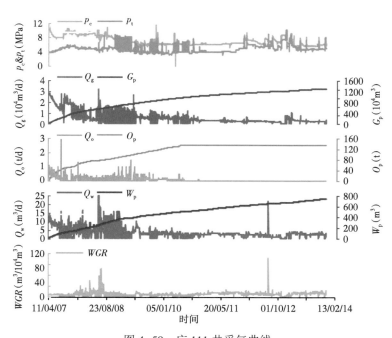

图 4-59 广 111 井采气曲线

均无阻流量仅为 $5.45 \times 10^4 m^3/d$，是裂缝发育岩性气藏及构造控制气藏的 $1/6 \sim 1/2$。裂缝发育岩性气藏高产井比例达到 65.52%，构造气藏为 20.3%，裂缝欠发育岩性气藏仅为 3.07%（表 4-9）。

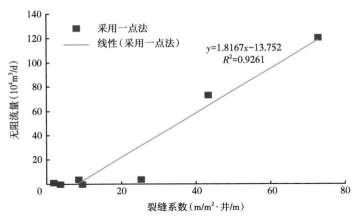

图 4-60　蓬莱气藏单井无阻流量与裂缝系数关系图

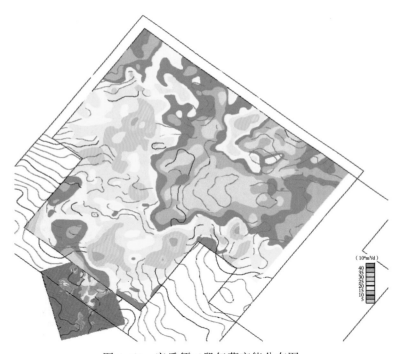

图 4-61　安岳须二段气藏产能分布图

表 4-9　川中须家河组气井产能统计表

气藏类型	测试气井口	工业气井口	平均测试产气量（$10^4 m^3/d$）	平均测试产油量（t/d）	平均测试产水量（m^3/d）	平均无阻流量（$10^4 m^3/d$）	无阻流量大于 $15×10^4 m^3/d$ 的比例（%）	代表气藏
构造控制	266	230	7.04	几乎无凝析油	16.59	11.58	20.3	广安须六段、合川须二段
裂缝发育岩性气藏	58	57	21.35	13.91	1.37~235.2	35.38	65.52	安岳须二段

续表

气藏类型	测试气井口	工业气井口	平均测试产气量（$10^4m^3/d$）	平均测试产油量（t/d）	平均测试产水量（m^3/d）	平均无阻流量（$10^4m^3/d$）	无阻流量大于$15×10^4m^3/d$的比例（%）	代表气藏
裂缝欠发育岩性气藏	260	141	3.63	产少量凝析油	36.06	5.45	3.07	广安须四段、潼南须二段、广安须六段、合川须二段

4. 工艺改造是获得产能的直接方法

川中须家河组气藏生产井普遍进行了工艺改造,并且改造前后产能差异较大,甚至大多数井不进行工艺改造未能获气,如广安 106 井改造前获微气,改造后测试产量为 8.86× $10^4m^3/d$(表 4-10)。

表 4-10　单井改造后测试产量对比表

井　号	改造前产气量（$10^4m^3/d$）	套压（MPa）	改造后产气量（$10^4m^3/d$）	套压（MPa）
广安 106	0.06	1.5	8.86	19.3
广安 002-21	1.04	13	8.12	12.8
广安 002-31	微气起压	6.5	6.89	13.1
广安 002-33	0.4713	13	14.8	14
广安 002-35	2.05	7.2	17.47	16
广安 002-38	微气起压	7.8	6.07	12.4
广安 002-X34	3.05	12.4	20.38	13.7
兴华 1	0.3		4.5	2.5
华西 2	0.6		1.16	
广安 002-40			0.64（水 13.8）	13.9
广安 002-41			0.05（水 8.96）	6.5
广安 002-43			1.46（水 22.6）	11
广安 002-X3	无		0.55（水 52.8）	7.8
广安 002-X22			8.77	
广安 002-23	微气		6.61	11.11
广安 002-25			30.03	15.2
广安 002-29			11.25	11.68
广安 002-30	微气		6.02	10.3
广安 002-X45			13.29	14
广安广 51			8.38	

三、致密气藏气井产能变化规律

根据川中须家河组气藏已解释气井的试井模型,预测气井20年无阻流量变化趋势,通过产能预测图可见产能变化呈明显的两段式(图4-62),前期产能快速下降,后期平缓变化,气井相对稳定产能为初期产能的1/5左右(表4-11)。

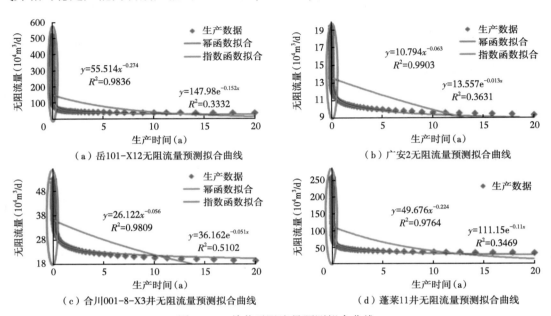

（a）岳101-X12无阻流量预测拟合曲线　　　　（b）广安2无阻流量预测拟合曲线

（c）合川001-8-X3井无阻流量预测拟合曲线　　　（d）蓬莱11井无阻流量预测拟合曲线

图4-62　单井无阻流量预测拟合曲线

表4-11　部分生产井产能预测表

井名	初始产能 （m³/d）	20年后产能 （m³/d）	试井模型
威东12	155433.4	13573.4	双重介质模型（平行断层）
岳101-X10	251780.8	159890.8	双重介质模型
岳101-X12	5152769	319563.7	三区复合模型
岳101	12734.05	7783.005	二区复合模型
岳103	7439534	715458.7	三区复合模型
岳105	258380.8	118183.5	径向均质模型
岳106	91067.69	83468.88	三区复合模型
岳114	453646.9	299451.3	三区复合模型
广安002-37	359259	78838.06	径向复合模型
广002-H9	840516.3	86268.08	双不渗透边界均质模型
广安002-42	37107.27	3679.606	有限导流裂缝模型
广安002-X74	154226.5	31735.58	径向复合模型
广安2	194220.9	92814.45	径向均质模型

井名	初始产能 （m³/d）	20年后产能 （m³/d）	试井模型
广安103	239913.4	14138.53	无限导流模型（单一断层）
广安113	18859.28	4335.221	双重介质模型
合川001-8-X3	531315.2	191656.7	二区复合模型
合川001-12-X2	239328.8	15541.04	无限导流裂缝模型
合川001-16-X1	119062.4	1232.023	三区复合模型
合川1	42488.54	193.7484	有限导流裂缝模型（平行断层）
合川103	41310.8	15703.75	径向复合模型
蓬莱11	2611233	306662.8	双重介质模型（单一断层）

　　根据川中须家河组气藏已做试井测试气井的试井模型,对其无阻流量预测数据拟合发现,产能递减符合幂函数递减关系,且拥有较高的相关性。

　　设无阻流量递减公式为：

$$Q_{AOF} = C \times N^{-b} \qquad (4-22)$$

　　根据上面的递减公式,有：

$$\frac{Q_{AOF}}{Q_{AOFi}} = \frac{C \times (24 \times 365 \times N)^{-b}}{C \times 2^{-b}} \qquad (4-23)$$

　　整理得：

$$Q_{AOF} = Q_{AOFi} \times (4380 \times N)^{-b} \qquad (4-24)$$

式中　Q_{AOFi}——气井初期无阻流量；

　　　C 和 b——拟合常数；

　　　N——生产年数,N 介于 2h～20a 之间。

　　则,从第 N_1 年起 n 年内无阻流量递减率为：

$$\alpha = 1 - \frac{Q_{AOF2}}{Q_{AOF1}} = 1 - \left(1 + \frac{n}{N_1}\right)^{-b} \qquad (4-25)$$

　　根据公式可计算得到不同类型气井无阻流量递减公式的指数及产能快速递减时间。

表4-12　不同类型气井无阻流量递减指数值表

储层类型	井型	产能快速递减时间（d）	递减指数
构造控制	直井	104	0.063
	斜井	93	0.137
	水平井	74	0.185
岩性控制（裂缝不发育）	直井	70	0.053
	斜井	164	0.086
	水平井	65	0.132

储层类型	井型	产能快速递减时间(d)	递减指数
岩性控制(裂缝发育)	直井	147	0.235
	斜井	66	0.274
	水平井	57	0.286

第四节　致密气藏气井合理工作制度优化方法

一、致密气井生产制度优化方法

目前常用方法有经验法、采气指示曲线法及节点分析法等,而气井的合理配产是以上多种方法综合确定的结果。

1. 无阻流量比例法

无阻流量比例法是国内外油气田开发工作者长期经验的总结,它是按无阻流量的 $1/3 \sim 1/6$ 作为气井生产的产量[56,57]。因此,经验法确定气井产量的先决条件是要求出气井的绝对无阻流量 q_{AOF}。在此基础上,则有气井的合理产量 q_g:

$$q_g = \left(\frac{1}{3} \sim \frac{1}{6} \right) \times q_{AOF} \tag{4-26}$$

气井无阻流量 q_{AOF} 可根据气井产能测试资料分析获得,若无产能测试资料,也可根据气藏和流体物性参数近似计算获得。

气井配产原则一般按:高产井以无阻流量的 $17\% \sim 20\%$ 配产;中产井以无阻流量的 $20\% \sim 25\%$ 配产;低产井以无阻流量的 $25\% \sim 33\%$ 配产。

2. 生产指示曲线法

生产指示曲线法确定气井合理产量,着重考虑的是减少气井渗流的非线性效应,气井的采气方程可用压力平方二项式表示为:

$$p_R^2 - p_{wf}^2 = Aq_g + Bq_g^2 \tag{4-27}$$

整理后可得:

$$p_R - p_{wf} = \frac{Aq_g + Bq_g^2}{p_R + \sqrt{p_R^2 - Aq_g - Bq_g^2}} \tag{4-28}$$

在产量比较小时,气井生产压差与产量成直线关系,随着产量的增加,生产压差的增加不再沿直线增加而是高于直线,这时气井表现出了明显的非达西渗流效应,将部分压力消耗在克服非达西渗流效应,造成压降速度快而产量不高的状况,对于气井的产量有一定的影响。因此在实际生产过程中,应该尽量避免这个情况的发生,减少压降损失,对气井进行合理配产。利用生产指示曲线配产就是以气井出现非线性效应时的产量作为气井生产的极限产量[56]。

随着地层压力的下降,假设渗流指数 n 不会发生变化,指数式产能方程中的系数 C 随气藏压力而发生线性变化。指数曲线中的 n 和 C 可以由二项式产能方程获得：

$$n = \frac{A + Bq}{A + 2Bq} \quad (4-29)$$

$$C = \frac{q}{(Aq + bq^2)^n} \quad (4-30)$$

$$C_F = C\frac{p_F}{p_P} \quad (4-31)$$

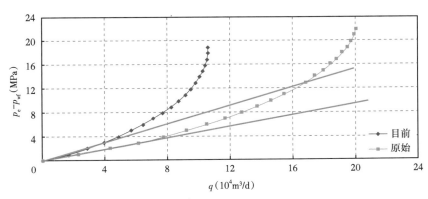

图 4-63　生产指示曲线法合理配产

3. 井底协调法

气体从地层流向井底，然后通过井底射孔段流入井筒，再经过垂直管流到井口[56]。流入曲线与流出曲线的交点对应的产量即是气井的合理产量，若取井口压力为最小的输压，这时得到的流量即为最大的协调产量。

气井流入动态曲线主要是通过气井的产能试井来获得，产能方程一般形式如下：

$$p_R^2 - p_{wf}^2 = Aq_g + Bq_g^2 \quad (4-32)$$

气井的流出动态分析理论是建立在气井井筒压力计算理论基础上的，而气井井筒压力计算理论是基于气井稳定流动能量方程所导出的。取长度为 dH 的管段为控制体，则根据能量方程可以写出：

$$dp + \rho vdv + \rho gdH + dW + dLw = 0 \quad (4-33)$$

式中　　dp——管长内对应的总压降；

ρ——流动状态的气体密度，kg/m^3；

g——重力加速度，m/s^2；

H——油管长度，m；

v——气体流速，m/s；

dW——外界对气体所做的功，m/s；

dLw——摩擦引起的压力损失。

由式（4-33）可得到多种气井井筒压力计算公式，如平均温度和平均气体偏差系数法、

Cullender 和 Smith 计算方法、Hagedorn 和 Brown 方法、Beggs 和 Brill 方法等。

4. 小水量低产气井临界携液流速法

在气藏中液体的存在能够影响气体的流动特性。液体来自气态烃类的凝析作用(凝析液),或者来自地层基质中的间隙水。液体应以液滴的形式由气体带到地面。流动总是在雾状范围内,气体呈连续相而液体呈非连续相流动。当气相不能提供足够的能量来使井筒中的液体连续流出井口时,气井中将存在积液。液体的聚集将增大对气层的回压,并可能使近井带地层孔隙或渗流通道的含水饱和度快速增加,且水浸区域越来越大,从而导致渗流阻力增加和降低气相的渗透率,限制井的生产能力。在低压井中的积液可使气井被完全压死。高压井中液体会以段塞形式出现,并影响试井结果[58,59]。

Turner、Hubbard 和 Duckler 分析了两种气井排液的物理模型:(1)液体膜沿着管壁运动;(2)在高速气流中心夹带液滴。这两种模型在实际上是存在的,而且气流中夹带的液体和液膜之间将会不断地交换。对管壁液膜模型的计算是比较复杂的,需要用数值积分。同时,液膜下降最终成液滴。Turner 等用矿场资料对这两个模型进行了检验,发现液滴模型较多,排出气井积液所需的最低条件是使气流中存在的最大液滴移动。

1969 年 Turner 等建立了液滴模型和其他模型对气带液问题进行研究,最后以液滴模型为依据提出了计算气流携带液滴的最低气体流速公式,以下简称最小卸载流速公式。从液滴模型到导出最小卸载流速公式,其思路如下[60]。

从质点力学的观点来看,气流中液滴的沉降重力为:

$$G = m_L a_L = m_L \frac{\rho_L - \rho_g}{\rho_L} g \tag{4-34}$$

式中　G——液滴沉降重力,N;

　　　m_L——液滴质量,kg;

　　　a_L——液滴沉降加速度,m/s²;

　　　ρ_L——液体密度,kg/m³;

　　　ρ_g——气体密度,kg/m³;

　　　g——重力加速度,m/s²。

气体对液滴的曳力为:

$$F = m_L a_s = m_L \frac{3 C_d v_t^2 \rho_g}{4 d \rho_L} \tag{4-35}$$

式中　F——气流对液滴的曳力,N;

　　　C_d——曳力系数,无量纲,其值取决于液滴雷诺数(Re),雷诺数大于 1000 时 $C_d = 0.44$;

　　　v_t——液滴自由沉降的最终速度,m/s;

　　　d——液滴直径,m;

　　　a_s——曳力加速度,m/s²。

当气流中液滴的沉降重力等于气流对液滴的曳力时,液滴自由沉降达到最终速度 v_t。由 $F = G$ 得:

$$v_t = \left[\frac{4gd(\rho_L - \rho_g)}{3C_d \rho_g} \right]^{0.5} \tag{4-36}$$

假设油管内的流动遵循牛顿液体的流动规律,当气流速度 v_g 等于液滴沉降的最终速度 v_t 时,直径为 d 的液滴就能被气夹带到地面。

$$v_g = v_t = \left[\frac{4gd(\rho_L - \rho_g)}{3C_d \rho_g} \right]^{0.5} \tag{4-37}$$

因视为牛顿液体,取 $C_d = 0.44$,则:

$$v_g = \left[\frac{4gd(\rho_L - \rho_g)}{1.32\rho_g} \right]^{0.5} \tag{4-38}$$

由式(4-38)可以看出,液滴直径越大,携带液滴所需的气体流速也越大。如果最大直径的液滴都能携带到地面,井底就不会发生聚积。最大液滴的直径如何确定,Turner 等利用韦伯数(Weber number)解决了这一问题。

被气流携带向上运动的液滴受到两种相互对抗的力作用。一种是企图将它破坏的速度压力(即惯性力,$v_g^2 \rho_g$),另一种是力图保持它完整的表面压力(σ/d)。这两种力的比值称为韦伯数[58,61,62]。

$$N_{we} = \frac{v_g^2 \rho_g}{\sigma/d} = \frac{v_g^2 \rho_g d}{\sigma} \tag{4-39}$$

类似水力学的雷诺数,韦伯数也有临界值,为 20~30。取 30 为存在稳定液滴的极值。

韦伯数与气体流速的平方成正比。当气体流速大到足以使韦伯数达到临界值时,速度压力起主导作用,液滴就容易破坏。Turner 等取韦伯数为 30 回代到式(4-39),解出直径 d 视之为最大液滴直径[63]:

$$d_{max} = \frac{30\sigma}{\rho_g v_g^2} \tag{4-40}$$

将式(4-40)的 d_{max} 代入式(4-38),则携带最大液滴的最小气体流速为:

$$v_g = \left[\frac{4 \times 30\sigma g(\rho_L - \rho_g)}{1.32\rho_g^2 v_g^2} \right]^{0.5} \tag{4-41}$$

所以:

$$v_g = 5.5 \left[\frac{\sigma(\rho_L - \rho_g)}{p_g^2} \right]^{0.25} \tag{4-42}$$

理论上讲,最小卸载流速等于最大沉降流速,实验表明,前者要高出后者 16% 左右。

为安全计,Turner 等建议取安全系数为 20%。考虑到四川气水井井底深、含硫化氢等复杂情况,建议将安全系数加大到 30%,则:

$$v_g = 7.15 \left[\frac{\sigma(\rho_L - \rho_g)}{\rho_g^2} \right]^{0.25} \tag{4-43}$$

式中　σ——气液表面张力，N/m；

　　　ρ_L——液体密度，kg/m³。

其中，v_t 可按油管任一点（井底或井口）的状态计算。

实际工作中，用日产气量比流速方便。如 v_g 按井底条件计算，则日需气量为：

$$q_{sc} = 2.5 \times 10^4 \frac{APv_g}{ZT} \tag{4-44}$$

式中　q_{sc}——气流携带液滴所需的最小流量或卸载流量，$10^4 \text{m}^3/\text{d}$；

　　　A——油管截面积，m²；

　　　p——井底流压，MPa；

　　　T——井底气流温度，K；

　　　Z——井底流压及温度下的气体压缩系数，无量纲。

5. 考虑储量丰度的拟稳定流配产方法

假设地层中气体向井的流动为拟稳定流，则满足如下关系式[64]：

$$\frac{p^2 - p_{wf}^2}{p_i^2 q_D} = \ln \frac{r_D}{r_w} \tag{4-45}$$

$$\ln \frac{r_d}{r_w} = \begin{cases} \dfrac{1}{2}(\ln t_D + 0.809) & 25 < t_D < 0.25 r_{eD}^2 \\ 0.472 r_{eD} & t_D = 0.25 r_{eD}^2 \end{cases} \tag{4-46}$$

式中　r_D——有效驱动半径；

　　　t_D——无量纲时间；

　　　q_D——无量纲产量；

　　　r_{eD}——无量纲半径，$r_{eD} = r_e/r_w$。

由封闭性气藏气体渗流理论可知，随着气井的开采，地层压力 p 将不断下降，下降规律满足如下关系式[64]：

$$\frac{p}{Z} = \frac{p_i}{Z_i}\left(1 - \frac{q_g T}{A N_g}\right) \tag{4-47}$$

式中　A——井的供气面积；

　　　N_g——储量丰度（单位面积上的储量）。

由式（4-46）、式（4-47）可知，在给定产量 q、井供气半径 r_e、Kh 值及 N_g 下，可以计算该井的稳产年限。对于某一具体井而言，Kh 值及储量丰度 N_g 值是定值，因此，稳定时间决定于 q 和 r_e，为使各气井稳定的时间大致相同，用每口井所处的 Kh 值和 N_g 值给定不同的 q 和 r_e，选取满足预先给定限制条件的那个产量 q 和供给半径 r_e 作为该井的配产和井距。

考虑储量丰度的拟稳态流配产的方法，不仅要求气井的产能大小，还需要已知该井所控制的储量及要求的稳产时间。在产量已知、控制储量一定的情况下，可以计算该井的产量与相应的稳产时间之间的关系曲线。

6. 最优化法

最优化方法确定气井合理产量是考虑多种因素下的多目标优化方法。以气井的产量和采气指数最大作为追求目标,以非达西渗流效应、生产压差不超过额定值和地层压力下降与采气程度关系作为约束条件的一种配产方法。在建立起最优化数学模型之后,采用多目标优化算法进行求解[65]。

多目标最优化数学模型为:

$$
\begin{cases}
\max q_g = \max \dfrac{-A + \sqrt{A^2 + 4B(p_R^2 - p_{wf}^2)}}{2B} \\[4mm]
\max K_g = \max \dfrac{p_R + p_{wf}}{\dfrac{A}{2} + \dfrac{\sqrt{A^2 + 4B(p_R^2 - p_{wf}^2)}}{2}} \\[4mm]
p_R - p_{wf} \leqslant \max D_p \\[2mm]
\dfrac{-A + \sqrt{A^2 + 4B(p_R^2 - p_{wf}^2)}}{4B(p_R^2 - p_{wf}^2)} \leqslant \alpha \\[4mm]
p_R = Z \times \dfrac{p}{Z_i}\left(1 - \dfrac{N_p}{N}\right)
\end{cases}
\tag{4-48}
$$

二、苏里格气田致密气井合理工作制度

苏里格气田气井投产初期均下节流器,气井开井生产即递减,不存在稳产期,因此确定不同类型井的初期配产至关重要。本节重点依据苏里格气田实际生产数据,在前面章节生产动态分析和单井分类的基础上,提出了适合苏里格气田的直井和水平井配产方法。

1. 快速投产的直井配产方法

由于苏里格气田的低压、低渗透特征,在压裂后频繁开井放喷排液,关井压力恢复速率较慢,井口压力常常需要较长的时间才能恢复稳定;若进行较长时间的一点法测试,需要放空大量的天然气[17,66,67]。并且苏里格气田直井控制的有效储层面积远比一般常规气田的单井小得多,无阻流量随着生产的进行递减较快,因此采用较长时间的一点法测试得精确的无阻流量意义并不大。再则苏里格气田以小井距开发,要钻数以千计的开发井,不可能每口

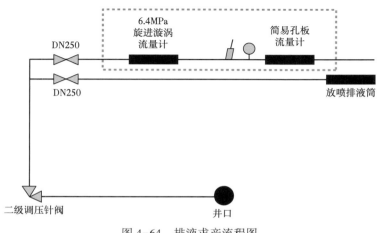

图 4-64　排液求产流程图

井都进行常规试气。

基于这一思路,提出了简化试气的方法,在基本保证测试精度的前提下,测试时间缩短三分之一以上,创建了适合于苏里格气田的快速配产方法。通过引入智能旋进漩涡流量计进行产量测试。测试时只需在原来的放喷管线上增加一条测试管线,把智能旋进漩涡流量计连接在孔板(或挡板)之前即可,简化试气的具体步骤如下[66]:

(1)对新井进行射孔、压裂;

(2)射孔、压裂后通过放喷管线进行放空排液,一般要间歇排液4~7天;

(3)当入井液返排率达到90%以上,只有少量的雾化水随气体喷出时,通过控制井口节流针阀,把井口压力控制在4~8MPa的某个相对稳定的值,然后把地面流程导入测试管线,让气流通过智能旋进漩涡流量计,进行测试。

另外关放排液油压、套压变化曲线对气井产能具有较好的指示性[67]。从2002—2003年投产的28口老井压裂排液压力恢复速度与无阻流量关系(图4-65)看出,无阻流量小于4×$10^4 \text{m}^3/\text{d}$、(4~10)×$10^4 \text{m}^3/\text{d}$、大于10×$10^4 \text{m}^3/\text{d}$三个产量段与压力恢复速度小于1.0MPa/h、1.0~2.4MPa/h、大于2.4MPa/h具有较好的一致性,这表明通过压后排液过程中的压力恢复速率判别气井类别是可行的。

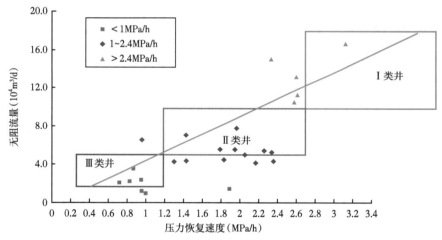

图4-65 压裂排液压力恢复速度与无阻流量关系图

综合测井参数、压裂排液后压力恢复速率以及简化试气结果,结合前面的分类标准(表4-13)。

表4-13 苏里格气田气井分类配产标准

井类别	单气层最大厚度 (m)	累计气层厚度 (m)	压力恢复速度 (MPa/h)	无阻流量 ($10^4 \text{m}^3/\text{d}$)	合理产量 ($10^4 \text{m}^3/\text{d}$)
I	>5	>8	>2.4	>10	>1.8
II	3~5	>8	1.0~2.4	4~10	0.8~1.8
III	<3	<5	<1.0	<4	<0.8

利用该分类标准,气井在压裂作业后,无须关井等待井口压力恢复平稳,不再采用一点法求产,而是根据气井静态参数和简化试气结果确定气井类别,并安排管线连接进站直接生产,单井地面采气管线的管径也相应有 $\phi48$、$\phi60$、$\phi76$、$\phi89$ 几个等级按照产能大小不同采用管径规格相符的管线连接进入干管生产,该技术创建了适合苏里格气田的快速产能评价及投产方法。从现场实际生产情况来看,按照气井分类进行初期配产,新井投产后生产较为平稳,两者吻合率达到 85% 以上。快速产能评价技术既简化了测试过程,平均单井节约天然气放空量 $(8\sim10)\times10^4\mathrm{m}^3$,真正做到了经济有效开发苏里格气田的初衷[67]。

2. 水平井配产新方法

对于苏里格气田的水平井由于其控制的单井储量相对较高,具有一定的生产能力,如果仍然沿用直井的快速配产方法,普遍存在早期配产高、压力递减快的特点,不利于气田稳定生产。

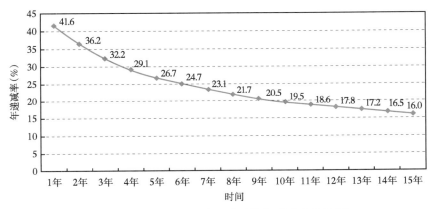

图 4-66　苏里格气田水平井平均年递减率统计图

为便于研究,从现场已投产井中筛选出长期稳定生产的水平井 103 口,这些井满足:生产时间 900d 以上、压降速率不大于 0.02MPa/d、开井时率大于 85% 以上,来开展研究。如果将合理配产与无阻流量的比值定义为配产系数,在应用时不难发现,致密气的配产系数从 1/4 到 1/10,甚至更小。如果仍然按照低渗气田的经验值 1/5~1/6 来取值,误差极大。根据实际生产水平井的资料统计,合理产量(折合三年稳产期的平均产量)和无阻流量符合幂函数规律(图 4-67)[68],该规律表现出合理产量并不是按固定的配产系数取得,而是随着无阻流量的增大,这一比率逐渐变小(图 4-68)。

因此,如果要在致密气田应用"一点法",建议改进无阻流量的配产系数,从某个固定比值变为如图 4-68 所示的函数关系式,使初期配产更可靠。

但是目前方法计算的无阻流量存在以下问题:不同生产时间变化极大,哪个值更能反映真实的生产能力? 对于生产能力相近的不同的井,求得的无阻流量的值可能相差极大(图 4-69)。

为此,急需寻找一个更为可靠的配产依据。由于单井控制动态储量反映井的稳产能力,而无阻流量的求算一般在初期,反映的是近井地层压裂裂缝带的渗流特征。因此,在配产时考虑储量的因素,会让配产更符合单井实际的长期生产能力。

从图 4-70 中的数据发现,稳产三年的合理配产与无阻流量和单井控制动态储量这两个

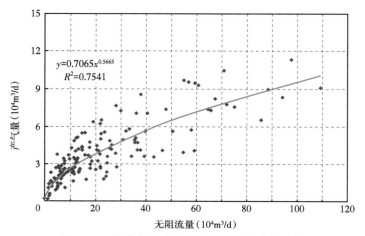

图 4-67 稳产期日产气量与无阻流量的关系图

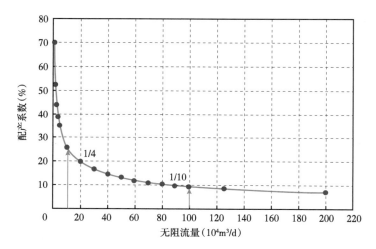

图 4-68 配产系数随无阻流量的变化关系

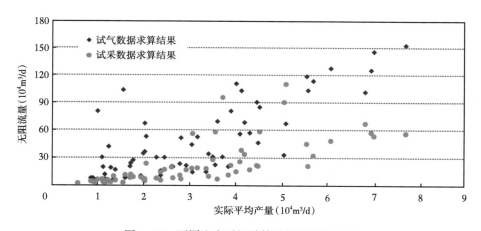

图 4-69 不同生产时间计算的无阻流量对比

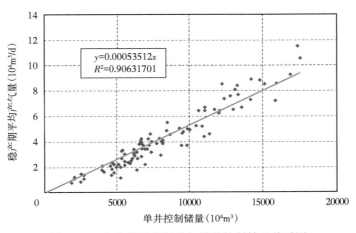

图 4-70　稳产期日产气量与单井控制储量关系图

参数都有一定的相关性,但是与单井控制储量的相关性更高,更具有指导意义。拟合稳产期日产气量与单井控制动态储量的关系,得到:

$$q_{合理产量} = 0.00053512 \times G \qquad (4-49)$$

使用经验公式(4-49),同时运用后面章节形成的早期单井控制动态储量求算方法,建立早期计算单井控制动态储量的关系图,可以在早期将单井控制动态储量求算出来,再应用于指导现场配产。

三、川中须家河组气藏气井合理工作制度

根据时变产能公式计算了川中须家河组气藏气井产能快速递减期末无阻流量,由于气井生产早期产能主要靠近井区裂缝沟通区域供给,当内外区相对渗透率达到平衡时,气井产能体现了基质储层生产能力,因此,气井产能快速递减期末无阻流量相对初期无阻流量小很多。分析评价了完井测试无阻流量与根据建立的时变产能公式计算的相对稳定无阻流量(表 4-14),两者具有很好的乘幂关系[69]。

表 4-14　根据时变产能评价方法计算实际气井不同时间点产能

井号	EUR ($10^8 \mathrm{m}^3$)	A	B	N	b	完井测试无阻流量 ($10^4 \mathrm{m}^3/\mathrm{d}$)	快速递减期末无阻流量 ($10^4 \mathrm{m}^3/\mathrm{d}$)
广安 002-25	3.0336	33.509	1.3442	104	0.063	72.67	42.63
合川 001-8-X3	1.1184	14.127	2.8238	164	0.086	23.31	9.7
威东 12	0.65	3.328	14.659	147	0.235	14.76	2.87
岳 101-X12	0.99	36.54	0.3425	66	0.274	59	5.77
岳 101-80-H1	0.4053	88.658	0.8261	57	0.286	76.2	16.24

由于稳定无阻流量主要反映基质储层生产能力,对于致密砂岩储层,气井最终生产能力也主要取决于基质储层发育程度,再根据稳定无阻流量的 1/3~1/2 对气井初期进行配产,研

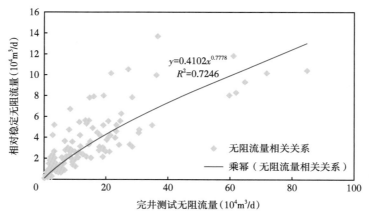

图4-71 完井测试无阻流量与相对稳定无阻流量关系图

究气井生产效果。

安岳须二段气藏生产井受水影响严重,通过对已出水井的研究,出水气井水侵模式为沿高导流能力裂缝模式,为强水侵。目前气藏内部分井受水影响已被关井或间歇生产,如岳101-80-H1井已水淹关井,该井于2013年7月8日以10×10⁴m³/d的产气量投产,累计生产时间9个月,投产后保持10×10⁴m³/d的产气量稳定生产4个月快速下降至2×10⁴m³/d后关井;该井投产就有水产出,初期水产量为5m³/d,随生产时间推进,水产量持续增大,7个月后水产量上升至20m³/d;同时该井压力也快速下降,投产初期套压为23.85MPa,关井时套压为5.55MPa,月压降2MPa/月。

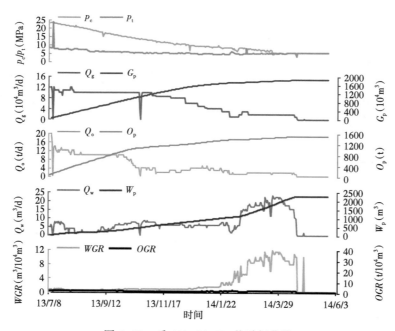

图4-72 岳101-80-H1井采气曲线

在岳 101-80-H1 井生产历史拟合的地质模型基础上,研究了不同配产对开发效果影响,该井无阻流量为 76.2×10⁴m³/d,按照无阻流量的 1/5 配产,该井初期产量应为 15×10⁴m³/d;安岳须二段气藏初步开发方案对水平井合理产量进行了论证,一类区水平井合理产量为 7.74×10⁴m³/d;本次研究对岳 101-80-H1 井分别配以 1×10⁴m³/d、2×10⁴m³/d、5×10⁴m³/d、7.74×10⁴m³/d、10×10⁴m³/d、15×10⁴m³/d 的产气量进行预测,产量越大,稳产时间越短,见水越快,且累计产气量越小,越早水淹;产气量达到 5×10⁴m³/d 以上,水体对生产影响越大(图 4-73)。

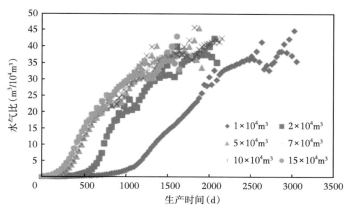

图 4-73　不同配产产水对比图

对不同配产储量动用情况进行研究,产量越小,储量动用程度越大,当配产在(1~5)×10⁴m³/d 之间时,储量动用率差异小,10% 左右,采出程度也基本一致,在 18.5% 左右,当产量大于 5×10⁴m³/d,储量动用率及采出程度下降幅度较大(表 4-15、图 4-74)。

表 4-15　岳 101-80-H1 井不同工作制度生产情况

配产 (10⁴m³/d)	稳产时间 (d)	出水时间 (d)	水淹停产 时间(d)	水量突破 10m³ 时间(d)	累计产气量 (10⁴m³)	储量动用率 (%)	采出程度 (%)
1	1890	120	3060	1350	2735.82	10.19	19.05
2	720	80	2740	690	2710	10.12	18.97
5	150	23	2340	450	2640.56	10.02	18.38
7.74	120	16	2310	420	2498.12	9.65	17.39
10	60	8	2100	410	2302.87	9.14	16.03
15	45	4	1650	390	1985.21	8.76	13.82

作不同配产与累计产气量关系曲线,累计产气量出现拐点的产量为 5×10⁴m³/d,配产 1×10⁴m³/d、2×10⁴m³/d、5×10⁴m³/d 累计生产时间分别为 3060 天、2740 天、2340 天,基于快速建产及井场管理等因素,岳 101-80-H1 井以 5×10⁴m³/d 左右的产量生产能延缓出水时间,生产周期较短,同时累计产气量较大(图 4-75),由此可见,针对断裂沟通水层气井,初期合理配产是有效控水手段之一。

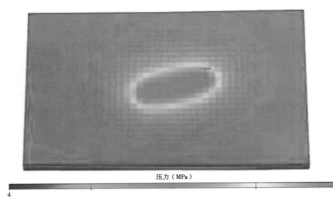

图 4-74　岳 101-80-H1 井预测压力波及图

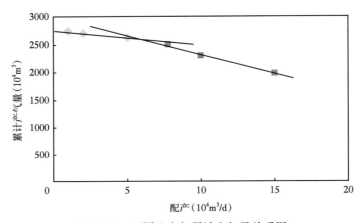

图 4-75　不同配产与累计产气量关系图

根据时变产能计算公式计算了岳 101-80-H1 井相对稳定产能为 $16.24×10^4 m^3/d$，前面已论证了该井初期合理配产应为 $5×10^4 m^3/d$，可见岳 101-80-H1 初期合理配产是稳定产能的 1/3。

根据时变产能公式计算了川中须家河组气藏气井产能快速递减期末无阻流量，虽然该时间点产能值小，但反映了气井基质储层相对稳定的真实供给能力。因此根据实际生产气井生产历史拟合矫正的地质模型来预测气井不同初期配产的生产效果，气井初期产量根据计算的相对稳定无阻流量 1/2~1/3 进行配产，预测结果显示气井普遍有 1~3 年的稳定生产期（图 4-76、图 4-77），由于川中须家河组气藏储层高含水，合理配产有助于气井控水，可提高气井采出程度 8%~12%（表 4-16）。

表 4-16　气井根据稳定无阻流量配产的预测结果

井号	可采储量 （$10^8 m^3$）	初期产气量 （$10^4 m^3/d$）	稳产时间 （a）	预测期末 采出程度 （%）	根据实际生产规律 预测采出程度 （%）	增加采出 程度 （%）
广安 002-25	3.0336	10	2.8	79.77	70.54	9.23
合川 001-8-X3	1.1184	4	2.6	75.11	67.06	8.05

井号	可采储量 （$10^8 m^3$）	初期产气量 （$10^4 m^3/d$）	稳产时间 （a）	预测期末 采出程度 （%）	根据实际生产规律 预测采出程度 （%）	增加采出 程度 （%）
威东 12	0.65	2	1.5	81.54	72.31	9.23
岳 101-X12	0.99	3	2.3	62.63	51.52	11.11
岳 101-80-H1	0.4053	4	1.8	64.15	51.81	12.34

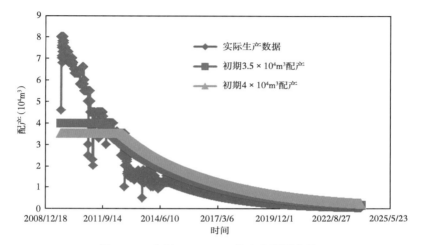

图 4-76 合川 001-8-X3 井生产预测曲线

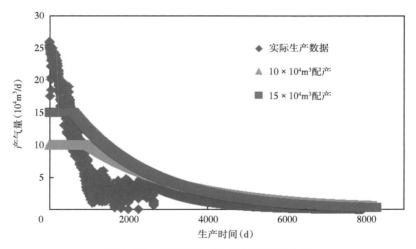

图 4-77 广安 002-25 井生产预测曲线

前面已论述了完井测试"一点法"无阻流量与根据时变产能公式计算的气井稳定无阻流量呈较好的乘幂关系,将气井按照产水类型分类来寻找完井测试"一点法"无阻流量与相对稳定的无阻流量的相关关系,根据气井稳定的无阻流量的合理配产反演得到产水类型根据完井测试"一点法"无阻流量的合理配产比,针对孔喉产水型气井初期合理配产比是 1/5～1/7,

局部下倾端孔喉产水型气井初期合理配产比是 1/6~1/7,高含水层产水型气井初期合理配产比是 1/7~1/9,裂缝产水型气井初期合理配产比是 1/10~1/12(表 4-17)。

表 4-17　不同产水类型气井根据完井测试"一点法"无阻流量合理配产比例

产水类型	合理配产比例(完井测试"一点法"无阻流量)
孔喉产水型	1/5~1/7
局部下倾端孔喉产水型	1/6~1/7
高含水层产水型	1/7~1/9
裂缝产水型	1/10~1/12

第五章　致密气藏递减分析方法及应用

在油气田开发过程中,随着开发的进行,在地质条件及开发技术的影响下,油气井会经历产量上升期、稳产期和递减期三个阶段。在油田开发后期,为缓解递减,需要对油气井未来产量进行预测,因此研究递减期规律变得十分重要。现有的单井产量递减分析方法主要包括以 Arps 产量递减分析方法为代表的传统产量递减分析方法和以 Fetkovich 产量递减分析方法为代表的现代递减分析方法[70-72]。传统递减分析方法是对井的生产数据进行统计后得出的方法,属于经验统计分析方法;而现代产量递减分析方法以地层中的不稳定渗流理论为基础,将渗流公式引入递减分析中,并建立典型图版,利用典型图版与实际生产数据拟合的方法获取地层参数及预测产量。本章将探讨各类递减方法的推导与应用。

第一节　现有单井产量递减分析方法及适用性

传统的 Arps 递减曲线分析分析方法可以描绘生产井在定井底流压、生产完全进入边界控制期的情况下的产量递减规律,该方法的最大优点就是无需了解地层参数情况,只需对日常生产数据进行分析,所以该方法不适用于不稳定生产阶段[71]。Fetkovich 于 1980 年以有界均质地层不稳定渗流理论为基础,根据封闭边界地层中的不稳定渗流理论[72],将试井分析中封闭地层的不稳定渗流公式引进产量递减分析中,将制作的图版与 Arps 图版有机地结合,建立了一套完整的、类似于试井分析的双对数产量递减曲线拟合方法[73,74]。Arps 和 Fetkovich 产量递减分析方法没有考虑到气体 PVT 随压力会发生变化[72],Blasingame 方法引入了拟压力规整化产量和物质平衡拟时间函数(t_{ca})建立了典型递减曲线图版,该方法考虑了便井底流压生产情况和随地层压力变化的气体 PVT 性质[75]。Blasingame 方法引入了拟压力规整化产量和物质平衡拟时间函数 t_{ca} 建立了典型递减曲线图版,该方法考虑了便井底流压生产情况和随地层压力变化的气体 PVT 性质[75]。Agarwal 等利用拟压力规整化产量和物质平衡拟时间函数 t_{ca} 和不稳定试井分析中无量纲参数的关系,建立了 Agarwal-Garden 产量递减分析图版,由于无量纲量定义不同,该图版曲线前期部分较 Blasingame 图版相对分散,从而降低了拟合分析的多解性。Blasingame 方法、Agarwal-Garden 方法都是利用拟压力规整化产量和物质平衡拟时间函数 t_{ca} 建立典型递减曲线图版[74,76],而 NPI(Normalized Pressure Integral,规整化压力积分)方法则是利用产量规整化压力的积分形式,旨在通过积分后建立一种较可靠的、不受数据分散影响的分析方法。Fetkovich 产量递减分析方法假设生产时井底流压保持不变,主要是分析产量数据,没有考虑气体 PVT 随压力的变化[72]。流动物质平衡法(FMB)、Agarwal-Garden 方法和 Blasingame 方法引入了拟压力归一化产量和物质平衡拟时间函数,建立的现代产量递减分析方法可以考虑变井底流压生产情况[75,77,78]。综上所述,现代的 Blasingame 方法、Agarwal-Garden 方法通过引入拟压力规整化产量和物质平衡拟时间函数 t_{ca} 来处理变井底流压、变产量和天然气 PVT 性质随压力变化的影响。

经过近一个世纪的发展,产量递减分析方法从单纯分析生产数据发展到产量与压力并重的阶段;分析模型从不考虑油气藏模型发展到解析与数值模型并行的阶段;分析方法从基于经验的 Arps 方法发展到双对数图版拟合阶段[74]。

一、基本概念

在介绍产量递减分析之前,为便于理解递减分析方法的推导过程,首先对后文出现的一些重要基本概念进行介绍。

1. 拟压力与归一化拟压力

对于气体而言,由于其偏差因子、黏度等物性随压力的变化较大,为便于产量公式的推导,通过引入拟压力及归一化拟压力可以简化推导过程[77]。

气体的拟压力定义为:

$$\psi = \int_{p_0}^{p} \frac{2p}{\mu Z} \mathrm{d}p \tag{5-1}$$

式中　ψ——任意压力 p 的拟压力函数值;

　　　p_0——起始压力;

　　　μ——气体的黏度;

　　　Z——气体的偏差系数。

除了拟压力之外,Meunier 于 1987 年还提出使用归一化拟压力来进行气藏工程分析。归一化拟压力的优点是具有与压力相同的量纲。

归一化拟压力定义为:

$$m(p) = \frac{\mu_i Z_i}{p_i} \int_{p_0}^{p} \frac{2p}{\mu Z} \mathrm{d}p \tag{5-2}$$

联立式(5-1)和式(5-2),可建立归一化拟压力与拟压力间的关系为:

$$m(p) = \frac{\mu_i Z_i}{2p_i} \psi \tag{5-3}$$

在气井的产量分析中,可以选择拟压力或者归一化拟压力进行分析。

2. 物质平衡拟时间

由于开采过程中气井产量和井底压力的波动变化,在现代产量递减分析方法中,采用了物质平衡拟时间 t_{ca}。

1)物质平衡拟时间的定义

物质平衡拟时间 t_{ca} 的定义式:

$$t_{ca} = \frac{(\mu C_g)_i}{q} \int_0^t \frac{q}{\bar{\mu} \bar{C_g}} \mathrm{d}t \tag{5-4}$$

Blasingame 于 1993 年针对定容封闭气藏,推导了另外一种物质平衡拟时间的表达式,推导思路如下。

气藏的压缩系数 C_g 定义为：

$$C_g = \frac{1}{\rho}\frac{\mathrm{d}\rho}{\mathrm{d}p} = \frac{ZRT}{pM_g}\frac{\mathrm{d}}{\mathrm{d}p}\left(\frac{pM_g}{ZRT}\right) = \frac{Z}{p}\frac{\mathrm{d}}{\mathrm{d}p}\left(\frac{p}{Z}\right) \tag{5-5}$$

根据定容封闭气藏物质平衡方程中，

$$\frac{p}{Z} = \left(\frac{p}{Z}\right)_i\left(1 - \frac{G_p}{G}\right) \tag{5-6}$$

对式（5-6）求导，并结合式（5-5）有：

$$q = -\frac{Z_i G C_g p}{p_i Z}\bigg|_i\frac{\mathrm{d}p}{\mathrm{d}t} \tag{5-7}$$

将式（5-6）代入式（5-4）可得物质平衡拟时间 t_{ca} 的第二定义式，即：

$$\begin{aligned}
t_{ca} &= -\frac{G}{q}\left(\frac{\mu Z C_g}{p}\right)_i\int_{p_i}^{p_e}\frac{p}{\mu Z}\mathrm{d}p \\
&= \frac{G C_{gi}}{q}\left[m(p_i) - m(p_e)\right]
\end{aligned} \tag{5-8}$$

2）物质平衡拟时间的计算步骤

由于气体的黏度、压缩系数等参数都是地层压力的函数。只有计算出不同开采时间的地层压力后，才能计算出物质平衡拟时间。计算的方法一般需要采用迭代算法，计算步骤如下[77]：

（1）根据井控区范围等地质参数，估算原始地质储量；

（2）根据不同开采时间的产量，按照物质平衡方程，计算不同开采时间的地层压力；

（3）根据地层压力计算气体的物性，利用物质平衡拟时间定义式计算与各开采时间对应的 t_{ca}；

（4）通过现代产量递减分析方法，计算原始地质储量；

（5）与第（1）步的原始储量进行对比，如果误差大，以新的原始地质储量重复第（2）~（5）步；

（6）当计算的原始地质储量收敛于某一给定误差范围时，停止循环。

3. 井筒储存效应

由于井筒具有储存流体的能力，所以在进行开关井时，开关井后井口产量与井底产量的变化不是完全相同的。在开井初期，主要是井筒内的流体卸压膨胀流向井口，此时地层流体未流入井底。关井初期，井口流量为零，而地层流体继续流入井筒。

井储效应的大小由井储系数 C 表示，定义为单位井底压力增加所对应的井筒中流体的增加，其表达式为：

$$C = \frac{\Delta V_w}{\Delta p} \tag{5-9}$$

4. 表皮效应

由于钻完井及井下作业对地层的伤害或改善，使得近井地带的地层渗透率发生改变，产生了附加阻力。假设流体流过时所产生的附加阻力正好等于因地层渗透率变化所产生的附加阻力。表皮所造成的阻力大小由表皮系数 S 表示,用国际单位表示为[79]:

$$\Delta p_{skin} = \frac{q\mu}{2\pi Kh} S \tag{5-10}$$

由此可见,当 $S>0$ 时,附加阻力压差为正,表示井为不完善井。当 $S<0$ 时,附加阻力压差为负,表示井为超完善井。

5. 有效井径

对于圆形油藏稳定流动,引入表皮系数后,假设近井地层的渗透率没有发生改变,井的产量仍为 q,但是井径不是实际井径 r_w 而是有效井径 r_{wa},有:

$$q = \frac{2\pi Kh(p_e - p_w)}{\mu\left[\ln\left(\dfrac{r_e}{r_w}\right) + S\right]} = \frac{2\pi Kh(p_e - p_w)}{\mu\ln\left(\dfrac{r_e}{r_{wa}}\right)} \tag{5-11}$$

由式(5-11)可以得到:

$$r_{wa} = r_w e^{-s} \tag{5-12}$$

所以,当 $S>0$ 时,相当于井径减小;反之,井径增大。

6. 探测半径

井的探测半径指在产量变化后,压力变化传入油层的距离,传播时间与传播距离满足:

$$r_i = 2\sqrt{\eta t_m}, r_i = 2\sqrt{\frac{Kt_m}{\phi\mu C_t}} \tag{5-13}$$

7. 图版拟合原理

将无量纲压力与无量纲时间分别定义为:

$$t_D = \frac{\lambda_i Kt}{\phi\mu C_t r_w^2} \tag{5-14}$$

$$p_D = \frac{Kh}{\lambda_p q\mu B}(p_i - p) \tag{5-15}$$

将以上的两个无量纲参数分别取对数,得:

$$\lg t_D = \lg\Delta t + \lg\left(\frac{\lambda_t Kt}{\phi\mu C_t r_w^2}\right) = \lg\Delta t + \lg C_1 \tag{5-16}$$

$$\lg p_D = \lg\Delta p + \lg\left(\frac{Kh}{\lambda_p q\mu B}\right) = \lg\Delta p + \lg C_1 \tag{5-17}$$

其中:

$$\begin{cases} C_1 = \dfrac{\lambda_t Kt}{\phi\mu C_t r_w^2} \\[2ex] C_2 = \dfrac{Kh}{\lambda_p q\mu B} \end{cases} \tag{5-18}$$

由此可以看出,无量纲曲线与有量纲曲线在双对数坐标纸上只相差一个常数,若在双对数坐标纸上分别绘制 $p_D - \dfrac{t_D}{C_D}$ 和 $\Delta p - \Delta t$ 曲线,便可根据拟合点求取地层参数,这也就是试井双对数图版拟合的基本原理。

二、传统产量递减分析方法

1. Arps 产量递减分析

1)方法简述

Arps 于 1945 年针对具有较长生产历史且定井底流压生产的油气井,矿场实际资料的统计研究,利用累计产量与时间的关系,将油气井的递减规律归纳为三种类型,即指数递减、双曲线递减和调和递减。

当油气的产量进入递减阶段后,其递减率表示为:

$$D = -\frac{1}{Q}\frac{\mathrm{d}Q}{\mathrm{d}t} \tag{5-19}$$

式中 Q——油气田递减阶段 t 的产量,气田产量单位为 $10^4\mathrm{m}^3/\mathrm{mon}$ 或 $10^8\mathrm{m}^3/\mathrm{a}$;

D——递减率,单位为 mon^{-1} 或 a^{-1};

$\mathrm{d}Q/\mathrm{d}t$——单位时间内的产量变化率。

显然,递减率的物理含义是:单位时间产量的产量变化率。而在矿场的实际应用中,经常用到递减系数的概念,递减系数 α 与递减率的关系为:

$$\alpha = 1 - D \tag{5-20}$$

Arps 给出的产量与递减率的关系式为:

$$\frac{D}{D_0} = \left(\frac{Q}{Q_0}\right)^n \tag{5-21}$$

式中 D_0——初始产量递减率;

Q_0——初始产量;

n——递减指数。

2)Arps 递减模型

递减指数是判断递减类型、确定递减规律的重要参数[80]。根据定义,$n = 0$ 时为指数递减,$n = 1$ 时为调和递减,$n = -1$ 时为直线递减,$0 < n < 1$ 时为双曲递减[81]。

(1)指数递减。

由于 $n = 0$,则 $D = D_0$,产量始终按一个递减率 D_0 递减。将式(5-19)分离变量积分:

$$\int_0^t D\mathrm{d}t = -\int_{Q_0}^0 \frac{\mathrm{d}Q}{Q}$$
$$Q = Q_0\mathrm{e}^{-Dt} \tag{5-22}$$

$$N_\mathrm{p} = \int_0^t Q\mathrm{d}t = \int_0^t Q_0\mathrm{e}^{-Dt}\mathrm{d}t = \frac{Q_0}{D}(1 - \mathrm{e}^{-Dt}) \tag{5-23}$$

163

由式(5-21)和式(5-22)可得：

$$N_p = (Q_0 - Q)/D \qquad (5-24)$$

以上三个公式则是指数型递减的重要公式，式(5-22)和式(5-24)亦是该递减类型的判别诊断公式。由式(5-23)可得到递减期末的($Q=0$)最大累计产量：

$$N_{p,max} = Q_0/D \qquad (5-25)$$

（2）调和递减。

当 $n=1$ 时，则：

$$\frac{D}{D_0} = \frac{Q}{Q_0} \qquad (5-26)$$

由于 $Q/Q_0 < 1$，$D < D_0$，因此，调和递减类型气井的产气量与递减率成正比：产量越小，递减率也越小，产量递减的趋势逐渐减缓。

将式(5-26)分离变量积分，有：

$$\begin{cases} \dfrac{D}{D_0} = -\dfrac{\mathrm{d}Q}{Q^2 \mathrm{d}t} \\[2mm] \displaystyle\int_0^t \dfrac{D_0}{Q_0}\mathrm{d}t = -\int_{Q_0}^0 \dfrac{\mathrm{d}Q}{Q^2} \\[2mm] Q^{-1} - Q_0^{-1} = \dfrac{D_0}{Q_0}t \end{cases} \qquad (5-27)$$

或

$$Q = \frac{Q_0}{1 + D_0 t}$$

其累计产量为：

$$N_p = \int_0^t Q\mathrm{d}t = \int_0^t \frac{Q_0}{1 + D_0 t}\mathrm{d}t = \frac{Q_0}{D_0}\ln(1 + D_0 t) \qquad (5-28)$$

对比式(5-27)和式(5-28)，可以得到：

$$\lg Q = \lg Q_0 - \frac{D_0}{2.3Q_0} - N_p \qquad (5-29)$$

利用上式，在 $\lg Q$—N_p 半对数坐标中，可诊断调和递减类型。

（3）双曲递减。

当 $0 < n < 1$ 时，为双曲型递减。将式(5-19)带入式(5-21)中，再分离变量积分，则：

$$\int_{Q_0}^0 \frac{\mathrm{d}Q}{Q^{1+n}} = -\int_0^t \frac{D_0}{Q_0^n}\mathrm{d}t$$

$$Q = \frac{Q_0}{(1 + nD_0 t)^{1/n}} \qquad (5-30)$$

其累计产量的关系式为：

$$N_p = \int_0^t Q \mathrm{d}t = \frac{Q_0}{D_0} \cdot \frac{1}{n-1} \left[(1 - nD_0 t)^{\frac{n-1}{n}} - 1 \right] \tag{5-31}$$

累计产量与产量的关系为：

$$N_p = \frac{Q_0^n}{D_0(1-n)} (Q_0^{1-n} - Q^{1-n}) \tag{5-32}$$

从以上公式不难看出：指数递减、调和递减及直线递减的产量—时间公式、累计产量—时间公式、累计产量—产量公式均为双曲递减对应公式的特例，换句话说，由双曲递减的公式均能演变为另外三种递减类型的公式。四种递减类型的有关公式见表5-1。

表5-1 四种递减类型基本特征汇总表

递减类型	基本特征	基本关系式			最大累计产量
		t—Q	t—N_p	Q—N_p	
直线型	$n=-1$ $D>D_0$	$Q = Q_0(1 - D_0 t)$	$N_p = \frac{Q_0}{2D_0}[1 - (1 - D_0 t)^2]$	$N_p = \frac{Q_0}{2D_0}\left[1 - \left(\frac{Q}{Q_0}\right)^2\right]$	$N_{p,max} = \frac{Q_0}{2D_0}$
指数型	$n=0$ $D=D_0$	$Q = Q_0 e^{-Dt}$	$N_p = \frac{Q_0}{D}(1 - e^{-Dt})$	$N_p = (Q_0 - Q)/D$	$N_{p,max} = Q_0/D$
双曲型	$0<n<1$ $D<D_0$	$Q = \frac{Q_0}{(1 + nD_0 t)^{1/n}}$	$N_p = \frac{Q_0}{D_0(n-1)}$ $\left[(1 + nD_0 t)^{\frac{n-1}{n}} - 1\right]$	$N_p = \frac{Q_0^n}{D_0(1-n)}$ $(Q_0^{1-n} - Q^{1-n})$	$N_{p,max} = \frac{Q_0}{D_0(n-1)}$
调和型	$n=1$ $D<D_0$	$Q = \frac{Q_0}{1 + D_0 t}$	$N_p = \frac{Q_0}{D_0}\ln(1 + D_0 t)$	$N_p = \frac{2.3Q_0}{D_0}\lg\left(\frac{Q_0}{Q}\right)$	$N_{p,max} = \frac{2.3Q_0}{D_0}\lg Q_0$ （当$Q=1$时）

通过对比可以看到，指数递减类型的产量递减最快，双曲递减类型其次，调和递减类型最慢。而在递减阶段的初期，三种递减类型比较接近，因此常用较为简单的指数递减类型来研究问题；在递减阶段的中期，一般符合双曲递减类型；在递减阶段的后期，一般符合调和递减类型[80,82-84]。但是气田或气井的产量递减类型，因受自然条件和人工条件的影响，不是一成不变的，而是要进行转化的。所以，应根据气田或气井递减阶段的实际资料，对递减类型做出判断，方能有效地对未来产量进行预测。下面介绍图解法判断气井的递减类型[80,82]。

图解法，就是根据实际生产数据，根据表5-1中所列的指数递减、调和递减、直线递减的线性关系，以某两个变量作为坐标轴，绘成图形，若能得到一条直线，就表明油气田（井）的产量递减符合那种递减类型，反之，若不成线性关系，则说明应属于其他递减类型。具体来讲[83]：

（1）如果实际资料在t—$\lg Q$坐标中为直线，则说明属于指数递减；

（2）如果实际资料在$\lg Q$—N_p坐标中为直线，则说明属于调和递减；

（3）如果实际资料在 t—Q 直角坐标中为直线，则说明属于直线递减；

（4）如果上述三种情况均不是直线，则说明它是双曲递减。

归纳起来，指数递减、调和递减、直线递减均能较容易地判断，而双曲递减的判断难度要大一些。但是，双曲递减是一种变递减率的递减，它适用于各种天然能量驱动的气藏，而且主要适用于不同的水压驱动气藏，具有广泛的适用性。

利用上述图解法确定了递减类型之后，就可利用直线回归方法，计算直线的截距、斜率和相关系数，然后利用截距、斜率确定 Q_0、D_0、D 的值，代入公式，则可建立实用的递减公式。

3）Arps 产量递减方法的适用性

Arps 产量递减方法适用于定压生产、面积恒定及渗透率和表皮系数恒定的气藏；同时，Arps 递减典型曲线图版只能用于分析边界控制流阶段，不能分析边界流之前的不稳定阶段；Arps 方法因为是拟合生产历史，所以存在拟合历史应取多长及预测范围应该多大的问题。该方法也有一定的局限性，主要体现为以下两点；

（1）曲递减类型模型参数的求取较难；

（2）当 Arps 递减指数 $n<0$ 或者 $n \geqslant 1$ 时，在无限长气开采条件下，及开采时间 $t \to \infty$ 时，其累计产量 $G_p \to -\infty$ 或是 $G_p \to \infty$ 这是不合理的，无法计算出开采储量。

2. Logistic 产量递减分析

1）方法介绍

Logistic 曲线是一种增长曲线，表达式为：

$$Y_1 = \frac{K}{1 + \alpha e^{-1bt}} \qquad (5-33)$$

其中，$b>0$。

令 $K=1$ 可注意到，$1 - 1/(1+ae^{-bt})$ 将变为递减曲线，因为当 $t \to \infty$ 时，$1 - 1/(1+ae^{-bt}) \to 0$ 所以 Logistic 递减曲线表达式可写成：

$$Q_t = Q_1\left(\frac{1+a}{a}\right)\left(\frac{ae^{-bt}}{1+ae^{-bt}}\right) \qquad (5-34)$$

累计产油量 N_p 由式（5-34）代入式（5-33）可推得：

$$N_p = \frac{Q_l}{b}\left(\frac{1+a}{a}\right)\ln\left(\frac{1+a}{1+ae^{-bt}}\right) \qquad (5-35)$$

当 $t \to \infty$ 时，

$$N_{R\,max} = \frac{Q_l}{b}\left(\frac{1+a}{a}\right)\ln(1+a) \qquad (5-36)$$

2）Logistic 产量递减方法适用性

Logistic 产量递减方法适用于低黏度的水驱油田，特点为在定液量条件下，油田开发后期产量递减较快[85]。

3. Weibull 产量递减分析

1）方法介绍

Weibull 曲线也是一种增长曲线，原式为：

$$F(t) = 1 - \exp[(-t^b/a)] \qquad (5-37)$$

其中，$a>0$ 为缩尺参数，$b>0$ 为形状参数。

很明显 $1-F(t) = 1-\exp[-t^b/a]$ 将变为一种递减曲线，借用为产量递减曲线为：

$$Q_t = Q_1\exp[(-t^b/a)] \qquad (5-38)$$

除 a、b 的几个特殊值外（如 $a=1$，$b=1$），Weibull 递减曲线的累计产量 N_p 没有解析解。

2）Weibull 产量递减方法适用性

Weibull 递减曲线变化范围和覆盖面积大，甚至可以包含 Arps 递减曲线，但它只有产量递减公式而没有累计产量的解析式，所以在使用时受到一定限制。

4. 广义翁氏产量递减分析

广义翁氏模型是基于油田的不同开发阶段（低产量加速上升阶段、高产量减速上升阶段、稳产阶段、高产量加速递减阶段与低产量减速递减阶段）而建立起来的，其数学表达式为[86-90]：

$$Q = at^b e^{\left(-\frac{t}{c}\right)} \qquad (5-39)$$

式中　Q——油气田产量；

t——相对开发时间，a。

为了确定模型中三个参数 a、b、c 的数值，依据线性试差方法进行求解，其具体过程如下：

首先将式（5-39）改写为 $Q/t^b = ae^{\left(-\frac{t}{c}\right)}$，对等式两边取常用对数得：

$$\lg(Q/t^b) = A - Bt \qquad (5-40)$$

式中：

$$A = \lg a \qquad (5-41)$$

$$B = 1/2.303c \qquad (5-42)$$

然后根据油气田历史产量与开发时间的数值，给定不同的 b 值，利用式（5-40）进行试差求解，得到相关系数最高的 b 值，即为正确的 b 值封闭边界地层中的不稳。此时，利用线性回归求得直线的截距 A 和斜率 B 后，再由式（5-41）和式（5-42）确定模型常数 a 和 c 的数值：$a=10^A$，$c=1/2.303B$。

三、现代产量递减分析方法

1. Fetkovich 产量递减分析方法

Arps 产量递减方法是一种经验统计方法，在应用 Arps 产量递减方法进行预测分析时，要求气井生产条件不发生变化，而且 Arps 递减典型曲线图版只能用于分析边界控制流阶段数据。Fetkovich 于 1980 年以有界均质地层不稳定渗流理论为基础，根据封闭边界地层中的不稳定渗流理论，将试井分析中封闭地层的不稳定渗流公式引进产量递减分析中，使 Arps 图版扩展到边界控制流之前的不稳定渗流阶段，并建立了一套比较完整的完全类似于试井分析的双对数产量递减曲线图版拟合方法。所以，与 Arps 产量递减分析相比，Fetkovich 产量递减分析典型曲线图版更具有理论意义,既能分析不稳定渗流阶段,又能分析边界控制阶段[72,77]。

1)Fetkovich 产量递减图版制作

与研究渗流规律中定产量内边界条件不同,Fetkovich 假设在圆形封闭外边界半径为 r_e 的地层中间,一口直井以恒定的井底流压 p_{wf} 进行生产。地层厚度为 h,地层原始压力为 p_i,井筒半径为 r_w,地层孔隙度为 ϕ,综合压缩系数为 C_t,地层渗透率为 K,流体黏度为 μ,体积系数为 B,井的产量为 q,不考虑表皮效应的影响,其无量纲化的定解方程为[70]:

$$\frac{1}{r_D}\frac{\partial}{\partial r_D}\left(r_D\frac{\partial p_D}{\partial r_D}\right) = \frac{\partial p_D}{\partial t_D} \tag{5-43}$$

初始条件:

$$p_D(r_D, D) = 0 \tag{5-44}$$

内边界条件:

$$P_D(1, t_D) = 1 \tag{5-45}$$

外边界条件:

$$\left.\frac{\partial P_D}{\partial r_D}\right|_{r_D = r_{eD}} = 0 \tag{5-46}$$

对于上述方程的求解,前人做了大量的研究,现在介绍几种经典的近似解。

(1)不稳定渗流早期阶段。

在压降漏斗波及边界前,可以把流体的渗流视作无限大地层中的渗流,下面介绍两种求解方法[77]:

①Edwardson 方法。

Edwardson 于 1961 年对 Van Everdingen 和 Hurst 在 1949 年提出的计算使用多元非线性回归法得到了实空间的近似计算公式[91],即

当 $0.01 < t_D < 200$ 时:

$$q_D = \frac{26.6544 + 43.5537(t_D)^{1/2} + 13.3813t_D + 0.492949(t_D)^{3/2}}{47.4210(t_D)^{1/2} + 35.5372t_D + 2.60967(t_D)^{3/2}} \tag{5-47}$$

当 $t_D \geqslant 200$ 时:

$$q_D = \frac{3.90086 + 2.02623t_D(\ln t_D - 1)}{t_D(\ln t_D)^2} \tag{5-48}$$

②Cox 方法。

Jacob 和 Lohman 于 1952 年通过 q_D 与 p_D 的转换关系,得到了实空间下 q_D 的表达式,即:

$$q_D = \frac{2}{\ln t_D + 0.809} \tag{5-49}$$

式(5-49)的使用条件是 $t_D \geqslant 80000$,计算误差小于 1%。

由于式(5-49)的使用条件限制较大,Dave 于 1979 年根据拉普拉斯空间下定压力内边

界条件下的产量与定产量内边界条件下的压力之间的关系,得出空间的产量表达式,即:

$$q_D = \frac{(\alpha_1 t_D - 2)e^{-a_1 t_D} - (\alpha_2 t_D - 2)e^{-\alpha_2 t_D}}{\varepsilon(\alpha_1 t_D - \alpha_2 t_D)} \quad (5-50)$$

其中:

$$\alpha_1 t_D = \frac{1}{2\varepsilon}\left[\ln t_D + 0.809 + \sqrt{(\ln t_D + 0.809)^2 - 2\varepsilon}\right] \quad (5-51)$$

$$\alpha_2 t_D = \frac{1}{2\varepsilon}\left[\ln t_D + 0.809 - \sqrt{(\ln t_D + 0.809)^2 - 2\varepsilon}\right] \quad (5-52)$$

$$\varepsilon = \frac{1}{2}(\ln t_D - 1.288) \quad (5-53)$$

式(5-51)的使用条件是 $t_D \geqslant 5$,计算误差小于1%。

(2)边界控制阶段。

在定产量内边界条件下,拟稳定条件下的无量纲压力表达式为:

$$p_{wD} = \frac{2t_D}{r_{eD}^2} + \ln r_{eD} - \frac{3}{4} \quad (5-54)$$

在拉普拉斯空间下,公式(5-54)的无量纲压力表达式为:

$$\bar{p}_D(s) = \frac{2}{r_{eD}^2 s^2} + \frac{\ln r_{eD} - 0.75}{s} \quad (5-55)$$

在拉普拉斯空间下,Van Everdingen 和 Hurst 认为:定压力内边界条件下的产量 $\bar{q}_D(s)$ 与定产量内边界条件下压力 $\bar{p}_D(s)$ 之间的关系满足[91]:

$$\bar{q}_D(s) = \frac{1}{s^2 \bar{p}_D(s)} \quad (5-56)$$

将式(5-54)代入式(5-55),得:

$$\bar{q}_D(s) = \frac{1}{\ln r_{eD} - 0.75} \frac{1}{\dfrac{2/r_{eD}^2}{\ln r_{eD} - 0.75} + s} \quad (5-57)$$

Dave 于1979年根据拉普拉斯反演,得到定压力内边界条件下圆形外边界影响阶段的表达式,即

当 $t_D \geqslant 0.1\pi r_{eD}^2$ 时,

$$q_D = \frac{1}{\ln r_{eD} - 0.75}\exp\left[\frac{-2t_D}{r_{eD}^2(\ln r_{eD} - 0.75)}\right] \quad (5-58)$$

当地层外边界是其他形状时,引入形状系数 C_A,可以得到通用性更好的形式,即当 $t_{DA} \geqslant (t_{DA})_{pss}$ 时,

$$q_D = \frac{2}{\ln \dfrac{4A}{vC_A r_w^2}} \exp\left(\frac{-4\pi t_{DA}}{\ln \dfrac{4A}{vC_A r_w^2}} \right) \tag{5-59}$$

$$t_{DA} = \frac{t_D}{\pi r_{eD}^2} \tag{5-60}$$

其中, $v \approx 1.781$。

（3）Fetdovich 图版制作方法。

在制作图版时, Fetkovich 于 1980 年引入了无量纲参数。

①无量纲时间:

$$t_{Dd} = \frac{t_D}{\dfrac{1}{2}(r_{eD}^2 - 1)\left(\ln r_{eD} - \dfrac{1}{2}\right)} \tag{5-61}$$

无量纲时间 t_D 定义为:

$$t_D = \frac{3.6Kt}{\phi \mu_i C_{ti} r_{wa}^2} \tag{5-62}$$

式中　t——生产时间, h;

　　　K——气层有效渗透率, D;

　　　ϕ——有效孔隙度;

　　　μ_i——原始条件下天然气黏度, mPa·s;

　　　C_{ti}——原始条件下气层总压缩系数, MPa^{-1}。

②无量纲产量:

$$q_{Dd} = q_D\left(\ln r_{eD} - \frac{1}{2}\right) \tag{5-63}$$

q_D 定义为:

$$q_D = \frac{q p_{sc} T}{271.4 Kh t_{sc}(p_{p,i} - p_{p,wf})}$$

式中　$p_{p,wf}$——井底流动压力的拟压力, MPa^2/(mPa·s);

　　　$p_{p,i}$——原始地层压力的拟压力, MPa^2/(mPa·s);

　　　q——气井的气产量（地面标准条件）, m^3/d;

　　　h——气层有效厚度, m。

③无量纲井控半径:

$$r_{eD} = \frac{r_e}{r_{wa}} \tag{5-64}$$

式中　r_e——气层控制的外缘半径, m。

在上述几个无量纲量的定义中, 考虑到气井的不完善性, 采用有效井半径 r_{wa} 代替井

半径 r_w。

④有效井半径：

$$r_\mathrm{wa} = r_\mathrm{w} \mathrm{e}^{-S} \tag{5-65}$$

式中　r_w——井底半径，m；

　　　S——气井表皮系数。

根据 q_D 与 t_D 关系，不稳定渗流时期采用式（5-47）、式（5-48）或式（5-50），边界影响时期采用式（5-58）或式（5-59），利用新的无量纲产量 q_Dd 与 q_D 的关系式（5-63），以及无量纲时间 t_Dd 与 t_D 的关系式（5-61），把 q_Dd 与 t_Dd 绘制在一张图上，其中横坐标为 t_Dd，纵坐标为 q_Dd。

如果采用上述公式，在不稳定渗流阶段，每一条曲线代表不同的 r_Ed；但是，在边界影响阶段，只有一条曲线。Fetkovich 为了扩大曲线应用范围，把 Arps 递减曲线中的其他几种递减曲线也汇总在边界影响阶段的曲线中（图 5-1）。

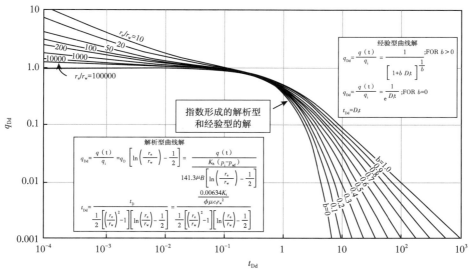

图 5-1　Fetkovich 典型图版曲线

2）Fetkovich-Arps 曲线拟合分析

（1）Fetkovich-Arps 曲线常规拟合分析。

在边界流阶段 Fetkovich-Arps 曲线由两部分组成，前半部分代表不稳定流阶段，曲线形态取决于 r_eD 的大小；后半部分是 Arps 递减方程，曲线形态取决于不同的递减指数 b 值的大小[74]。

通过对实际生产数据与 Fetkovich-Arps 递减双对数曲线图版拟和分析，利用典型曲线的前半部分可以确定 Arps 递减参数 q_i、D_i、b 的大小，利用典型曲线的后半部分可以确定 r_eD，进而计算渗透率 K、表皮系数 S、井控半径 r_e、单井动态储量和达到废弃条件时的累计产量等参数。

Fetkovich-Arps 曲线常规拟合分析步骤如下[92,93]：

①在双对数图上绘制产量史 q—t 的关系曲线；

②将 q—t 曲线与 Fetkovich 产量图版曲线拟合，使得曲线上每个点都能尽量获得较好的

拟合;

③根据拟合结果,记录图版曲线中不稳定渗流阶段的无量纲井控半径 r_{eD},拟稳态流动阶段的递减指数 b;

④选择任何一个你拟合点,记录实际拟合点 $(t,q)_M$ 及相应的理论拟合点 $(t_{Dd},q_{Dd})_M$ 若已知储层厚度、综合压缩系数、井径,则可计算储层渗透率、表皮系数、井控面积等地层参数及储量;

⑤根据产量拟合点,确定初始产量 $q_i = \left(\dfrac{q}{q_{Dd}}\right)M$;

⑥根据时间拟合点计算初始递减率 D_i, $D_i = \left(\dfrac{t_{Dd}}{t}\right)M$;

⑦根据步骤③确定的 r_{eD} 及 q_i,根据 $q_i = \dfrac{2\pi Kh(p_i - p_{wf})}{\mu B\left[\ln\left(\dfrac{r_e}{r_{wn}}\right) - \dfrac{1}{2}\right]}$ 计算渗透率:

$$K = \frac{\mu B\left(\ln r_{eD} - \dfrac{1}{2}\right)}{2\pi h(p_e - p_{wf})} \quad q_i = \frac{\mu B\left(\ln r_{eD} - \dfrac{1}{2}\right)}{2\pi h(p_i - p_{wf})}\left(\frac{q}{q_{Dd}}\right)M \tag{5-66}$$

⑧利用时间拟合点及步骤③确定的 r_{eD},根据式 $t_{Dd} = \dfrac{2K/\phi\mu C_t r_w^2}{(r_{eD}^2-1)\left(\ln r_{eD} - \dfrac{1}{2}\right)}t$ 计算有效井半径 r_{wa}:

$$r_{wa} = \sqrt{\frac{\dfrac{2K}{\phi\mu C_t}}{(r_{eD}^2 - 1)\left(\ln r_{eD} - \dfrac{1}{2}\right)}\left(\frac{t}{t_{Dd}}\right)M} \tag{5-67}$$

进而可以确定表皮系数 S,有:

$$S = \ln\left(\frac{r_w}{r_{wa}}\right) \tag{5-68}$$

⑨确定最终可采储量。

利用相关公式计算达到废弃条件时的可采储量及生产时间。

指数递减情形下最终可采出量的预测公式:

$$EUR = N_p + Q_f = N_p + \frac{q_f - q_{ab}}{D_i} \tag{5-69}$$

达到废弃条件时的生产时间:

$$\Delta t = t_{ab} - t_f = \frac{1}{D_i}\ln\left(\frac{q_f}{q_{ab}}\right) \tag{5-70}$$

双曲递减情形下最终可采出量计算公式:

$$EUR = N_p + \frac{q_i^b}{(1-b)D_i}(q_f^{1-b} - q_{ab}^{1-b}) \qquad (5-71)$$

达到废弃条件时的生产时间：

$$\Delta t = t_{ab} - t_f = \frac{(\frac{q_i}{q_{ab}})^b - (\frac{q_i}{q_f})^b}{bD_i} \qquad (5-72)$$

调和递减情形下最终可采出量计算公式：

$$EUR = N_p + Q_f = N_p + \frac{q_i}{D_i}\ln(\frac{q_f}{q_{ab}}) \qquad (5-73)$$

达到废弃时的生产时间：

$$\Delta t = t_{ab} - t_f = \frac{q_i}{D_i}\left(\frac{1}{q_{ab}} - \frac{1}{q_f}\right) \qquad (5-74)$$

⑩确定井控体积。

根据时间及产量拟合点可以确定井控体积 V_p 的大小：

$$V_p = \pi r_e^2 h\phi \qquad (5-75)$$

根据 $t_{Dd} = \dfrac{2K/\phi\mu C_t r_w^2}{(r_{eD}^2 - 1)(\ln r_{eD} - \dfrac{1}{2})}t$ 有：

$$\left(\frac{t}{t_{Dd}}\right)_M = \frac{(r_{eD}^2 - 1)(\ln r_{eD} - \dfrac{1}{2})\phi\mu C_t r_w^2}{2K} \qquad (5-76)$$

根据 $q_i = \dfrac{2\pi Kh(p_i - p_{wf})}{\mu B(\ln r_{eD} - \dfrac{1}{2})}$ 有：

$$\left(\frac{q}{q_{Dd}}\right)_M = \frac{2\pi Kh(p_i - p_{wf})}{\mu B[\ln r_{eD} - \dfrac{1}{2}]} \qquad (5-77)$$

式（5-76）、式（5-77）相乘，有：

$$\left(\frac{t}{t_{Dd}}\right)_M\left(\frac{q}{q_{Dd}}\right)_M = \frac{\pi(r_e^2 - r_w^2)h\phi C_t}{B}(p_i - p_{wf}) = \frac{V_p C_t}{B}(p_i - p_{wf}) \qquad (5-78)$$

即：

$$V_p = \frac{B}{c_t(p_i - p_{wf})} \cdot \left(\frac{t}{t_{Dd}}\right)_M\left(\frac{q}{q_{Dd}}\right)_M \qquad (5-79)$$

⑪确定控制范围。

根据式（5-75）、式（5-79）即可计算井控范围大小：

$$r_e = \sqrt{\frac{V_p}{\pi h\phi}} \qquad (5-80)$$

$$A = \frac{V_p}{h\phi} \qquad (5-81)$$

⑫计算储量的大小。

将地下体积转换为地面标准状况下的体积,由式(5-79)可得井控储量为:

$$N = \frac{V_p(1 - S_w)}{B_i} \qquad (5-82)$$

或通过 Arps 拟合结果计算井控储量的大小:

$$N = \int_0^{t_\infty} \frac{q_i}{(1 + bD_i t)^{1/b}} dt = \frac{q_i}{(1 - b)D_i}\left[1 - \frac{1}{(1 + bD_i t_\infty)^{\frac{1}{b} - 1}} \right] \approx \frac{q_i}{(1 - b)D_i} \qquad (5-83)$$

(2)Fetkovich—Arps 曲线规整化拟合分析。

可以用规整化产量、规整化累计产量代替产量与累计产量进行双对数分析。

规整化产量定义为:

$$\frac{q}{\Delta q} = \frac{q}{p_i - p_{wf}} \qquad (5-84)$$

规整化累计产量定义为:

$$N_p = \int_0^t \frac{q}{p_i - p_{wf}} d\tau \qquad (5-85)$$

若为气井,用标准化拟压力代替即可。

分析步骤:

①在双对数图上绘制产量史 $q/\Delta q$—t 的关系曲线。

②将 $q/\Delta q$—t 曲线与 Fetkovich 产量图版曲线拟合,使得曲线上每个点都能尽量获得较好的拟合。

③根据拟合结果,记录图版曲线中不稳定渗流阶段的无量纲井控半径 r_{eD},拟稳态流动阶段的递减指数 b。

④选择任何一个你拟合点,记录实际拟合点 $(t, q/\Delta q)_M$ 及相应的理论拟合点 $(t_{Dd}, q_{Dd})_M$。

⑤根据产量拟合点,确定初始产量 $q_i = \left(\dfrac{\frac{q}{\Delta q}}{q_{Dd}} \right)_M (p_i - p_{wf})$。

⑥根据时间拟合点计算初始递减率 D_i,$D_i = \left(\dfrac{t_{Dd}}{t} \right)_M$。

⑦根据步骤③确定的 r_{eD} 及 q_i,根据 $q_i = \dfrac{2\pi Kh(p_i - p_{wf})}{\mu B\left[\ln\left(\frac{r_e}{r_{wn}} \right) - \frac{1}{2} \right]}$ 计算渗透率:

$$K = \frac{\mu B(\ln r_{eD} - \frac{1}{2})}{2\pi h(p_e - p_{wf})} \qquad q_i = \frac{\mu B(\ln r_{eD} - \frac{1}{2})}{2\pi h}\left(\frac{q/\Delta q}{q_{Dd}} \right)_M \qquad (5-86)$$

⑧利用时间拟合点及步骤③确定的 r_{eD}，根据式 $t_{Dd} = \dfrac{2K/\phi\mu C_t r_w^2}{(r_{eD}^2 - 1)(\ln r_{eD} - \dfrac{1}{2})}t$ 计算有效井

半径 r_{wa}：

$$r_{wa} = \sqrt{\dfrac{\dfrac{2K}{\phi\mu C_t}}{(r_{eD}^2 - 1)(\ln r_{eD} - \dfrac{1}{2})}(\dfrac{t}{t_{Dd}})_M}$$ （5-87）

进而可以确定表皮系数 S，有：

$$S = \ln(\dfrac{r_w}{r_{wa}})$$ （5-88）

⑨确定最终可采储量。

利用相关公式计算达到废弃时的可采储量及生产时间。

指数递减情形下最终可采出量的预测公式：

$$EUR = N_p + Q_f = N_p + \dfrac{(\dfrac{q}{\Delta q})_f - q_{ab}}{D_i}$$ （5-89）

达到废弃时的生产时间：

$$\Delta t = t_{ab} - t_f = \dfrac{1}{D_i}\ln\left[\dfrac{(\dfrac{q}{\Delta q})_f(\Delta p)_f}{q_{ab}}\right]$$ （5-90）

双曲递减情形下最终可采出量计算公式：

$$EUR = N_p + \dfrac{q_i^b}{(1-b)D_i}\left[(\dfrac{q}{\Delta q})_f^{1-b}(\Delta p)_f^{1-b} - q_{ab}^{1-b}\right]$$ （5-91）

达到废弃条件时的生产时间：

$$\Delta t = t_{ab} - t_f = \dfrac{(\dfrac{q_i}{q_{ab}})^b - \left[\dfrac{q_i}{(\dfrac{q}{\Delta q})_f(\Delta p)_f}\right]^b}{bD_i}$$ （5-92）

调和递减情形下最终可采出量计算公式：

$$EUR = N_p + Q_f = N_p + \dfrac{q_i}{D_i}\ln\left[\dfrac{(\dfrac{q}{\Delta p})f(\Delta p)f}{q_{ab}}\right]$$ （5-93）

达到废弃条件时的生产时间：

$$\Delta t = t_{ab} - t_f = \frac{q_i}{D_i}\left[\frac{1}{q_{ab}} - \frac{1}{(\frac{q}{\Delta p})_f(\Delta p)_f}\right]$$

(5-94)

⑩确定井控体积。

根据时间及产量拟合点可以确定井控体积 V_p 的大小。

$$V_p = \pi r_e^2 h\phi$$

(5-95)

根据式 $t_{Dd} = \dfrac{2K/\phi\mu C_t r_w^2}{(r_{eD}^2 - 1)(\ln r_{eD} - \dfrac{1}{2})}t$ 有：

$$\left(\frac{t}{t_{Dd}}\right)_M = \frac{(r_{eD}^2 - 1)(\ln r_{eD} - \dfrac{1}{2})\phi\mu C_t r_w^2}{2K}$$

(5-96)

根据式 $q_i = \dfrac{2\pi Kh(p_i - p_{wf})}{\mu B\left[\ln r_{eD} - \dfrac{1}{2}\right]}$ 有：

$$\left(\frac{q/\Delta p}{q_{Dd}}\right)_M = \frac{2\pi Kh}{\mu B(\ln r_{eD} - \dfrac{1}{2})}$$

(5-97)

式(5-96)、式(5-97)相乘,有：

$$\left(\frac{t}{t_{Dd}}\right)_M\left(\frac{q/\Delta p}{q_{Dd}}\right)_M = \frac{\pi(r_e^2 - r_w^2)h\phi C_t}{B} = \frac{V_p C_t}{B}$$

(5-98)

即

$$V_p = \frac{B}{C_t(p_i - p_{wf})}\left(\frac{t}{t_{Dd}}\right)_M\left(\frac{q/\Delta p}{q_{Dd}}\right)_M$$

(5-99)

⑪确定控制范围。

根据式(5-94)、式(5-98)即可计算井控范围大小：

$$r_e = \sqrt{\frac{V_p}{\pi h\phi}}$$

(5-100)

$$A = \frac{V_p}{h\phi}$$

(5-101)

⑫计算储量的大小。

将地下体积转换为地面标准状况下的体积,由式(5-99)可得井控储量为：

$$N = \frac{V_p(1 - S_w)}{B_i}$$

(5-102)

或通过 Arps 拟合结果计算井控储量的大小:

$$N = \int_0^{t_\infty} \frac{q_i}{(1+bD_it)^{1/b}}dt = \frac{q_i}{(1-b)D_i}\left[1 - \frac{1}{(1+bD_it_\infty)^{\frac{1}{b}-1}}\right] \approx \frac{q_i}{(1-b)D_i} \quad (5-103)$$

(3) Fetkovich-Arps 方法多解性。

利用 Fetkovich-Arps 产量、累计产量复合图版进行曲线拟合的时候,认为只要将不稳定流动段数据点拟合好,读出 r_{eD} 值的大小就可以确定井控范围 r_e。Mattar 指出这是错误的。原因在于早期不稳定段数据代表压力波还未传播到边界时的阶段,因此不能单独由此数据进行 r_{eD} 拟合分析。只有生产进入边界控制流之后,结合后期数据才能进行 r_{eD} 分析,否则拟合结果将具有很大的不确定性。由 r_{eD} 控制的不稳定曲线族具有相似性,数据点可以用多条曲线拟合,因而结果具有很大的不确定性。

因此,Fetkovich 的生产数据分析适用条件是:定井底流压或假定流压不变,必须等到流动达到边界后才能利用该图版,利用式 $r_e = \sqrt{\dfrac{V_p}{\pi h\phi}}$ 计算井控范围[94],否则 r_{eD} 的拟合存在多解性。该方法不需要流动压力数据,应用简单,从本质上属于经验做法,因此用途广泛;该方法的局限性在于衰竭分析往往不是单值的[95]。

3) Fetkovich 产量递减分析方法适用性

Fetkovich 产量递减分析方法适用于定流压生产的气井,且流体为单相微可压缩流体;该方法也有一定的局限性,主要体现在以下三点:

(1) 气井是在恒定的井底压力、表皮系数和渗透率下生产的;

(2) 不能对多次关井和变井底压力及进行过酸化压裂或井的生产动态数据进行分析;

(3) 实际气体的黏度、压缩因子等都随着时间发生变化,因此在分析递减规律时会导致一定误差。

2. Blasingame 产量递减分析方法

前面介绍的 Arps 和 Fetkovich 产量递减分析方法都是以定井底流压生产为假设条件,主要分析产量数据,但是没有考虑到气体 PVT 随压力会发生变化的因素。Blasingame 方法引入了拟压力规整化产量和物质平衡拟时间函数 t_{ca} 建立了典型递减曲线图版,该方法考虑了变井底流压生产情况和随地层压力变化的气体 PVT 性质[75,96]。

1) Blasingame 产量递减图版制作

假设在外边界半径为 r_e 的圆形封闭地层中,一口井以恒定产量 q 进行生产。

井底流压为 p_{wf},地层厚度 h,地层原始压力为 p_i,井筒半径 r_w,地层孔隙度为 ϕ,综合压缩系数 C_t,地层渗透率为 K,流体黏度为 μ,体积系数为 B。不考虑表皮效应的影响,其无量纲的定解方程为[97]:

$$\frac{1}{r_D}\frac{\partial}{\partial r_D}\left(r_D\frac{\partial p_D}{\partial r_D}\right) = \frac{\partial p_D}{\partial t_D} \quad (5-104)$$

初始条件及边界条件的无量纲化表达式为:

$$p_D(r_D,0) = 0 \quad (5-105)$$

$$\left(r_{\mathrm{D}} \frac{\partial p_{\mathrm{D}}}{\partial r_{\mathrm{D}}} \right)_{r_{\mathrm{D}} = 1} = 1 \qquad (5-106)$$

$$\left. \frac{\partial P_0}{\partial r_D} \right|_{r_{\mathrm{D}} = r_{e\mathrm{D}}} = 0 \qquad (5-107)$$

式（5-104）、式（5-105）、式（5-106）、式（5-107）构成方程组。做拉氏变换、求解和逆反演后，得到 p_{D} 与 t_{D} 的关系式。进一步化简，得到不稳定渗流早期的方程、不稳定渗流晚期方程、拟稳态期的方程。

Blasingame 引入了无量纲参数：

（1）无量纲时间：

$$t_{\mathrm{Dd}} = \frac{t_{\mathrm{D}}}{\frac{1}{2}(r_{e\mathrm{D}}^2 - 1)\left(\ln r_{e\mathrm{D}} - \frac{1}{2} \right)} \qquad (5-108)$$

其中，无量纲物质平衡拟时间 t_{D} 定义为：

$$t_{\mathrm{D}} = \frac{3.6Kt}{\phi \mu_{\mathrm{i}} C_{\mathrm{ti}} r_{\mathrm{wa}}^2} \qquad (5-109)$$

将无量纲物质平衡拟时间代入 $p_{\mathrm{wD}} = \frac{1}{2}(\ln t_{\mathrm{D}} + 0.80907)$，得：

$$t_{\mathrm{Dd}} = \frac{3.6Kt_{\mathrm{ca}}}{\frac{1}{2}\phi \mu_{\mathrm{i}} C_{\mathrm{ti}} r_{\mathrm{wa}}^2 (r_{e\mathrm{D}}^2 - 1)\left(\ln r_{e\mathrm{D}} - \frac{1}{2} \right)} \qquad (5-110)$$

在 Blasingame 的 t_{Dd} 定义式中，与 Fetkovich 的 t_{Dd} 定义式的区别是：Blasingame 使用物质平衡时间 t_{ca}，Fetkovich 直接使用生产时间 t。

（2）无量纲产量。

$$q_{\mathrm{Dd}} = q_{\mathrm{D}}\left(\ln r_{e\mathrm{D}} - \frac{1}{2} \right) \qquad (5-111)$$

q_{D} 的定义为：

$$q_{\mathrm{D}} = \frac{1}{p_{\mathrm{D}}} = \frac{qp_{\mathrm{sc}}T}{271.4KhT_{\mathrm{sc}}(p_{\mathrm{p,i}} - p_{\mathrm{p,wf}})} \qquad (5-112)$$

将 q_{D} 定义式代入式（5-111），得：

$$q_{\mathrm{Dd}} = \frac{qp_{\mathrm{sc}}T}{271.4KhT_{\mathrm{sc}}(p_{\mathrm{p,i}} - p_{\mathrm{p,wf}})}\left(\ln r_{e\mathrm{D}} - \frac{1}{2} \right) \qquad (5-113)$$

（3）无量纲井控半径：

$$r_{e\mathrm{D}} = \frac{r_{\mathrm{e}}}{r_{\mathrm{wa}}} \qquad (5-114)$$

在上述几个无量纲量定义中,考虑到气井的不完善性,采用有效半径 r_{wa} 代井半径 r_w。
有效半径:

$$r_{wa} = r_w e^{-S} \tag{5-115}$$

在 p_D 与 t_D 的关系式的基础上,并且参照式(5-111)和式(5-108),将无量纲产量 q_{Dd} 与无量纲物质平衡拟时间 t_{Dd} 绘制在一张图上,其中横坐标为 t_{Dd},纵坐标为 q_{Dd},每一条曲线代表不同的 r_{Ed}(图 5-2)。

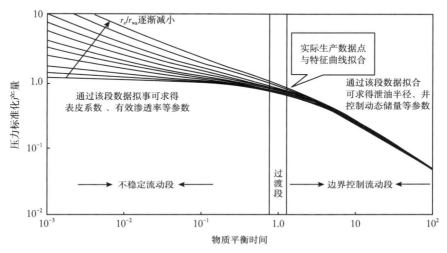

图 5-2 Blasingame 典型图版曲线

2)Blasingame 方法图版拟合分析

(1)计算物质平衡拟时间。

假定一个井控储量 G,对每一个生产数据点,计算物质平衡时间,有[98]:

$$t_{ca} - \frac{(\mu C_t)_i}{q} \int_0^t \frac{q}{\mu(\bar{p}) C_t(\bar{p})} dt = \frac{GC_{ti}}{q}(p_{p_i} - p_p) \tag{5-116}$$

其中,规整化拟压力为:

$$p_p = \left(\frac{\mu Z}{p}\right)_i \int_0^p \frac{p}{\mu Z} dp \tag{5-117}$$

平均地层压力根据物质平衡方程计算:

$$\frac{\bar{p}}{Z} = \left(\frac{Z}{p}\right)_i \left(1 - \frac{G_p}{G}\right) \tag{5-118}$$

(2)计算规整化产量:

$$\frac{q}{\Delta p_p} = \frac{q}{p_{p_i} - p_p} \tag{5-119}$$

（3）计算规整化累计产量积分：

$$\left(\frac{q}{\Delta p_p}\right)_{\mathrm{i}} = \frac{1}{t_{\mathrm{ca}}} \int_0^{t_{\mathrm{ca}}} \frac{q}{\Delta p_p} \mathrm{d}\tau \tag{5-120}$$

其中，下标 i 表示积分。

（4）计算规整化累计产量积分导数：

$$\left(\frac{q}{\Delta p_p}\right)_{\mathrm{id}} = \frac{\mathrm{d}\left(\frac{q}{\Delta p_p}\right)_{\mathrm{i}}}{\mathrm{dln}t_{\mathrm{ca}}} = -t_{\mathrm{ca}} \frac{\mathrm{d}\left(\frac{q}{\Delta p_p}\right)_{\mathrm{i}}}{\mathrm{d}t_{\mathrm{ca}}} \tag{5-121}$$

其中，下标 i 表示积分，下标 d 表示导数。

（5）绘制 $\dfrac{p_{p_{\mathrm{i}}} - p_p}{q} = t_{\mathrm{ca}}$ 直角坐标曲线，根据式（5-122）回归直线斜率确定 G：

$$\frac{p_{p_{\mathrm{i}}} - p_p}{q} = \frac{t_{\mathrm{ca}}}{GC_{\mathrm{ti}}} \tag{5-122}$$

$$G = \frac{1}{\mathrm{Slope} \times C_{\mathrm{ti}}} \tag{5-123}$$

重复（1）至（5）进行迭代计算，直至收敛，满足 G 的允许误差。

（6）在透明纸上绘制 G 情形下的规整化产量、规整化产量积分、规整化产量积分导数与物质平衡时间双对数曲线[99]，即 $\dfrac{\Delta p_p}{q} - t_{\mathrm{ca}}$，$\left(\dfrac{p_{p_{\mathrm{i}}} - p_p}{q}\right)_{\mathrm{i}} - t_{\mathrm{ca}}$，$\left(\dfrac{p_{p_{\mathrm{i}}} - p_p}{q}\right) - t_{\mathrm{ca}}$。

（7）可以同时使用上述 3 组曲线或将其任意组合与理论图版进行拟合，使得每组曲线尽量都能获得较好的拟合[100]。

（8）根据拟合结果记录无量纲井控半径 r_{eD}。

（9）选择任何一个拟合点，记录实际拟合点 $(t_{\mathrm{ca}}, q/\Delta p_p)_{\mathrm{M}}$ 及相应的理论拟合点 $(t_{\mathrm{caDd}}, q_{\mathrm{Dd}})_{\mathrm{M}}$。若已知油层厚度、综合压缩系数、井径，则可计算储层渗透率、表皮系数、井控面积及储量等参数。

（10）根据产量拟合点，确定渗透率 K：

$$K = \frac{(q/\Delta p_p)_{\mathrm{M}}}{(q_{\mathrm{Dd}})_{\mathrm{M}}} \frac{\mu B}{2\pi h}\left(\mathrm{ln}r_{\mathrm{eD}} - \frac{1}{2}\right) \tag{5-124}$$

（11）利用时间拟合点及步骤（8）确定的 r_{eD}，计算出有效井径 r_{wa}：

$$r_{\mathrm{wa}} = \sqrt{\frac{2K/\phi\mu C_{\mathrm{t}}}{(r_{\mathrm{eD}}^2 - 1)\left(\mathrm{ln}r_{\mathrm{eD}} - \dfrac{1}{2}\right)}\left(\frac{t_{\mathrm{ca}}}{t_{\mathrm{caDd}}}\right)_{\mathrm{M}}} \tag{5-125}$$

（12）计算表皮系数 S：

$$S = \mathrm{ln}\left(\frac{r_{\mathrm{w}}}{r_{\mathrm{wa}}}\right) \tag{5-126}$$

（13）确定井控半径、面积及储量：

$$r_e = r_{wa} r_{eD} \tag{5-127}$$

$$A = \pi r_e \tag{5-128}$$

$$G = \frac{1}{C_t} \left(\frac{t_{ca}}{t_{caDd}} \right)_M d \left(\frac{q/\Delta p_p}{q_{Dd}} \right)_M (1 - S_w) \tag{5-129}$$

3）Blasingame 产量递减分析方法适用性

Blasingame 产量递减分析方法适用于压力传到外边界的均质储层，且流体单相微可压缩，忽略重力影响；同时，该方法也具有以下两点的局限性：

（1）产量积分函数计算对于早期误差非常敏感，且不能快速地显示出不同的流态；

（2）不适合储层非均质性强、有地层倾角、中途有改造措施及其他调整措施的生产井。

3. Agarwal-Garden 产量递减分析

Blasingame 方法引入了拟压力规整化产量和物质平衡拟时间函数 t_{ca} 建立了典型递减曲线图版，该方法考虑了便井底流压生产情况和随地层压力变化的气体 PVT 性质[96]。Agarwal 等利用拟压力规整化产量和物质平衡拟时间函数 t_{ca} 和不稳定试井分析中无量纲参数的关系，建立了 Agarwal-Garden 产量递减分析图版。

1）Agarwal-Garden 产量递减图版制作

（1）Agarwal-Garden 产量递减分析图版的理论。

假设在外边界半径为 r_e 的圆形封闭地层中，一口井以恒定产量 q 进行生产。

井底流压为 p_{wf}，地层厚度 h，地层原始压力为 p_i，井筒半径 r_w，地层孔隙度为 ϕ，综合压缩系数 C_t，地层渗透率为 K，流体黏度为 μ，体积系数为 B。不考虑表皮效应的影响，其无量纲的定解方程为：

$$\frac{1}{r_D} \frac{\partial}{\partial r_D} \left(r_D \frac{\partial p_D}{\partial r_D} \right) = \frac{\partial p_D}{\partial t_D} \tag{5-130}$$

初始条件及边界条件的无量纲化表达式为：

$$p_D = (r_D, 0) = 0 \tag{5-131}$$

$$\left(r_D \frac{\partial p_D}{\partial r_D} \right)_{r_D = 1} = -1 \tag{5-132}$$

$$\frac{\partial p_D}{\partial r_D} \bigg|_{r_D = r_{eD}} = 0 \tag{5-133}$$

将式（5-130）、式（5-131）、式（5-132）、式（5-133）做拉普拉斯变换，得到拉普拉斯空间下的解，通过逆反演的方式求出实空间解，即得到 p_D 与 t_D 的关系式：

$$p_{wD} = \frac{2}{r_{eD}^2 - 1} \left(\frac{1}{4} + t_D \right) - \frac{3r_{eD}^2 - 4r_{eD}^4 \ln r_{eD} - 2r_{eD}^2 - 1}{4(r_{eD}^2 - 1)^2} + 2 \sum_{n=1}^{\infty} \frac{e^{-\beta_n^2 t_D} J_1^2(\beta_n r_{eD})}{\beta_n^2 [J_1^2(\beta_n r_{eD}) - J_1^2(\beta_n)]} \tag{5-134}$$

其中，β_n 是方程 $J_1(\beta_n r_{eD})Y_1(\beta_n) - J_1(\beta_n)Y_1(\beta_n r_{eD}) = 0$ 的根。

①不稳定渗流早期：

当 $100 \leqslant t_D < 0.1r_{eD}^2$ 时,不稳定渗流早期(等价于无限大地层,使用无限大地层的定产量生产解),井底压力的无量纲表达式,即：

$$p_{wD} = \frac{1}{2}(\ln t_D + 0.80907) \qquad (5-135)$$

② 不稳定渗流晚期：

当 $0.1r_{eD}^2 \leqslant t_D < 0.25r_{eD}^2$ 时,不稳定渗流晚期的无量纲井底压力表达式,即：

$$p_{wD} = \frac{2t_D}{r_{eD}^2} + \ln r_{eD} - \frac{3}{4} + 0.84e^{-\frac{14.6819t_D}{r_{eD}^2}} \qquad (5-136)$$

③拟稳态时期：

当 $t_D \geqslant 0.25r_{eD}^2$ 时,拟稳态期的无量纲井底压力表达式为：

$$p_{wD} = \frac{2t_D}{r_{eD}^2} + \ln r_{eD} - \frac{3}{4} \qquad (5-137)$$

（2）Agarwal-Garden 图版制作办法。

在制作图版时,Agarwal-Garden 于 1998 年引入了：

① 基于井控面积的无量纲时间变量,即：

$$t_D = \frac{3.6Kt_{ca}}{\phi\mu_i C_{ti}A} = \frac{3.6Kt_{ca}}{\phi\mu_i \pi r_e^2} = \frac{t_D}{\pi r_{eD}^2} \qquad (5-138)$$

②无量纲产量的定义为：

$$q_D = \frac{1}{p_D} = \frac{qp_{sc}T}{271.4KhT_{sc}(p_{p,i} - p_{p,wf})} \qquad (5-139)$$

无量纲井控半径为：

$$r_{eD} = \frac{r_e}{r_{wa}} \qquad (5-140)$$

在上述定义中,考虑到气井的不完善性,采用有效半径 r_{wa} 代井半径 r_w。

③有效井半径为：

$$r_{wa} = r_w e^{-S} \qquad (5-141)$$

在 p_D 与 t_D 的关系式,即在式(5-135)、式(5-136)、式(5-137)的基础上,将 q_D 与无量纲物质平衡拟时间 t_{DA} 绘制在一张图上,其中横坐标为 t_{DA},纵坐标为 q_D。如图 5-3 所示,在不稳定渗流时期,曲线是受 r_{eD} 控制的一簇曲线;随着 t_{DA} 的增大,在边界控制流阶段,这簇曲线收敛为斜率为 -1 的直线。

2) Agarwal-Garden 产量递减图版拟合分析

本方法拟合分析采用迭代算法计算,步骤如下：

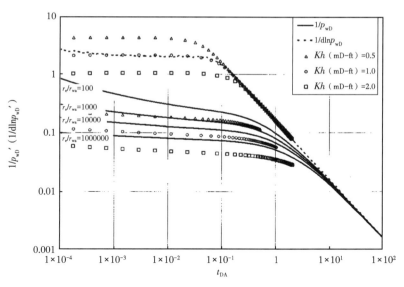

图 5-3 Agarwal-Garden 典型图版曲线

（1）根据地质参数，估算原始地质储量 G。

（2）根据不同开采时间的产量，按照物质平衡方程，计算不同开采时间的地层压力。

（3）计算与各开采时间对应的物质平衡拟时间，有：

$$t_{ca} = \frac{(\mu C_g)}{q} \int_0^t \frac{q dt}{\mu C_g} = \frac{G}{2q} \frac{(C_g \mu_g Z)_i}{p_i} (p_{p,i} - p_{p,R}) \tag{5-142}$$

拟压力 p_p 定义为：

$$p_p = \int_{P_0}^p \frac{2p}{\mu Z} dp \tag{5-143}$$

（4）计算归一化产量：

$$\frac{q}{\Delta p_p} = \frac{q}{(p_{p,i} - p_{p,wf})} \tag{5-144}$$

（5）在半透明纸上的直角坐标系中绘制 $\frac{q}{\Delta p_p}$-t_{ca} 的曲线。将半透明纸上的 $\frac{q}{\Delta p_p}$-t_{ca} 曲线与 Agarwal-Garden 无量纲产量图版曲线拟合，使得曲线每一个点都能尽量获得较好的拟合。根据拟合结果，记录无量纲井控半径 r_{eD}。

（6）计算地质储量 G：

$$G = \frac{S_g p_i}{75.39 \mu_i C_{ti} Z_i} \left(\frac{t_{ca}}{t_{DA}}\right)_M \left(\frac{q/\Delta p_p}{q_D}\right)_M \tag{5-145}$$

与第（1）步估算的原始储量 G 进行对比。如果误差大，以新的原始地质储量重复第（2）～（5）步进行迭代计算，直至收敛，满足 G 的允许误差后，结束迭代计算[74]。

（7）通过迭代后的拟合结果记录最终确定的无量纲井控半径 r_{eD}。选择一个较好的拟合点，记录实际拟合点 $(t_{ca}, q/\Delta p_p)$ 及相应的理论拟合点 $(t_{DA}, q_D)_M$。若已知储层厚度、综合压缩系数、井径，则可计算储层渗透率、表皮系数、井控面积及储量等参数。

渗透率计算公式：

$$K = \left(\frac{q/\Delta p_p}{q_D}\right)_M \frac{p_{sc}T}{271.4hT_{sc}} \tag{5-146}$$

通过时间拟合点和计算出的 K，确定井控半径 r_e，公式为：

$$r_e = \sqrt{\frac{3.6K}{\pi\phi\mu_i C_{ti}}\left(\frac{t_{ca}}{t_{DA}}\right)_M} \tag{5-147}$$

确定有效半径 r_{wa}，有：

$$r_{wa} = \frac{r_e}{r_{eD}} \tag{5-148}$$

计算表皮系数 S：

$$S = \ln\left(\frac{r_w}{r_{wa}}\right) \tag{5-149}$$

3）Agarwal-Garden 产量递减分析方法的适用性

Agarwal-Garden 产量递减分析方法适用于生产数据较为集中的井，该方法在无瞬态压力数据情况下也可有效地区分瞬态流和边界控制流，同时也可估算可采储量。该方法的局限性为：倒数—压力—导数函数通常干扰很大，对数据的质量要求很高，如果生产数据比较分散，将无法获得任何有意义的解释[101]。

4. NPI 产量递减分析

Blasingame 方法、Agarwal-Garden 方法都是利用拟压力规整化产量和物质平衡拟时间函数 t_{ca} 建立典型递减曲线图版，而 NPI（Normalized Pressure Integral，规整化压力积分）方法则是利用产量规整化压力的积分形式，旨在通过积分后建立一种较可靠的、不受数据分散影响的分析方法[74,102,103]。

1）NPI 方法典型曲线制作

（1）NPI 方法无量纲产量定义。

假设在半径为 r_e、外边界封闭的圆形地层中间，一口井以恒定的产量 q 进行生产，井底流压为 p_{wf}，地层厚度为 h，地层原始压力为 p_i，井筒半径为 r_w，地层孔隙度为 ϕ，综合压缩系数为 C_t，地层渗透率为 K，流体黏度为 μ，体积系数为 B，不考虑表皮效应的影响，其无量纲化定解问题的解为[97]：

$$\bar{p}_D = \frac{1}{s\sqrt{\beta s}}\left[\frac{\dfrac{K_1(r_{eD}\sqrt{\beta s})}{I_1(r_{eD}\sqrt{\beta s})} + \dfrac{K_0(\sqrt{\beta s})}{I_0(\sqrt{\beta s})}}{\dfrac{K_1(\sqrt{\beta s})}{I_0(\sqrt{\beta s})} - \dfrac{I_1(\sqrt{\beta s})}{I_0(\sqrt{\beta s})}\dfrac{K_1(r_{eD}\sqrt{\beta s})}{I_1(r_{eD}\sqrt{\beta s})}}\right] \tag{5-150}$$

无量纲变量分别定义为：

$$p_D = \frac{2\pi Kh(p_i - p_{wf})}{q\mu B} \tag{5-151}$$

$$t_{DA} = \frac{Kt}{\pi\phi\mu C_t r_e^2} \tag{5-152}$$

$$\begin{cases} r_D = \dfrac{r}{r_w} \\[2mm] r_{eD} = \dfrac{r_e}{r_w} \end{cases} \tag{5-153}$$

$$\beta = \frac{1}{\pi(r_{eD}^2) - 1} \tag{5-154}$$

（2）无量纲压力曲线。

若将定产生产的压力解 p_D 与无量纲时间 t_{DA} 绘制在一张图上，在不稳定流动阶段曲线分开，是受 r_{eD} 控制的一簇曲线，随着 r_{eD} 的增大，曲线逐渐向上偏移；在边界控制流阶段这簇曲线归结为一条斜率为 1 的曲线，这是由于在晚期边界控制流阶段（定产情形拟稳态），有：

$$p_D = 2\pi t_{DA} + \ln r_{eD} - \frac{3}{4} \tag{5-155}$$

成立，当无量纲时间 t_{DA} 远远大于 $\ln r_{eD}$ 时，在双对数曲线上 p_D 是一条斜率为 1 的直线。

（3）压力积分曲线。

定义压力积分函数为：

$$p_{Di} = \frac{1}{t_{DA}}\int_0^{t_{DA}} p_D dt_{DA} \tag{5-156}$$

式（5-156）还可以表示为：

$$p_{Di} = \frac{1}{t_{DA}} L^{-1}\left(\overline{\frac{p_D}{s}}\right) \tag{5-157}$$

若将定产生产的压力积分 p_{Di} 与无量纲时间 t_{DA} 绘制在一张图上，该曲线较压力曲线更加开放，更有利于降低拟合的多解性。

（4）压力积分导数曲线。

对式（5-156）进行微分，有：

$$dp_{Di} = \frac{t_{DA} p_D dt_{DA} - \int_0^{t_{DA}} p_D dt_{DA}}{t_{DA}^2} \tag{5-158}$$

定义压力积分导数为：

$$p_{Did} = \frac{dp_{Di}}{d\ln t_{DA}} = t_{DA}\frac{dp_{Di}}{dt_{DA}} \tag{5-159}$$

将式(5-158)代入式(5-159),有:

$$P_{Did} = p_D - p_{Di} \qquad (5-160)$$

若将定产生产的压力积分 p_{Ddi} 与无量纲时间 t_{DA} 绘制在一张图上,该曲线与试井分析中压力导数曲线类似。$t_{DA}<0.1$,对应不稳定流动阶段,随着井控半径的增加,趋向于 0.5 水平线;右侧部分 $t_{DA}>0.1$,对应晚期拟稳态部分,曲线表现为斜率为 1 的直线。

(5)NPI 方法复合图版曲线。

NPI 分析曲线其实是 Agarwal-Garden 产量递减分析曲线的倒数,物质平衡拟时间的引入,使得 NPI 方法能够处理变产量、变流压的问题。NPI 递减曲线典型图版的横坐标与 Blasingame 以及 Agarwal-Garden 方法相同,横坐标为物质平衡拟时间,纵坐标为产量规整化拟压力,为了辅助分析又增加了产量规整化拟压力积分和产量规整化拟压力积分求导两条曲线[103,104]。NPI 方法与 Blasingame 方法、Agarwal-Garden 方法一样,利用日常生产数据(时间、产量、流压)能够评价储层渗透性、井控地质储量、井表皮系数及泄油面积等参数[105]。

2)NPI 方法图版拟合分析

(1)计算物质平衡拟时间。

假定一个井控储量 G,对每一个生产数据点,计算物质平衡时间,有[98]:

$$t_{ca} = \frac{(\mu C_t)_i}{q} \int_0^t \frac{q}{\mu(\bar{p}) C_t(\bar{p})} dt = \frac{G C_{ti}}{q}(p_{pi} - p_p) \qquad (5-161)$$

其中,规整化拟压力:

$$p_p = \left(\frac{\mu Z}{p}\right)_i \int_0^p \frac{p}{\mu Z} dp \qquad (5-162)$$

平均地层压力根据物质平衡方程计算:

$$\frac{p}{Z} = \left(\frac{Z}{p}\right)_i \left(1 - \frac{G_p}{G}\right) \qquad (5-163)$$

(2)计算规整化产量:

$$\frac{q}{\Delta p_p} = \frac{q}{p_{p_i} - p_p} \qquad (5-164)$$

(3)计算规整化压力:

$$\frac{\Delta p_p}{q} = \frac{p_{p_i} - p_{p_{wf}}}{q} \qquad (5-165)$$

(4)计算规整化压力积分。

$$\left(\frac{\Delta p_p}{q}\right)_i = \frac{1}{t_{ca}} \int_0^{t_{ca}} \frac{\Delta p_p}{q} d\tau \qquad (5-166)$$

其中,下标 i 表示积分。

(5)计算规整化压力积分导数:

$$\left(\frac{\Delta p_p}{q}\right)_{id} = - \frac{d\left(\frac{\Delta p_p}{q}\right)_i}{d\ln t_{ca}} = - t_{ca}\frac{d\left(\frac{\Delta p_p}{q}\right)_i}{d t_{ca}} \tag{5-167}$$

其中,下标 i 表示积分,下标 d 表示导数。

(6)绘制$\frac{p_{p_i} - p_p}{q} - t_{ca}$直角坐标曲线,根据式(5-158)回归直线斜率确定 G:

$$\frac{p_{p_i} - p_p}{q} = \frac{t_{ca}}{GC_{ti}} \tag{5-168}$$

$$G = \frac{1}{Slope \times C_{ti}} \tag{5-169}$$

重复步骤(1)~(6)进行迭代计算,直至收敛,满足 G 的允许误差。

(7)在透明纸上绘制 G 情形下的规整化压力、规整化压力积分、规整化压力积分导数与物质平衡时间双对数曲线,即$\frac{q}{\Delta p_p} - t_{ca}$,$\left(\frac{\Delta p_p}{q}\right)_i - t_{ca}$,$\left(\frac{\Delta p_p}{q}\right)_{id} - t_{ca}$。

(8)可以同时使用上述三组曲线或将其任意组合与理论图版进行拟合,使得每组曲线尽量都能获得较好的拟合[74]。

(9)根据拟合结果记录无量纲井控半径 r_{eD}。

(10)选择任何一个拟合点,记录实际拟合点$(t_{ca}, \Delta p_p / q)_M$及相应的理论拟合点$(t_{caDA}, p_D)_M$。若已知油层厚度、综合压缩系数、井径,则可计算储层渗透率、表皮系数、井控面积及储量等参数。

(11)根据压力拟合点,确定渗透率 K:

$$K = \frac{\mu B}{2\pi h}\frac{(p_D)_M}{(\Delta p_p / q)_M} \tag{5-170}$$

(12)利用时间拟合点及步骤(11)确定的 K,计算井控半径 r_e:

$$r_e = \sqrt{K/\phi\mu C_t\left(\frac{t_{ca}}{t_{caDA}}\right)_M} \tag{5-171}$$

(13)根据步骤(9)确定的无量纲井控半径 r_{eD}拟合结果,确定有效井径 r_{wa}:

$$r_{wa} = \frac{r_e}{r_{eD}} \tag{5-172}$$

(14)计算表皮系数 S:

$$S = \ln\left(\frac{r_w}{r_{wa}}\right) \tag{5-173}$$

(15)容积法确定井控储量:

$$G = \frac{\pi r_e^2 \phi h S_g}{B_{gi}} \tag{5-174}$$

3）NPI 产量递减分析方法的适用性

相对于 Blasingame 产量递减分析方法，NPI 产量递减分析方法可分析不准确的分散数据，其优点是不受数据分散影响，可分析直井、水平井递减规律，而且可求解相关地层参数。

5. 流动物质平衡（FMB）产量递减分析

Fetkovich 产量递减分析方法假设生产时井底流压保持不变，主要是分析产量数据，没有考虑气体 PVT 随压力的变化。流动物质平衡法（FMB）、Agarwal-Garden 方法和 Blasingame 方法引入了拟压力归一化量和物质平衡拟时间函数，建立的现代产量递减分析方法可以考虑变井底流压生产情况[96,106]。

流动物质平衡法针对拟稳态渗流期的生产数据，通过拟合特征直线求解储量。

1）流动物质平衡法原理

在多孔介质中径向流动、地层渗透率恒定、忽略重力效应、流体遵守真实气体定律、渗流为等温过程的条件下，气藏的径向扩散方程可以表示为[107]

$$\frac{1}{r}\frac{\partial}{\partial r}\left(\frac{p}{\mu Z}r\frac{\partial p}{\partial r}\right)=\frac{\phi\mu C_{\mathrm{g}}}{K}\frac{p}{Z}\frac{\partial p}{\partial t} \tag{5-175}$$

根据拟压力定义：$p_{\mathrm{p}}=2\int_{P_0}^{p}\frac{p}{\mu Z}\mathrm{d}p$ ，式（5-165）可以重新表述为：

$$\frac{1}{r}\frac{\partial}{\partial r}\left(r\frac{\partial p}{\partial r}\right)=\frac{\phi\mu C_{\mathrm{g}}}{K}\frac{\partial p_{\mathrm{p}}}{\partial t} \tag{5-176}$$

为了得到流动物质平衡方程，要先求解式（5-164）的近似值。假设在圆形封闭边界气藏，气井以定产量生产，用拟压力函数表示的拟稳态流动阶段的表达式为：

$$p_{\mathrm{p,wf}}=p_{\mathrm{p,R}}-\frac{4.24\times10^{-3}q}{Kh}\frac{p_{\mathrm{sc}}T}{T_{\mathrm{sc}}}\left[\lg\left(\frac{4}{C_{\mathrm{A}}r_{\mathrm{w}}^{2}}\right)+0.351+0.87S_{\mathrm{a}}\right] \tag{5-177}$$

式中　p_{wf}——井底流动压力，MPa；

$p_{\mathrm{p,wf}}$——井底流动的拟压力，MPa^2/（mPa·s）；

q——气井的稳定气产量（地面标准条件），m^3/d；

K——气层有效渗透率，D；

h——气层有效厚度，m；

T——气层温度，K；

T_{sc}——地面标准温度，K；

p_{sc}——地面标准压力，0.1013MPa；

A——井控面积，m^2；

C_{A}——形状系数；

S_{a}——视表皮系数。

（1）Blasingame 流动物质平衡方程。

Palacio 和 Blasingame 于 1993 年提出了一种流动物质平衡方程式。

因为物质平衡拟时间 t_{ca} 的第二定义式：

$$t_{\text{ca}} = \frac{G}{2q} \frac{(C_{\text{g}} \mu_{\text{g}} Z)}{p_{\text{i}}} (p_{\text{p,i}} - p_{\text{p,R}}) \quad\quad (5-178)$$

将式(5-177)代入式(5-178),得

$$p_{\text{p,j}} - p_{\text{p,wf}} = \frac{2q p_{\text{i}}}{G(\mu C_{\text{g}} Z)_{\text{i}}} t_{\text{ca}} + \frac{4.24 \times 10^{-3} q}{Kh} \frac{p_{\text{sc}} T}{T_{\text{sc}}} \left[\lg\left(\frac{A}{C_{\text{A}} r_{\text{w}}^2}\right) + 0.351 + 0.87 S_{\text{a}} \right]$$

$$(5-179)$$

其中,G 为气藏总地质储量。

引入 b'_{pss},其定义为:

$$b'_{\text{pss}} = \frac{4.24 \times 10^{-3} q}{Kh} \frac{p_{\text{sc}} T}{T_{\text{sc}}} \left[\lg\left(\frac{A}{C_{\text{A}} r_{\text{w}}^2}\right) + 0.351 + 0.87 S_{\text{a}} \right] \quad\quad (5-180)$$

式(5-179)可重新表示为:

$$\frac{p_{\text{p,j}} - p_{\text{p,wf}}}{q} = \frac{2q p_{\text{i}}}{G(\mu C_{\text{g}} Z)_{\text{i}}} t_{\text{ca}} + b'_{\text{pss}} \qu\quad\quad (5-181)$$

式(5-181)是一种常见的气藏流动物质平衡方程,可用于储量计算。

(2) Anderson 流动物质平衡方程。

Mattar 和 Anderson 于 2003 年提出了另外一种流动物质平衡方程式。

在式(5-181)两端同时乘以 $\dfrac{q}{(p_{\text{p,j}} - p_{\text{p,wf}}) b'_{\text{pss}}}$,重新整理后,可得到气藏的流动物质平衡式(5-181)的另外一种表达式:

$$\frac{q}{p_{\text{p,i}} - p_{\text{p,wf}}} = \frac{-2q t_{\text{ca}} p_{\text{i}}}{(p_{\text{p,i}} - p_{\text{p,wf}}) \times G(\mu C_{\text{g}} Z)_{\text{i}}} \frac{1}{b'_{\text{pss}}} + \frac{1}{b'_{\text{pss}}} \qu\quad (5-182)$$

下面把方程(5-182)表示成一条直线:

$$\frac{q}{p_{\text{p,i}} - p_{\text{p,wf}}} = mx + b \qu\quad\quad (5-183)$$

式中:

$$m = \frac{-1}{G b'_{\text{pss}}} \qu\quad\quad (5-184)$$

$$x = \frac{2q t_{\text{ca}} p_{\text{i}}}{(p_{\text{p,i}} - p_{\text{p,wf}}) \times G(\mu C_{\text{g}} Z)_{\text{i}}} \qu\quad\quad (5-185)$$

$$b = \frac{1}{b'_{\text{pss}}} \qu\quad\quad (5-186)$$

拟合直线斜率和直线截距后,根据式(5-184)和式(5-186)联解,可求得 G。

求出直线截距 b 后,渗透率 K 可以通过式(5-180)得到:

$$K = \frac{4.24 \times 10^{-3} q}{h} \frac{p_{sc} T}{T_{sc}} \left[\lg\left(\frac{A}{C_A r_w^2}\right) + 0.351 + 0.87 S_a \right] \times b \tag{5-187}$$

为了得到特定的 K 值,需要知道有效厚度和表皮系数。

根据 Palacio 和 Blasingame 提出的物质平衡拟时间的第二定义式:

$$t_{ca} = \frac{(\mu C_g)_i}{q} \int_0^t \frac{q \mathrm{d}t}{\bar{\mu} \ \bar{C_g}} = \frac{(\mu C_g Z)}{q} \frac{G}{2p_i} (p_{p,i} - p_{p,R}) \tag{5-188}$$

将 t_{ca} 的表达式代入方程(5-185),得到:

$$X = G \frac{p_{p,i} - p_{p,R}}{p_{p,i} - p_{p,wf}} \tag{5-189}$$

流动物质平衡方程式(5-185),可以表示为另外一种形式:

$$\frac{q}{p_{p,i} - p_{p,wf}} = mx + b \tag{5-190}$$

2)流动物质平衡法计算方法

流动物质平衡法(FMB)采用迭代算法计算,步骤如下:

(1)根据井控区范围等地质参数,估算原始地质储量;

(2)根据不同开采时间的产量,按照物质平衡方程,计算不同开采时间的地层压力;

(3)计算气体的物性,利用物质平衡拟时间定义式计算与各开采时间对应的 t_{ca};

(4)根据流动物质平衡方程的计算式,计算原始地质储量;

(5)与第(1)步的原始储量进行对比。如果误差大,以新的原始地质储量重复第(2)~(5)步;

(6)当计算的原始地质储量收敛于某一给定误差范围时,停止循环。

3)流动物质平衡法的适用性

流动物质平衡法可用于复杂气藏,同时在使用该方法是无须关井测压。

第二节　单井产量递减分析新方法

致密气藏存在启动压力和应力敏感效应等特殊渗流机理,对气井产量有较大影响[108,109],由于现有产量预测模型大多未同时考虑两者影响,且启动压力梯度等关键参数难以准确获取,导致其不适用于致密气藏气井的产量预测[110]。新方法基于圆形封闭地层,建立了考虑启动压力梯度和应力敏感效应的双重介质致密气藏水平井产量递减模型。

一、数学模型的建立

1. 物理模型与假设条件

模型研究的是体积压裂后致密气藏水平井的产量递减,双重介质物理结构基于 Warren-Root 模型,物理模型如图 5-4 所示,假设条件如下:

(1)储层水平方向为圆形封闭边界,垂直方向上以顶底为封闭边界,其厚度为 h,原始地

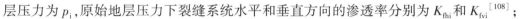

层压力为 p_i，原始地层压力下裂缝系统水平和垂直方向的渗透率分别为 K_{fhi} 和 K_{fvi}[108]；

（2）裂缝渗透率远大于基质渗透率，裂缝作为气体渗流通道，基质作为供给源，基质系统向裂缝系统为拟稳态审流[111]；

（3）水平井平行于上下边界，处在距离下边界 z_w 处的任一位置，长度为 $2L$，采用定产生产方式生产；

（4）气水两相中，水以束缚水状态存在，气相独立流动，其相互作用以气相相对渗透率 k_{rg} 形式表现；

（5）裂缝渗透率受到储层应力敏感效应的影响，裂缝 r 方向与 z 方向渗透率模量相同，基质考虑启动压力梯度，忽略基质应力敏感、重力和毛细管力的作用。

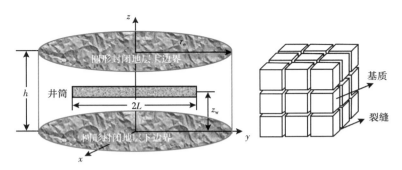

图 5-4 双重介质致密气藏水平井渗流物理模型

2. 基本变量定义

气体拟压力定义：

$$\psi = \int_{P_o}^{P} \frac{2p}{\mu Z} \mathrm{d}p \qquad (5-191)$$

式中 ψ——任意压力 p 的拟压力函数值，$\mathrm{MPa}^2/\mathrm{mPa \cdot s}$；

p_0——初始压力，MPa；

μ——气体的黏度，$\mathrm{mPa \cdot s}$；

Z——气体的偏差系数。

无量纲径向距离：

$$r_D = \frac{r}{L} \qquad (5-192)$$

式中 r_D——无量纲半径；

L——水平井半长，m。

无量纲渗透率模量：

$$\gamma_{iD} = \frac{Tq_g}{0.009114 K_{fhi} h} \gamma_i \qquad (5-193)$$

式中 γ_{iD}——无量纲裂缝、基质渗透率模量；

γ_i——裂缝、基质渗透率模量；

T——气藏地层温度，K；

q_g——产量，$10^4 m^3/d$；

K_{fhi}——水平方向裂缝原始渗透率，mD；

h——储层厚度，m。

无量纲井筒半径：

$$r_{wD} = \frac{r_w}{L} \tag{5-194}$$

式中　r_{wD}——无量纲井筒半径；

　　　r_w——井筒半径，m。

无量纲裂缝拟压力：

$$\psi_{fD} = \frac{78.489 K_{fhi} h}{T q_{sc}} (\psi_i - \psi_f) \tag{5-195}$$

式中　ψ_{fD}——无量纲裂缝拟压力；

　　　ψ_i——原始地层压力对应的拟压力，$MPa^2/mPa \cdot s$；

　　　ψ_f——地层裂缝压力对应的拟压力，$MPa^2/mPa \cdot s$。

无量纲垂向距离：

$$z_D = \frac{z}{h} \tag{5-196}$$

式中　z——距离储层下边界的垂向位移，m；

　　　z_D——无量纲垂向距离。

无量纲基质拟压力：

$$\psi_{mD} = \frac{78.489 K_{fhi} h}{T q_{sc}} (\psi_i - \psi_m) \tag{5-197}$$

式中　ψ_{mD}——无量纲基质拟压力；

　　　ψ_m——地层基质压力对应的拟压力，$MPa^2/mPa \cdot s$。

无量纲井筒半径：

$$z_{wD} = \frac{z_w}{h} \tag{5-198}$$

式中　z_{wD}——无量纲水平井垂向距离；

　　　z_w——水平井垂向距离，m。

无量纲时间：

$$t_D = \frac{k_{fhi} t}{(\phi_f C_{ft} + \phi_m C_{mt}) \mu L^2} \tag{5-199}$$

式中　t——生产时间，h；

　　　ϕ_f——裂缝孔隙度；

ϕ_m——基质孔隙度;

C_{ft}——裂缝系统综合压缩系数,1/Pa;

C_{mt}——基质系统综合压缩系数,1/Pa。

无量纲水平井段长度:

$$L_D = \frac{L}{h}\sqrt{\frac{K_{fvi}}{K_{fhi}}} \tag{5-200}$$

式中　L_D——无量纲水平井段长度;

k_{fvi}——垂直方向裂缝渗透率,mD。

无量纲气层厚度:

$$h_D = \frac{h}{L}\sqrt{\frac{K_{fhi}}{K_{fvi}}} \tag{5-201}$$

式中　h_D——无量纲储层厚度。

无量纲启动拟压力:

$$\psi_{gD} = \frac{78.489K_{fhi}h}{Tq_{sc}}\psi_g \tag{5-202}$$

式中　ψ_{gD}——无量纲拟启动压力;

ψ_g——拟启动压力,MPa²/mPa·s。

窜流系数:

$$\lambda = \alpha\frac{K_m}{K_{fhi}}L^2 \tag{5-203}$$

式中　λ——窜流系数;

α——形状因子;

k_m——基质渗透率,mD。

弹性储容比:

$$\omega = \frac{\phi_f C_{ft}}{\phi_f C_{ft} + \phi_m C_{mt}} \tag{5-204}$$

式中　ω——弹性储容比。

无量纲井筒储集系数:

$$C_D = \frac{0.159C}{(\phi_f C_{ft} + \phi_m C_{mt})hL^2} \tag{5-205}$$

式中　C_D——无量纲井筒储集系数;

C——井筒储集系数,m³/MPa。

无量纲产量:

$$q_D = \frac{Tq_g}{78.489Kh(\psi_i - \psi_{wf})} \tag{5-206}$$

式中　q_D——无量纲产量；

　　ψ_{wf}——井底流压对应的拟压力，$MPa^2/mPa \cdot s$。

Pedrosa 代换式子：

$$\psi_{fD}(r_D, z_D, t_D) = -\frac{1}{\gamma_{fD}}\ln[1 - \gamma_{fD}\xi_D(r_D, z_D, t_D)] \tag{5-207}$$

式中　$\xi_D(r_D, z_D, t_D)$——中间变量，也称摄动变形函数。

3. 渗流模型的构建

1）质量守恒方程

（1）裂缝系统：

$$\frac{\partial(\rho_f\phi_f)}{\partial t} + \nabla(\rho_f v_f) - q_{ex} = 0 \tag{5-208}$$

（2）基质系统：

$$\frac{\partial(\rho_m\phi_m)}{\partial t} + q_{ex} = 0 \tag{5-209}$$

当考虑基质启动压力时，基质与裂缝间的压差由 $p_m - p_f$ 修正为 $p_m - p_f - G_{mg}l$，则窜流量表达式为：

$$q_{ex} = \frac{3.6\alpha K_m\rho_o}{\mu}(p_m - p_f - G_{mg}l) \tag{5-210}$$

其中启动压力梯度表达式为：

$$G_{mg} = 10^{-11}e^{24.2S_w}\left[K_{mi}e^{-\gamma(\psi_i-\psi)}\right]^{(3.5S_w-3)} \tag{5-211}$$

2）流动方程

（1）径向流动方程：

$$v_{fr} = -\frac{K_{fhi}K_{rg}}{\mu}e^{-\gamma_f(\psi_i-\psi_f)}\frac{\partial(p_f)}{\partial r} \tag{5-212}$$

（2）垂向流动方程：

$$v_{fz} = -\frac{K_{fvi}K_{rg}}{\mu}e^{-\gamma_f(\psi_i-\psi_f)}\frac{\partial(p_f)}{\partial z} \tag{5-213}$$

3）状态方程

状态方程为：

$$\rho = \frac{Mp}{RTZ} \tag{5-214}$$

4）初始条件

在气田生产中，一般开采初期采用定产量生产。当井底流压下降到某一规定值（p_c）时，改变生产制度，采用定井底流压生产。而根据 Van Everdingen 和 Hurst 的研究可知，定压生产阶段的产量是根据定产生产阶段的压力进行求解[91,112]，见公式（5-215），因此将生产分为定产生产第一阶段与定产生产第二阶段,第一阶段用于求取定产生产阶段的压力,第二阶段用于求取定压生产阶段的产量,第二阶段初始条件即为第一阶段结束时的地层状态。

$$\overline{q}_{\mathrm{D}}(s) = \frac{1}{s^2 \overline{\psi}_{\mathrm{fD}}(s)} \tag{5-215}$$

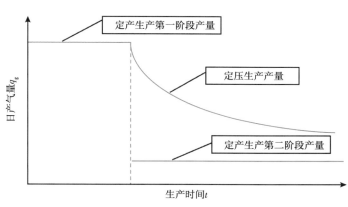

图 5-5　定产、定压阶段产量示意图

（1）定产生产第一阶段初始条件:

$$p_{\mathrm{f}_1}\big|_{t_1=0} = p_{\mathrm{m}_1}\big|_{t_1=0} = p_{\mathrm{i}} \tag{5-216}$$

式中　p_{f_1}——定产生产第一阶段地层裂缝压力;

p_{m_1}——定产生产第一阶段地层基质压力;

p_{i}——原始地层压力;

t_1——定产生产第一阶段时间。

（2）定产生产第二阶段初始条件:

$$\begin{cases} p_{\mathrm{f}_2}\big|_{t_2=0} = p_{\mathrm{f}_{1-\mathrm{end}}} \\ p_{\mathrm{m}_2}\big|_{t_2=0} = p_{\mathrm{i}} \end{cases} \tag{5-217}$$

式中　p_{f_2}——定产生产第二阶段地层裂缝压力;

p_{m_2}——定产生产第二阶段地层基质压力;

t_2——定产生产第二阶段时间;

$p_{\mathrm{f}_{1-\mathrm{end}}}$——定产生产第一阶段结束时刻地层裂缝压力。

5）边界条件

水平方向外边界条件:

$$\frac{\partial p_{\mathrm{f}}}{\partial r_{\mathrm{e}}}\bigg|_{r=r_{\mathrm{e}}} = \frac{\partial p_{\mathrm{m}}}{\partial r_{\mathrm{e}}}\bigg|_{r=r_{\mathrm{e}}} = 0 \tag{5-218}$$

垂直方向顶底封闭外边界条件:

$$\frac{\partial p_{\mathrm{f}}}{\partial z}\bigg|_{z=0} = \frac{\partial p_{\mathrm{m}}}{\partial z}\bigg|_{z=0} = 0 \tag{5-219}$$

$$\left.\frac{\partial p_{\mathrm{f}}}{\partial z}\right|_{z=h}=\left.\frac{\partial p_{\mathrm{m}}}{\partial z}\right|_{z=h}=0 \tag{5-220}$$

定产生产第一阶段内边界条件：

$$q_{\mathrm{sc}}(t_1)\big|_{r=r_{\mathrm{w}}}=q_{\mathrm{sc1}} \tag{5-221}$$

定产生产第二阶段内边界条件：

$$q_{\mathrm{sc}}(t_2)\big|_{r=r_{\mathrm{w}}}=q_{\mathrm{sc2}} \tag{5-222}$$

定产生产第二阶段对应的定压生产阶段内边界条件：

$$p_{\mathrm{f}_2}\big|_{r=r_{\mathrm{w}}}=p_{\mathrm{c}} \qquad p_{\mathrm{m}_2}\big|_{r=r_{\mathrm{w}}}=p_{\mathrm{i}} \tag{5-223}$$

4. 产量递减数学模型求解

将状态方程、运动方程带入连续性方程，结合气体拟压力进行无量纲化，引入 Pedrosa 代换式子，取零阶摄动，并将 t_{D} 进行拉普拉斯变换于 s，结合 Sturm–Liouville 特征值理论、正交变换及点源函数等数学物理方法，可得拉普拉斯空间下同时考虑裂缝应力敏感效应和基质内启动压力对窜流量影响的水平井拟压力表达式[108,111]：

$$\bar{\xi}_{\mathrm{wDN}}=\int_{-1}^{1}\frac{\frac{1}{2s}K_1\left(\frac{r_{\mathrm{e}}}{L}\sqrt{u_0}\right)+\Theta_n K_1\left(\frac{r_{\mathrm{e}}}{L}\sqrt{u_0}\right)\int_0^{\frac{r_{\mathrm{e}}}{L}}I_0(\tau\sqrt{u_0})\mathrm{d}\tau-\Theta_n I_1\left(\frac{r_{\mathrm{e}}}{L}\sqrt{u_0}\right)\int_{\frac{r_{\mathrm{e}}}{L}}^{+\infty}K_0(\tau\sqrt{u_0})\mathrm{d}\tau}{I_1\left(\frac{r_{\mathrm{e}}}{L}\sqrt{u_0}\right)}$$

$$I_0(|x_{\mathrm{D}}-\alpha|\sqrt{u_0})\mathrm{d}\alpha+\frac{1}{2s}\int_{-1}^{1}K_0(|x_{\mathrm{D}}-\alpha|\sqrt{u_0})\mathrm{d}\alpha+\frac{1}{s}\sum_{n=1}^{\infty}\int_{-1}^{1}\frac{K_1\left(\frac{r_{\mathrm{e}}}{L}\sqrt{u_n}\right)}{I_1\left(\frac{r_{\mathrm{e}}}{L}\sqrt{u_n}\right)}$$

$$I_0(|x_{\mathrm{D}}-\alpha|\sqrt{u_n})\cos n\pi z_{\mathrm{wD}}\cos n\pi z_{\mathrm{D}}\mathrm{d}\alpha+\frac{1}{s}\sum_{n=1}^{\infty}\int_{-1}^{1}K_0(|x_{\mathrm{D}}-\alpha|\sqrt{u_n})\cos n\pi z_{\mathrm{wD}}$$

$$\cos n\pi z_{\mathrm{D}}\mathrm{d}\alpha+\int_0^{+\infty}\int_{-1}^{1}G(|x_{\mathrm{D}}-\alpha|,\tau)\mathrm{d}\alpha\mathrm{d}\tau \tag{5-224}$$

定产生产第一阶段与定产生产第二阶段井底压力响应的形式皆为式（5-224），但是其中参数代表的意义不同：

（1）第一阶段 Θ_n、与 u_n 分别为：

$$\Theta_n=\frac{(1-\omega)s\lambda\overline{\psi}_{\mathrm{gD}}}{K_{\mathrm{rg}}[(1-\omega)s+\lambda]}=\frac{(1-\omega)s\lambda\psi_{\mathrm{gD}}}{K_{\mathrm{rg}}[(1-\omega)s+\lambda]} \tag{5-225}$$

$$u_n=s(h_{\mathrm{D}}L_{\mathrm{D}})^2\left(\frac{\lambda+(1-\omega)s\omega}{K_{\mathrm{rg}}[(1-\omega)s+\lambda]}\right)+n^2\pi^2 L_{\mathrm{D}}^2 \tag{5-226}$$

（2）第二阶段 Θ_n、与 u_n 分别为：

$$\Theta_n=\frac{(1-\omega)s\lambda\dfrac{\psi_{\mathrm{gD}}}{s}-\omega c[(1-\omega)s+\lambda]}{K_{\mathrm{rg}}[(1-\omega)s+\lambda]} \tag{5-227}$$

$$u_n = s(h_D L_D)^2 \left(\frac{\lambda + (1-\omega)s\omega}{K_{rg}[(1-\omega)s+\lambda]} \right) + n^2 \pi^2 L_D^2 \tag{5-228}$$

根据 Duhamel 原理,考虑井筒储集和表皮效应影响的水平井拟压力摄动解的表达式如下:

$$\bar{\xi}_{wD} = \frac{s\bar{\xi}_{wDN} + S}{s + C_D s^2 (s\bar{\xi}_{wDN} + S)} \tag{5-229}$$

通过 Stehfest 数值反演,可得到同时考虑裂缝应力敏感效应和基质内启动压力对窜流量的影响的双重介质致密气藏水平井无量纲拟压力解为[111]:

$$\psi_{fD} = -\frac{1}{\gamma_{fD}} \ln(1 - \gamma_{fD}\xi_{wD}) \tag{5-230}$$

根据 Van Everdingen 和 Hurst 的研究,拉普拉斯空间下定压产量解与定产压力解的关系如下[91]:

$$\bar{q}_D(s) = \frac{1}{s^2 \bar{\psi}_{fD}(s)} \tag{5-231}$$

$$q_g = \frac{0.009114 q_D K h (\psi_i - \psi_{wf})}{T} \tag{5-232}$$

根据 Duhamel 原理,考虑井筒储集和表皮效应影响的水平井拟压力摄动解的表达式如下:

$$\bar{\xi}_{wD} = \frac{s\bar{\xi}_{wDN} + S}{s + C_D s^2 (s\bar{\xi}_{wDN} + S)} \tag{5-233}$$

通过 Stehfest 数值反演,可得到同时考虑裂缝应力敏感效应和基质内启动压力对窜流量的影响的双重介质致密气藏水平井无量纲拟压力解为[108]:

$$\psi_{fD} = -\frac{1}{\gamma_{fD}} \ln(1 - \gamma_{fD}\xi_{wD}) \tag{5-234}$$

根据 Van Everdingen 和 Hurst 的研究,拉普拉斯空间下定压产量解与定产压力解的关系如下:

$$\bar{q}_D(s) = \frac{1}{s^2 \bar{\psi}_{fD}(s)} \tag{5-235}$$

根据无量纲裂缝拟压力定义式可知,当 $r_D = 0$(即 $r = r_w$ 时),$r = r_w$,q_{sc} 为井筒产量,即地面产量,此时裂缝压力等于井底流压,其数学表达式为 $\psi_f = \psi_{wf}$。

(1)气井定产第一阶段生产时,$\psi_{1f} = \psi_{1wf} > \psi_c$(规定的最小井底拟压力),此时定产生产第一阶段产量 q_{sc1} 为定值,井底拟压力表达式为:

$$\psi_{wf} = \psi_{1f} = \psi_i - \frac{\psi_{fD} T q_{sc1}}{0.009114 K_{fhi} h} \tag{5-236}$$

(2)而随着生产进行,进入到定产第二阶段生产,即当 $\psi_{2f} = \psi_{2wf} = \psi_c$(规定的最小井底拟压力)时,通过拉普拉斯空间下定废弃产量 q_{sc2} 下的拟生产压力 ψ_{fD} 与定拟井底流压 ψ_c 下的产量解 q_D 的关系,则此时气井定产生产第二阶段的定压生产产量如下:

$$\begin{cases} \overline{q}_D(s) = \dfrac{1}{s^2 \overline{\psi}_{f2D}(s)} \\ q_g = \dfrac{0.009114 q_D K h (\psi_i - \psi_{2wf})}{T} \end{cases} \tag{5-237}$$

综上所述,整个生产制度下的产量曲线由定产生产第一阶段的产量及定压生产阶段的产量组合而成,井底流压曲线由定产生产第一阶段的压力及定压生产阶段的压力组合而成:

$$\begin{cases} q_g = q_{sc} & \\ \psi_{wf} = \psi_i - \dfrac{\psi_{fD} T q_{sc}}{0.009114 K_{fhi} h} & 定产生产 \\ q_g = \dfrac{0.009114 q_D K h (\psi_i - \psi_{wf})}{T} & 定压生产 \\ \psi_{wf} = \psi_c & \end{cases} \tag{5-238}$$

式中 q_{sc}——定产生产第一阶段产量;

ψ_c——定压生产阶段拟压力。

二、产量递减拟合分析方法

致密气藏水平井产量递减拟合分析方法与 Blasingame 方法类似,拟合分析步骤如下:

(1)根据 Blasingame 方法将新模型所计算产量、压力公式规整化,制作规整化产量曲线、规整化产量积分曲线、规整化产量积分导数曲线复合图版。

(2)根据现场数据计算物质平衡时间。

假定一个井控储量 G,对每一个生产数据点,计算物质平衡时间,有:

$$t_{ca} = \frac{(\mu C_t)_i}{q} \int_0^t \frac{q}{\mu(\overline{p}) C_t(\overline{p})} dt = \frac{G C_{ti}}{q}(p_{pi} - p_p) \tag{5-239}$$

其中,规整化拟压力:

$$p_p = \left(\frac{\mu Z}{p}\right)_i \int_0^p \frac{p}{\mu Z} dp \tag{5-240}$$

平均地层压力根据物质平衡方程计算:

$$\frac{p}{Z} = \left(\frac{Z}{p}\right)_i \left(1 - \frac{G_p}{G}\right) \tag{5-241}$$

(3)计算规整化产量:

$$\frac{q}{\Delta p_p} = \frac{q}{p_{pi} - p_p} \tag{5-242}$$

（4）计算规整化累计产量积分：

$$\left(\frac{q}{\Delta p_{\mathrm{p}}}\right)_{\mathrm{i}} = \frac{1}{t_{\mathrm{ca}}} \int_0^{t_{\mathrm{ca}}} \frac{q}{\Delta p_{\mathrm{p}}} \mathrm{d}\tau \tag{5-243}$$

其中，下标 i 表示积分。

（5）计算规整化累计产量积分导数：

$$\left(\frac{q}{\Delta p_{\mathrm{p}}}\right)_{\mathrm{id}} = -\frac{\mathrm{d}\left(\frac{q}{\Delta p_{\mathrm{p}}}\right)_i}{\mathrm{d}\mathrm{ln}t_{\mathrm{ca}}} = -t_{\mathrm{ca}}\frac{\mathrm{d}\left(\frac{q}{\Delta p_{\mathrm{p}}}\right)_i}{\mathrm{d}t_{\mathrm{ca}}} \tag{5-244}$$

其中，下标 i 表示积分，下标 d 表示导数。

（6）绘制 $\dfrac{p_{\mathrm{pi}}-p_{\mathrm{p}}}{q}$-$t_{\mathrm{ca}}$ 直角坐标曲线，根据式（5-245）回归直线斜率确定 G：

$$\frac{p_{\mathrm{pi}}-p_{\mathrm{p}}}{q} = \frac{t_{\mathrm{ca}}}{GC_{\mathrm{ti}}} \tag{5-245}$$

$$G = \frac{1}{Slope \times C_{\mathrm{ti}}} \tag{5-246}$$

重复步骤（2）至（6）进行迭代计算，直至收敛，满足 G 的允许误差。

（7）在透明纸上绘制 G 情形下的规整化产量、规整化产量积分、规整化产量积分导数与物质平衡时间双对数曲线，即 $\dfrac{\Delta p_{\mathrm{p}}}{q}$ - t_{ca}，$\left(\dfrac{p_{\mathrm{pi}}-p_{\mathrm{p}}}{q}\right)_{\mathrm{i}}$ - t_{ca}，$\left(\dfrac{p_{\mathrm{pi}}-p_{\mathrm{p}}}{q}\right)_{\mathrm{id}}$ - t_{ca}。

（8）可以同时使用上述 3 组曲线或将其任意组合与理论图版进行拟合，使得每组曲线尽量都能获得较好的拟合。

（9）根据拟合结果记录无量纲井控半径 r_{eD}。

（10）选择任何一个拟合点，记录实际拟合点 $(t_{\mathrm{ca}}, q/\Delta p_{\mathrm{p}})_{\mathrm{M}}$ 及相应的理论拟合点 $(t_{\mathrm{caDd}}, q_{\mathrm{Dd}})_{\mathrm{M}}$。若已知油层厚度、综合压缩系数、井径，则可计算储层渗透率、表皮系数、井控面积及储量等参数。

（11）根据产量拟合点，确定基质、裂缝等效渗透率 K：

$$K = \frac{(q/\Delta p_{\mathrm{p}})_{\mathrm{M}}}{(q_{\mathrm{Dd}})_{\mathrm{M}}} \frac{\mu B}{2\pi h}\left(\mathrm{ln}r_{\mathrm{eD}} - \frac{1}{2}\right) \tag{5-247}$$

（12）利用时间拟合点及步骤（9）确定的 r_{eD}，计算出有效井径 r_{wa}。

$$r_{\mathrm{wa}} = \sqrt{\frac{2K/\phi\mu C_{\mathrm{t}}}{(r_{\mathrm{eD}}^2-1)\left(\mathrm{ln}r_{\mathrm{eD}} - \dfrac{1}{2}\right)}\left(\frac{t_{\mathrm{ca}}}{t_{\mathrm{caDd}}}\right)_{\mathrm{M}}} \tag{5-248}$$

（13）计算表皮系数 S：

$$S = \mathrm{ln}\left(\frac{r_{\mathrm{w}}}{r_{\mathrm{wa}}}\right) \tag{5-249}$$

（14）确定井控半径、面积及储量：

$$r_e = r_{wa} r_{eD} \tag{5-250}$$

$$A = \pi r_e \tag{5-251}$$

$$G = \frac{1}{C_t} \left(\frac{t_{ca}}{t_{caDd}} \right)_M d \left(\frac{q/\Delta p_p}{q_{Dd}} \right)_M (1 - S_w) \tag{5-252}$$

三、模型校验与实例应用

现以苏里格某区块水平井 H2 的地质及单井数据为例进行说明，参数见表 5-2。通过采用产量拟合方法，即将气井生产资料划分为两段，其中前半段生产资料用于预测模型的拟合与预测，预测时长为后半段时间长度；后半段生产资料用于与之对比分析，以此校验模型可靠性。根据拟合前 180 天的日产量、预测后 270 天的日产量的图可知，产量预测相对误差为 4.01%，预测精度较高。

表 5-2　物性参数

物性参数	参数值	物性参数	参数值
井筒半径(m)	0.062	储层厚度(m)	20
单井控制半径(m)	300	原始地层压力(MPa)	30.6
水平井长度(m)	350	通用气体常数[MPa·m³/(kmol·K)]	0.008314
水平井中心位置(m)	10	基质渗透率(mD)	0.138
孔隙压缩系数(1/MPa)	1.82×10^{-3}	束缚水饱和度	0.38
地层水压缩系数(1/MPa)	1×10^{-4}	天然气相对密度	0.5956
气体黏度(mPa·s)	2.23×10^{-2}	地面标准压力(MPa)	0.101
气体偏差因子	0.998	地面标准温度(K)	273.15
孔隙度(%)	8	地层温度(K)	377.95

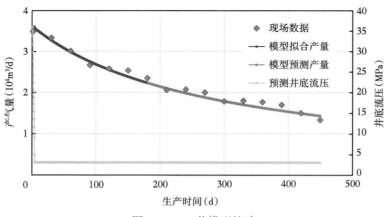

图 5-6　H2 井模型校验

第三节 区块、气田的产量递减分析方法

根据单井产能方程求取单井产能系数,由类比法得出区块、气田的平均单井无量纲产能系数,通过迭代计算求取不同时步下的无量纲产能系数,由无量纲产能系数推导递减率方程,并计算递减率。本方法以气藏工程理论为基础,结合区块与气田的实际生产数据,适用于区块、气田的产量递减分析。

一、区块、气田的产量类比递减分析方法

1. 区块、气田的产量递减数学模型的构建

单井产量方程为:

$$q = j_g \times (P_e - P_{wf}) \tag{5-253}$$

式中 q——日产气量,$10^4 \mathrm{m}^3/\mathrm{d}$;

j_g——采气指数,$10^4 \mathrm{m}^3/(\mathrm{d} \cdot \mathrm{MPa})$;

p_e——地层压力,MPa;

p_{wf}——井底流压,MPa。

由式(5-253)可得单井产能系数:

$$j_g = q / (p_e - p_{wf}) \tag{5-254}$$

通过类比法可得无量纲单井产能系数:

$$J_R(t_i) = \frac{Q_{gD}(t_i) / N_{well}(t_i)}{\Delta P_T(t_i) / P_T(t_i)} \tag{5-255}$$

式中 $J_R(t_i)$——第 i 年气藏的无量纲单井产能系数;

$Q_{gD}(t_i)$——第 i 年气藏无量纲年产气量;

$N_{well}(t_i)$——第 i 年气藏的生产井数,口;

$\Delta P_T(t_i)$——第 i 年气藏的平均井口压差,MPa;

$P_T(t_i)$——第 i 年气藏的平均井口压力,MPa。

其中,$Q_{gD}(t_i)$ 为第 i 年气藏无量纲年产气量,其表达式为:

$$Q_{gD}(t_i) = Q_g(t_i) / Q_{gmax} \tag{5-256}$$

式中 $Q_g(t_i)$——第 i 年气藏的年产气量,$10^4 \mathrm{m}^3$;

p_T——气井井口压力,MPa;

Q_{gmax}——气藏递减期的最大年产气量,$10^4 \mathrm{m}^3$。

通过产量处理方程、压差方程迭代循环计算,可得无量纲单井产能系数 $J_R(t_i)$:

$$J_R(t_i) = \frac{Q_{gD}(t_i) / N_{well}(t_i)}{\Delta p_T(t_i) / p_T(t_i)} \tag{5-257}$$

因此,区块、气田的递减率为:

$$D_i = \frac{J_R(t_{i-1}) - J_R(t_i)}{J_R(t_{i-1})} \times 100\% \tag{5-258}$$

式中 D_i——第 i 年气藏的递减率,单位为 a^{-1}。

2. 区块、气田的产量递减分析

1)区块、气田的年递减率计算方法

当生产数据为日产量、月产量数据时,区块、气田的年递减分析步骤如下:

(1)选择递减阶段,确定初始递减日期;

(2)计算气井第 i 年产气量:

$$G_{gj}(t_i) = \sum_{k=1}^{N_{Tj}(t_i)} q_{gk} \tag{5-259}$$

(3)计算第 i 年气藏年产气量:

$$Q_g(t_i) = \sum_{j=1}^{N_{well}(t_i)} G_{gj}(t_i) \tag{5-260}$$

(4)计算第 j 口井在第 i 年的平均井口压力:

$$G_{PTj}(t_i) = \sum_{k=1}^{N_{Tj}(t_i)} p_{Tk}(t_i) / N_{Tj}(t_i) \tag{5-261}$$

(5)计算第 i 年气藏平均井口压力:

$$p_T(t_i) = \sum_{j=1}^{N_{well}(t_i)} G_{PTj}(t_i) / N_{well}(t_i) \tag{5-262}$$

(6)确定递减期最大产量 Q_{gmax};

(7)计算第 i 年无量纲产量:

$$Q_{gD}(t_i) = Q_g(t_i) / Q_{gmax} \tag{5-263}$$

(8)计算第 i 年井口压差:

$$\Delta P_T(t_i) = P_T(t_{i-1}) - P_T(t_i) \tag{5-264}$$

(9)计算第 i 年无量纲单井产能系数:

$$J_R(t_i) = \frac{Q_{gD}(t_i) / N_{well}(t_i)}{\Delta p_T(t_i) / p_T(t_i)} \tag{5-265}$$

(10)计算第 i 年的递减率:

$$D_i = \frac{J_R(t_{i-1}) - J_R(t_i)}{J_R(t_{i-1})} \times 100\% \tag{5-266}$$

当生产数据为日产量数据时,以上 10 个步骤中公式参数定义如下:

q_g——气井产气量,$10^4\mathrm{m}^3/\mathrm{d}$;

$G_{gj}(t_i)$——第 j 口井第 i 年年产气量,$10^4\mathrm{m}^3$;

$N_{Tj}(t_i)$——第 j 口井在第 i 年生产天数,d;

$Q_g(t_i)$——第 i 年气藏的年产气量,$10^4\mathrm{m}^3$;

p_T——气井井口压力,MPa;

$G_{PTj}(t_i)$——第 j 口井第 i 年的平均井口压力,MPa;

$p_T(t_i)$——第 i 年气藏的平均井口压力,MPa;

$N_{well}(t_i)$——第 i 年气藏的生产井数,口;

Q_{gmax}——气藏递减期的最大年产气量,$10^4\mathrm{m}^3$;

$Q_{gD}(t_i)$——第 i 年气藏无量纲年产气量;

$\Delta p_T(t_i)$——第 i 年气藏的平均井口压差,MPa;

$J_R(t_i)$——第 i 年气藏的无量纲单井产能系数;

D_i——第 i 年气藏的递减率,a^{-1}。

当生产数据为月产量数据时,以上 10 个步骤中公式参数定义如下:

q_g——气井月产气量,$10^4\mathrm{m}^3/\mathrm{d}$;

$G_{gj}(t_i)$——第 j 口井第 i 年年产气量,$10^4\mathrm{m}^3$;

$N_{Tj}(t_i)$——第 j 口井在第 i 年生产月数,d;

$Q_g(t_i)$——第 i 年气藏的年产气量,$10^4\mathrm{m}^3$;

p_T——气井井口压力,MPa;

$G_{PTj}(t_i)$——第 j 口井第 i 年的平均井口压力,MPa;

$p_T(t_i)$——第 i 年气藏的平均井口压力,MPa;

$N_{well}(t_i)$——第 i 年气藏的生产井数,口;

Q_{gmax}——气藏递减期的最大年产气量,$10^4\mathrm{m}^3$;

$Q_{gD}(t_i)$——第 i 年气藏无量纲年产气量,f;

$\Delta P_T(t_i)$——第 i 年气藏的平均井口压差,MPa;

$J_R(t_i)$——第 i 年气藏的无量纲单井产能系数;

D_i——第 i 年气藏的递减率,a^{-1}。

2)区块、气田月递减率计算方法

当生产数据为日产量、月产量数据时,区块、气田的月递减率分析步骤如下:

(1)选择递减阶段,确定初始递减日期;

(2)计算气井第 i 月产气量:

$$G_{gj}(t_i) = \sum_{k=1}^{T_{Tj}(t_i)} q_{gk} \tag{5-267}$$

(3)计算第 i 月气藏月产气量:

$$Q_g(t_i) = \sum_{j=1}^{N_{well}(t_i)} G_{gj}(t_i) \tag{5-268}$$

(4)计算第 j 口井在第 i 月的平均井口压力:

$$G_{pTj}(t_i) = \sum_{k=1}^{N_{Tj}(t_i)} p_{Tk}(t_i)/N_{Tj}(t_i) \tag{5-269}$$

（5）计算第 i 月气藏平均井口压力：

$$p_{\mathrm{T}}(t_i) = \sum_{j=1}^{N_{\mathrm{well}}(t_i)} G_{p_{\mathrm{T}j}}(t_i) / N_{\mathrm{well}}(t_i) \tag{5-270}$$

（6）确定递减期最大产量 Q_{gmax}；

（7）计算第 i 月无量纲产量：

$$Q_{\mathrm{gD}}(t_i) = Q_{\mathrm{g}}(t_i) / Q_{\mathrm{gmax}} \tag{5-271}$$

（8）计算第 i 月井口压差：

$$\Delta p_{\mathrm{T}}(t_i) = p_{\mathrm{T}}(t_{i-1}) - p_{\mathrm{T}}(t_i) \tag{5-272}$$

（9）计算第 i 月无量纲单井产能系数：

$$J_{\mathrm{R}}(t_i) = \frac{Q_{\mathrm{gD}}(t_i) / N_{\mathrm{well}}(t_i)}{\Delta p_{\mathrm{T}}(t_i) / p_{\mathrm{T}}(t_i)} \tag{5-273}$$

（10）计算第 i 月的递减率：

$$D_i = \frac{J_{\mathrm{R}}(t_{i-1}) - J_{\mathrm{R}}(t_i)}{J_{\mathrm{R}}(t_{i-1})} \times 100\% \tag{5-274}$$

当生产数据为日产量时，以上 10 个步骤中公式参数定义如下：

  q_{g}——气井产气量，$10^4 \mathrm{m}^3 / \mathrm{d}$；

  $G_{\mathrm{g}j}(t_i)$——第 j 口井第 i 月月产气量，$10^4 \mathrm{m}^3$；

  $N_{\mathrm{T}j}(t_i)$——第 j 口井在第 i 月生产天数，d；

  $Q_{\mathrm{g}}(t_i)$——第 i 月气藏的年产气量，$10^4 \mathrm{m}^3$；

  p_{T}——气井井口压力，MPa；

  $G_{\mathrm{P}_{\mathrm{T}j}}(t_i)$——第 j 口井第 i 月的平均井口压力，MPa；

  $P_{\mathrm{T}}(t_i)$——第 i 月气藏的平均井口压力，MPa；

  $N_{\mathrm{well}}(t_i)$——第 i 月气藏的生产井数，口；

  Q_{gmax}——气藏递减期的最大月产气量，$10^4 \mathrm{m}^3$；

  $Q_{\mathrm{gD}}(t_i)$——第 i 月气藏无量纲月产气量；

  $\Delta p_{\mathrm{T}}(t_i)$——第 i 月气藏的平均井口压差，MPa；

  $J_{\mathrm{R}}(t_i)$——第 i 月气藏的无量纲单井产能系数；

  D_i——第 i 月气藏的递减率，月$^{-1}$。

当生产数据为月产量时，以上 10 个步骤中公式参数定义如下：

  q_{g}——气井产气量，$10^4 \mathrm{m}^3 / \mathrm{d}$；

  $G_{\mathrm{g}j}(t_i)$——第 j 口井第 i 月月产气量，$10^4 \mathrm{m}^3$；

  $N_{\mathrm{T}j}(t_i)$——第 j 口井在第 i 月生产天数，d；

  $Q_{\mathrm{g}}(t_i)$——第 i 月气藏的年产气量，$10^4 \mathrm{m}^3$；

  p_{T}——气井井口压力，MPa；

  $G_{\mathrm{P}_{\mathrm{T}j}}(t_i)$——第 j 口井第 i 月的平均井口压力，MPa；

$P_T(t_i)$——第 i 月气藏的平均井口压力,MPa;

$N_{well}(t_i)$——第 i 月气藏的生产井数,口;

Q_{gmax}——气藏递减期的最大月产气量,$10^4 m^3$;

$Q_{gd}(t_i)$——第 i 月气藏无量纲月产气量;

$\Delta P_T(t_i)$——第 i 月气藏的平均井口压差,MPa;

$J_R(t_i)$——第 i 月气藏的无量纲单井产能系数;

D_i——第 i 月气藏的递减率,月$^{-1}$。

3. 区块、气田产量递减分析方法应用

本例为苏里格气田中一个区块的 65 口井,将生产数据处理为月平均井口压力与月产量数据(表 5-3、表 5-4),由于模型对产量压力数据十分敏感,因此将井口压力与月产量数据回归处理,并采用产量拟合方法,将气井生产数据按照生产日期分为 2004 年 6 月 1 日至 2005 年 11 月 1 日、2005 年 12 月 1 日至 2006 年 8 月 1 日两段,将前一段计算出的递减率(3.54%)带入模型,所预测产量与第二段进行对比分析(图 5-7),通过计算(表 5-5),预测产量与现场产量的相对误差为 3.89%,模型预测精度较高。

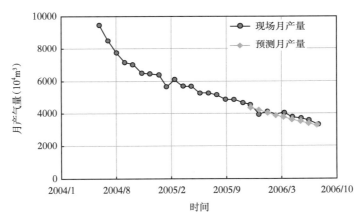

图 5-7　区块现场数据与预测数据

表 5-3　区块月平均井口压力

生产日期	区块月平均井口压力(MPa)	生产日期	区块月平均井口压力(MPa)
2004/6	5.65	2005/3	2.72
2004/7	5.10	2005/4	2.71
2004/8	4.89	2005/5	2.60
2004/9	4.45	2005/6	2.55
2004/10	3.82	2005/7	2.51
2004/11	3.37	2005/8	2.28
2004/12	3.21	2005/9	2.20
2005/1	3.10	2005/10	2.19
2005/2	3.01	2005/11	2.18

表 5-4 区块月产量

生产日期	区块月产量($10^4 m^3/m$)	生产日期	区块月产量($10^4 m^3/m$)
2004/6	9490.55	2005/8	5126.43
2004/7	8525.41	2005/9	4870.61
2004/8	7737.18	2005/10	4864.18
2004/9	7152.42	2005/11	4657.80
2004/10	7039.82	2005/12	4543.83
2004/11	6509.17	2006/1	3918.46
2004/12	6439.17	2006/2	4090.45
2005/1	6394.52	2006/3	3954.60
2005/2	5650.22	2006/4	4030.00
2005/3	6072.24	2006/5	3784.95
2005/4	5686.04	2006/6	3716.67
2005/5	5684.48	2006/7	3575.00
2005/6	5285.18	2006/8	3315.00
2005/7	5291.35		

表 5-5 现场数据与模型预测数据

生产日期	区块月产量 ($10^4 m^3/m$)	模型预测月产量 ($10^4 m^3/m$)	相对误差 (%)
2005/12	4543.83	4362.88	3.98
2006/1	3918.46	4208.61	7.40
2006/2	4090.45	4059.79	0.75
2006/3	3954.60	3916.24	0.97
2006/4	4030.00	3777.76	6.26
2006/5	3784.95	3644.18	3.72
2006/6	3716.67	3515.32	5.42
2006/7	3575.00	3391.02	5.15
2006/8	3315.00	3271.12	1.32

二、区块、气田产量分年度 Arps 递减分析方法

考虑到苏里格气田各年度投产井较多,气井产量波动较大,单井产量递减快,对整个区块或气田产量的递减分析难度较大。但从各年度投产井的产量递减规律来看,具有较好的符合实际的规律性,因此,提出将区块(气田)内气井分年度归类处理,采用 Arps 方法分析分年度产量的递减规律。该方法的处理流程是:

（1）生产数据分年度处理。将所研究区块（气田）中所有井按投产年度归类，然后将各年度中所有井的产量数据求和处理，得到分年度井的产量数据。产量数据可以是年产量、月产量及日产量形式的产量数据。

（2）区块（气田）分年度井 Arps 递减分析。依据 Arps 递减分析方法，根据需求计算分年度井的递减率，拟合递减方程，预测分年度井的产量、可采储量和采收率。关于 Arps 递减分析方法在本章第一节已详细说明，此处不再赘述。

（3）区块（气田）的指标预测。将分年度井的开发指标根据生产年度累加，计算得到区块（气田）的产量、可采储量和采收率等开发指标。

第六章 致密气藏单井动态控制储量评价方法

第一节 单井泄气半径扩展规律与应用

一、直井改造后泄气半径扩展规律

分别利用数值模拟方法研究了Ⅰ类、Ⅱ类、Ⅲ类压裂直井的泄气半径扩展规律和生产规律变化特征。

1. Ⅰ类直井

图6-1为Ⅰ类直井改造后的泄气半径扩展规律,从图中可以看出,Ⅰ类直井改造后压力降早期基本呈圆形向外扩展,压力降首先达到矩形短边方向,整个井控区域全部被波及大约需要180天左右。

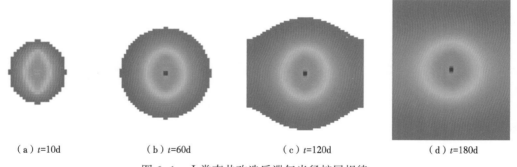

　(a) t=10d　　　　(b) t=60d　　　　(c) t=120d　　　　(d) t=180d

图6-1　Ⅰ类直井改造后泄气半径扩展规律

图6-2为Ⅰ类直井改造后等效无量纲泄气半径和无量纲泄气面积变化规律。从图中可以看出,等效无量纲泄气半径初期上升较快,生产1个月时无量纲泄气半径达到0.4。在压力降扩展阶段,Ⅰ类直井改造后,无量纲泄气面积随时间呈线性增加,存在以下回归关系:

$$S_D = 0.0054t \tag{6-1}$$

图6-3为Ⅰ类直井改造后产气速度和累计产气量变化规律。可以看出,Ⅰ类井初期产量可达$5 \times 10^4 \mathrm{m}^3/\mathrm{d}$,生产5年后产气量降至$1 \times 10^4 \mathrm{m}^3/\mathrm{d}$。生产至全生命周期结束(22.5年),累计产气量达$0.65 \times 10^8 \mathrm{m}^3$,动储量采收率约为60%。

2. Ⅱ类直井

图6-4为Ⅱ类直井改造后的泄气半径扩展规律,从图中可以看出,Ⅱ类直井改造后压力降早期基本呈椭圆形向外扩展,压力降约在180天时首先达到矩形短边方向,压力降约在540天时达到矩形长边方向。

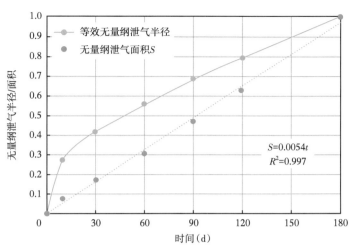

图 6-2　Ⅰ类直井改造后等效无量纲泄气半径和无量纲泄气面积变化规律

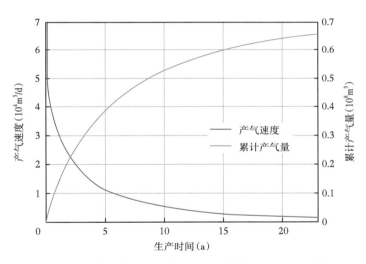

图 6-3　Ⅰ类直井改造后产气速度和累计产气量变化规律

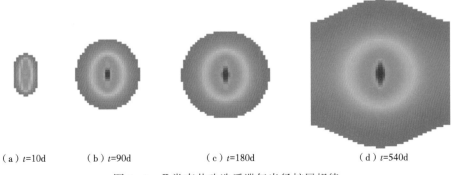

（a）t=10d　　　（b）t=90d　　　（c）t=180d　　　（d）t=540d

图 6-4　Ⅱ类直井改造后泄气半径扩展规律

图 6-5 为Ⅱ类直井改造后等效无量纲泄气半径和无量纲泄气面积变化规律,从图中可以看出,等效无量纲泄气半径初期上升较快,生产 100 天时无量纲泄气半径达到 0.4,生产约 700 天时,压力降波及整个区域。在压力降扩展阶段,Ⅱ类直井改造后无量纲泄气面积随时间也呈线性增加,存在如下回归关系:

$$S_D = 0.0014t \tag{6-2}$$

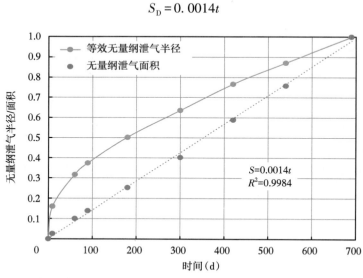

图 6-5　Ⅱ类直井改造后等效无量纲泄气半径和无量纲泄气面积变化规律

图 6-6 为Ⅱ类直井改造后产气速度和累计产气量变化规律。可以看出,Ⅱ类井初期产量约为 $1.5 \times 10^4 m^3/d$,生产 3 年后产气量降至 $0.5 \times 10^4 m^3/d$。生产至全生命周期结束(15年),累计产气量约为 $0.25 \times 10^8 m^3$,动储量采收率约为 35%。

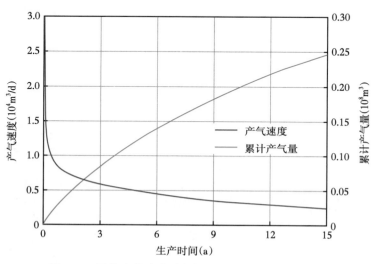

图 6-6　Ⅱ类直井改造后产气速度和累产气变化规律

3. Ⅲ类直井

图 6-7 为Ⅲ类直井改造后的泄气半径扩展规律,从图中可以看出,Ⅲ类直井改造后压力降早期基本呈椭圆形向外扩展,压力降约在 390 天时才达到矩形短边方向,压力降约在 700天时达到矩形长边方向。

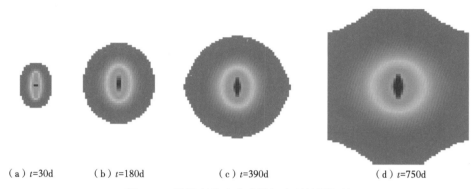

（a）t=30d　　　（b）t=180d　　　（c）t=390d　　　　（d）t=750d

图 6-7　Ⅲ类直井改造后泄气半径扩展规律

图 6-8 为Ⅲ类直井改造后等效无量纲泄气半径和无量纲泄气面积变化规律。从图中可以看出,等效无量纲泄气半径初期上升较快,生产 120 天时无量纲泄气半径达到 0.4,生产约850 天时,压力降波及整个区域。在压力降扩展阶段,Ⅲ类直井改造后无量纲泄气面积随时间也呈线性增加,存在如下回归关系:

$$S_{\mathrm{D}} = 0.0012t \tag{6-3}$$

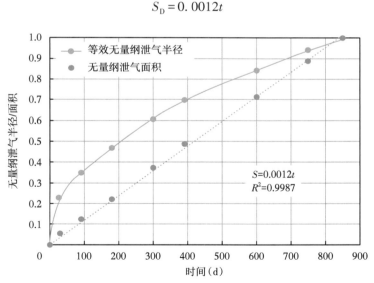

图 6-8　Ⅲ类直井改造后等效无量纲泄气半径和无量纲泄气面积变化规律

图 6-9 为Ⅲ类直井改造后产气速度和累计产气量变化规律。可以看出,Ⅲ类井初期产量仅为 6000m³/d,生产 1 年后产气量降至 2000m³/d,生产至全生命周期结束（11 年）,累计产气量约 0.55×10⁸m³,动储量采收率约为 15%。

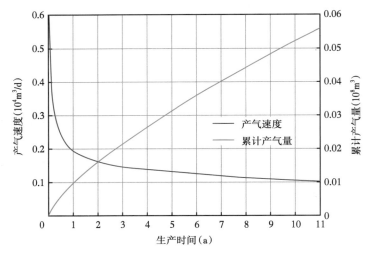

图 6-9　Ⅲ类直井改造后产气速度和累计产气量变化规律

图 6-10 为不同类型直井改造后等效无量纲泄气半径和无量纲泄气面积对比。可以看出，Ⅰ类直井改造后，无量纲泄气半径和泄气面积扩展显著快于Ⅱ类直井，而Ⅲ类直井稍慢于Ⅱ类直井。

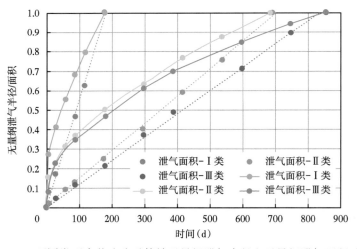

图 6-10　不同类型直井改造后等效无量纲泄气半径和无量纲泄气面积对比

图 6-11 为不同类型直井改造后产气速度和累计产气量对比，从图中可以看出，Ⅱ类、Ⅲ类直井改造后连续生产期(①)、措施连续生产期(②)和间歇生产期(③)均明显短于Ⅰ类直井。

二、水平井改造后泄气半径扩展规律

分别利用数值模拟方法研究了Ⅰ类、Ⅱ类、Ⅲ类压裂水平井的泄气半径扩展规律和生产规律变化特征。

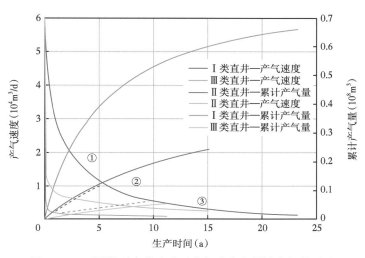

图 6-11　不同类型直井改造后产气速度和累计产气量对比

1.　I 类水平井

图 6-12 为 I 类水平井改造后的泄气半径扩展规律,从图中可以看出,I 类水平井改造后压力降约 90 天首先到达压裂缝方向的外边界,180 天后达到井轴方向的外边界,压力降 270 天时波及整个区域。

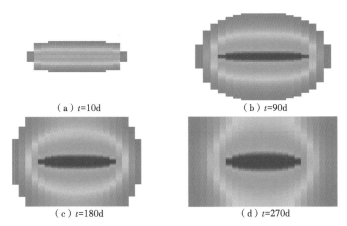

（a）t=10d　　　　　　　　　　（b）t=90d

（c）t=180d　　　　　　　　　　（d）t=270d

图 6-12　I 类水平井井改造后泄气半径扩展规律

图 6-13 为 I 类水平井改造后等效无量纲泄气半径和无量纲泄气面积变化规律,从图中可以看出,等效无量纲泄气半径初期上升较快,生产 30 天时无量纲泄气半径达到 0.5,生产 90 天时无量纲泄气半径超过 0.7;I 类水平井改造后无量纲泄气面积随时间不再呈线性增加,而是初期稍快后期变缓。

图 6-14 为 I 类水平井改造后产气速度和累计产气量变化规律。可以看出,I 类井初期产量达 $12 \times 10^4 \mathrm{m}^3/\mathrm{d}$,生产 5 年后产气量仍接近 $2 \times 10^4 \mathrm{m}^3/\mathrm{d}$,生产至全生命周期结束（22.5 年）,累计产气量超过 $1 \times 10^8 \mathrm{m}^3$,动储量采收率约为 65%。

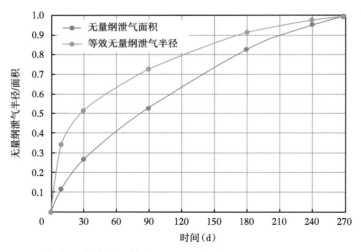

图 6-13　Ⅰ类水平井改造后等效无量纲泄气半径和无量纲泄气面积变化规律

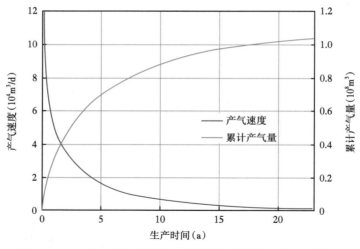

图 6-14　Ⅰ类水平井改造后产气速度和累计产气量变化规律

2. Ⅱ类水平井

图 6-15 为Ⅱ类水平井改造后的泄气半径扩展规律,从图中可以看出,Ⅱ类水平井改造后压力降约 180 天首先到达压裂缝方向的外边界,270 天后达到井轴方向的外边界,泄气半径扩展速度稍慢于Ⅰ类水平井。

图 6-16 为Ⅱ类水平井改造后等效无量纲泄气半径和无量纲泄气面积变化规律从图中可以看出,等效无量纲泄气半径初期上升较快,生产 50 天时无量纲泄气半径超过 0.5,生产 150 天时无量纲泄气半径超过 0.7;Ⅱ类水平井改造后无量纲泄气面积随时间早期增加较快,100 天后基本呈线性增加,压力降波及整个区域约 500 天。

图 6-17 为Ⅱ类水平井改造后产气速度和累计产气量变化规律。可以看出,Ⅱ类水平井初期产量约为 $8×10^4 m^3/d$,生产 5 年后产气量约为 $1×10^4 m^3/d$,生产至全生命周期结束(15

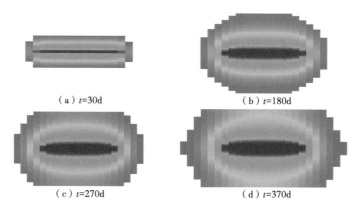

（a）t=30d　　　　　　　　　（b）t=180d

（c）t=270d　　　　　　　　　（d）t=370d

图 6-15　Ⅱ类水平井井改造后泄气半径扩展规律

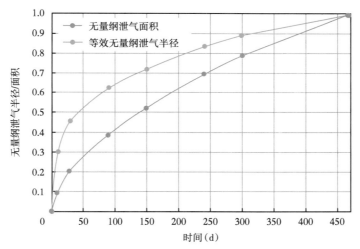

图 6-16　Ⅱ类水平井改造后等效无量纲泄气半径和无量纲泄气面积变化规律

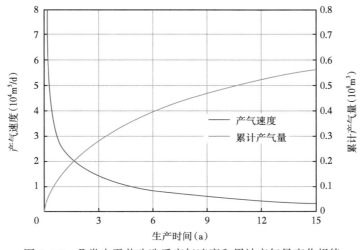

图 6-17　Ⅱ类水平井改造后产气速度和累计产气量变化规律

年），累计产气量超过 $0.55×10^8 m^3$，动储量采收率接近 60%。

3. Ⅲ类水平井

图 6-18 为Ⅲ类水平井改造后的泄气半径扩展规律，从图中可以看出，Ⅲ类水平井改造后压力降约 360 天才到达压裂缝方向的外边界，720 天后达到井轴方向的外边界，泄气半径扩展速度明显慢于Ⅰ类水平井和Ⅱ类水平井。

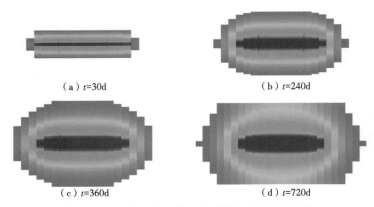

（a）t=30d （b）t=240d

（c）t=360d （d）t=720d

图 6-18　Ⅲ类水平井井改造后泄气半径扩展规律

图 6-19 为Ⅲ类水平井改造后等效无量纲泄气半径和无量纲泄气面积变化规律，从图中可以看出，等效无量纲泄气半径初期上升较快，生产 80 天时无量纲泄气半径超过 0.5，生产 200 天时无量纲泄气半径超过 0.6；Ⅲ类水平井改造后无量纲泄气面积随时间早期增加较快，但 100 天后基本呈线性增加，压力降波及整个区域约 900 天。

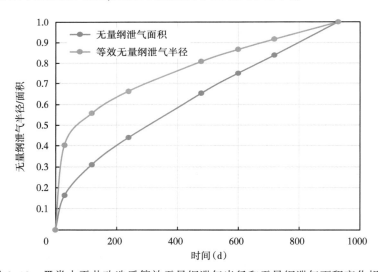

图 6-19　Ⅲ类水平井改造后等效无量纲泄气半径和无量纲泄气面积变化规律

图 6-20 为Ⅲ类水平井改造后产气速度和累计产气量变化规律。可以看出，Ⅲ类水平井初期产量仅 $3×10^4 m^3/d$，生产 3 年后产气量仅 $5000 m^3/d$，生产至全生命周期结束（11 年），累计产气量约为 $0.2×10^8 m^3$，动储量采收率仅为 36% 左右。

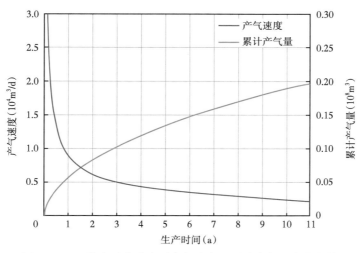

图6-20   Ⅲ类水平井改造后产气速度和累计产气量变化规律

图6-21为不同类型水平井改造后等效无量纲泄气半径和无量纲泄气面积对比。可以看出,各类水平井在开发初期无量纲泄气半径扩展速度接近,一段时间后,Ⅰ类、Ⅱ类水平井无量纲泄气半径和泄气面积相对较快,而Ⅲ类井稍慢于Ⅰ类井、Ⅱ类井。

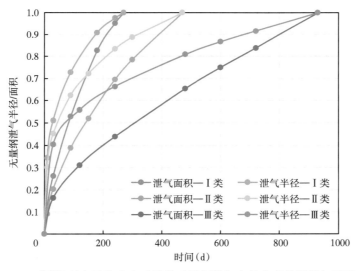

图6-21   不同类型水平井改造后等效无量纲泄气半径和无量纲泄气面积对比

图6-22为不同类型水平井改造后产气速度和累计产气量对比,从图中可以看出,Ⅲ类水平井改造后连续生产期(①)、措施连续生产期(②)和间歇生产期(③)均明显短于Ⅰ类水平井、Ⅱ类水平井,而Ⅰ类水平井、Ⅱ类水平井之间差异不大。尤其是开发后期,Ⅰ类水平、Ⅱ类水平井产量非常接近。

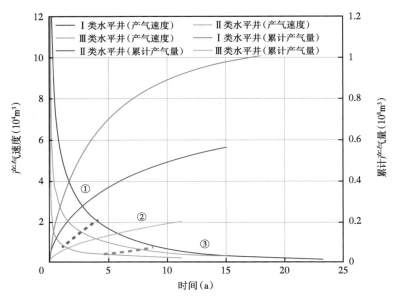

图 6-22　不同类型水平井改造后产气速度与累计产气量对比

第二节　单井控制动态储量评价方法

一、单井控制动态储量的传统确定方法

基于苏里格气田气井开发过程中的特点,本项目针对目前常用的几种单井控制储量确定方法在苏里格气田的适用性进行了初步研究及筛选[113]。

1. 经验方法

当前常采用的经验方法主要包括 Arps 方法、Power law 方法、YM-SEPD 方法及 Duong's 方法。然而,以上经验方法都有各自的应用条件(表 6-1)。

表 6-1　主要经验方法应用条件及苏里格气田实际状况对比

经验方法	应用条件	苏里格气田实际状况
Arps 方法	已到达拟稳态,形成边界控制流	苏里格部分井未到拟稳态
	工作制度为定井底流压生产	苏里格气井流压变化较快
	不存在变表皮及应力敏感现象	苏里格储层存在应力敏感现象
Power law	工作制度为定井底流压生产	苏里格气井流压变化较快
YM-SEPD	工作制度为定井底流压生产	苏里格气井流压变化较快
Duong	适用于渗透率低于 0.001mD 的气井	苏里格大部分井渗透率大于 0.001mD
	仅能预测气井初期产量	需要确定气井的长期产量特征

由表 6-1 可以看出,苏里格气田实际情况并不满足这几种主要的经验方法的适用条件,因此,传统的经验方法并不适用于苏里格气田。

2. 解析方法

当前主要使用的解析方法包括 Blasingame 曲线、Normalized rate-Cumulative 方法及流动物质平衡方法[81]。

1）Blasingame 曲线

在 Blasingame 曲线中,可以绘制 3 个产量函数与物质平衡时间曲线(图 6-23)。

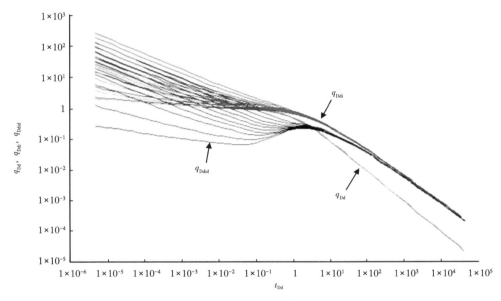

图 6-23　Blansingame 图版示意图

拟压力规整化产量($q/\Delta p_{\mathrm{p}}$):

$$\frac{q}{\Delta p_{\mathrm{p}}} = \frac{q}{p_{\mathrm{p_i}} - p_{\mathrm{p_{wf}}}} \qquad (6-4)$$

拟压力规整化产量积分函数:

$$\left(\frac{q}{\Delta p_{\mathrm{p}}}\right)_{\mathrm{i}} = \int_0^{t_{\mathrm{ca}}} \frac{q}{\Delta p} \mathrm{d}t_{\mathrm{ca}} / t_{\mathrm{ca}} \qquad (6-5)$$

拟压力规整化产量积分导数函数:

$$\left(\frac{q}{\Delta p_{\mathrm{p}}}\right)_{\mathrm{id}} = \frac{\mathrm{d}\left(\frac{q}{\Delta p_{\mathrm{p}}}\right)_{\mathrm{i}}}{\mathrm{dln}t_{\mathrm{ca}}} = \frac{\mathrm{d}\left(\frac{q}{\Delta p_{\mathrm{p}}}\right)_{\mathrm{i}}}{\mathrm{d}t_{\mathrm{ca}}} t_{\mathrm{ca}} \qquad (6-6)$$

对实际生产数据进行典型图版拟合分析时,$q/\Delta p_{\mathrm{p}}$、$(q/\Delta p_{\mathrm{p}})_{\mathrm{i}}$、$(q/\Delta p_{\mathrm{p}})_{\mathrm{id}}$ 三条曲线可同时或单独适用。利用图版拟合的方式计算渗透率 K、表皮系数 S、井控半径 r_{e}、原始地质储量 $OGIP$、裂缝半长 x_{f}、水平井的渗透率 K_{v} 和 K_{h} 等。

Blasingame 曲线的优越性在于:由于采用了产量积分后求导的方法,使导数曲线比较平滑,便于判断。在解释模型上,除了直井径向模型外还包括直井裂缝模型、水平井模型、水驱模型、井间干扰模型,进一步扩大了典型图版的解释范围[114,115]。

Blasingame 曲线的局限性在于:产量积分对早期数据点的误差非常敏感,早期数据点一个很小的误差都会导致$(q/\Delta p_{\mathrm{p}})_{\mathrm{i}}$、$(q/\Delta p_{\mathrm{p}})_{\mathrm{id}}$曲线具有很大的累积误差。

Agarwal 等在建立图版时,直接利用了拟压力规整化产量$(q/\Delta p_{\mathrm{p}})$、物质平衡拟时间 t_{ca} 和不稳定试井分析中无量纲参数的关系[116]。

2)Normalized rate-Cumulative 方法

Agarwal 等通过研究发现,对于不同储层尺寸的无量纲产量与无量纲 Q_{DA} 在直角坐标轴上均呈现负斜率的直线。在边界控制流段,所有的曲线在 X 轴上均交与同一个点——$\dfrac{1}{2\pi}$,换句话说,在边界控制流段,以下关系均成立:

$$q_{\mathrm{D}} = \frac{1}{2\pi} - Q_{\mathrm{DA}} \tag{6-7}$$

其中,无量纲参数的表达式随流体类型而不同,因此需要对各情况进行特定的处理。

对气井来说,边界控制流阶段依然符合上述方程,但此时的无量纲参数定义为:

$$q_{\mathrm{D}} = \frac{1422Tq}{Kh[\,m(p_{\mathrm{i}}) - m(p_{\mathrm{wf}})\,]} \tag{6-8}$$

$$Q_{\mathrm{DA}} = \frac{4.5TZG[\,m(p_{\mathrm{i}}) - m(\bar{p}_{\mathrm{r}})\,]}{\phi hAp_{\mathrm{i}}[\,m(p_{\mathrm{i}}) - m(p_{\mathrm{wf}})\,]} \tag{6-9}$$

而绘制时的横纵坐标为 $q_{\mathrm{D}} = \dfrac{q}{m(p_{\mathrm{i}}) - m(p_{\mathrm{wf}})}$ 与 $Q_{\mathrm{DA}}\dfrac{4.5TZG[\,m(p_{\mathrm{i}}) - m(\bar{p}_{\mathrm{r}})\,]}{m(p_{\mathrm{i}}) - m(p_{\mathrm{wf}})}$。

曲线与 X 轴的交点即为 G_{i},由此可以确定气井的储量。

3)流动物质平衡方法

流动物质平衡(FMB)是基于改进后的 Agarwal-Gardner 产量—累计典型曲线的一种新的生产数据分析方法[95,117]。该方法与常规物质平衡分析相似,但是不需要关井压力数据(原始油藏压力除外)。相反,它使用压力归一化产量和物质平衡(拟)时间的概念来建立一种简单的线性曲线,可以推出地质储量。

当储层处于拟稳态流动时,储层中所有位置的压力以相同的速率降低。如图 6-24 所示,为储层中所有位置的压力情况,图中每条压力线都表示了井以恒定产量生产时储层中的

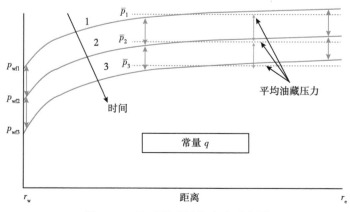

图 6-24　流动物质平衡方法示意图

拟稳态压力[103]。在拟稳定流动状态时,储层中各点的压力下降幅度均一致。

传统物质平衡方法需要在生产一段时间后关井,待储层压力稳定后,利用 p/Z 曲线计算单井动态储量。对于气井来说,利用流动井底压力也可用 p/Z 曲线计算单井动态储量(图6-25)。

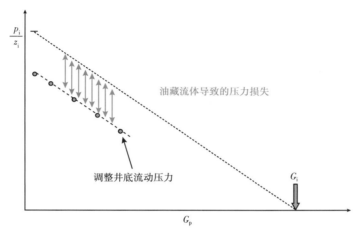

图6-25　由井底流压折算平均地层压力示意图

该方法简单实用,无须关井压力,即可进行流体地质储量解析预测;在预测地质储量上,优于典型曲线法。但该方法有一定的适用条件:

(1)仅适用于衰竭的油气藏(与 p/Z 曲线相似);

(2)对于封闭型、中高渗透气藏储量的计算精度较高,对于连通性差、非均质性强的低渗透致密气藏计算结果偏小;

(3)适用于渗流进入拟稳态流状态的阶段——在气井生产的初始阶段用 FMB 方法拟合得到的动态储量会偏低;

(4)当低渗透气井配产偏高时,用 FMB 方法拟合得到的动态储量会偏低。

综合以上分析可以看出,当前所有的纯解析方法都需要气井到达拟稳态阶段后,利用拟稳态数据分析可以得到较为准确的结果。同时,由于在模型假设的过程中将渗透率限定为定值,因此,当储层存在应力敏感性时,利用以上方法也会造成一定的误差。但考虑到苏里格气田的应力敏感范围,该误差在可控范围内。因此,可利用解析方法得到的储量预测结果作为单井控制储量的参考。

二、单井控制动态储量确定的新方法

变井底流压和频繁开关井对产量数据的稳定性和达到拟稳态流动的时间都会产生很大的影响,增加了气井递减规律分析的难度,分析结果准确性难以保证。同时,通过矿场实际资料发现,致密气井常采用变流压生产,且开采过程中气体 PVT 物性变化大。由于井底流压和 PVT 物性变化的影响,常规动态分析方法对致密气藏已不再适用[118]。为消除这些影响,本文提出了一套基于产量和压力耦合的动态分析新方法。

首先,引入拟压力标准化产量和物质平衡时间。拟压力标准化产量定义为[119]:

$$q_e = \frac{\mu_i z_i}{p_i} \frac{q}{m_i - m_{wf}}$$ (6-10)

式中　μ_i——气体初始黏度,mPa·s;

　　　z_i——气体初始压缩因子;

　　　p_i——地层原始压力,MPa;

　　　q——气井日产气量,m³;

　　　m_i、m_{wf}——分别为原始气体拟压力和井底拟压力,MPa²/mPa·s。

其表达式分别为:

$$m(p_i) = \int_{p_{sc}}^{p_i} \frac{p\,dp}{u(p)z(p)}$$

$$m(p_{wf} = \int_{p_{sc}}^{p_{wf}} \frac{p\,dp}{\mu(p)z(p)}$$ (6-11)

式中　p——气体实际压力,MPa;

　　　p_i——地层原始压力,MPa;

　　　p_{sc}——标准状况压力,0.1MPa;

　　　p_{wf}——井底压力,MPa;

　　　$\mu(p)$——压力为 p 时气体黏度,mPa·s;

　　　$z(p)$——压力为 p 时气体压缩因子。

物质平衡时间定义为:

$$t_e = \frac{\mu_i C_{ti}}{q} \int_0^t \frac{q\,dt}{\mu(p)C_t(p)}$$ (6-12)

式中　C_{ti}、$C_t(p)$——初始时刻和压力为 p 时的综合压缩系数,MPa⁻¹。

1. 控制储量确定方法主要流程

变产量变压力耦合分析方法是通过解析或数值模型对生产数据(产量及井底流压)进行拟合,从而确定气井的动态储量,其主要流程如图 6-26 所示。

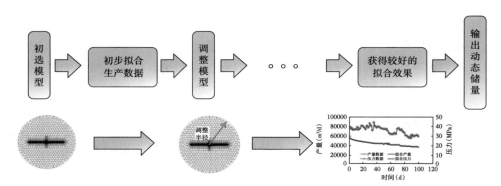

图 6-26　变产量变压力耦合分析确定储量流程图

由于建模过程中可以考虑储层及井筒条件的复杂性,因此变产量变压力耦合分析方法最为贴合气井生产实际。当对气井的生产数据进行合理分段拟合后,可得到各段的储量,从而研究苏里格气田气井单井控制储量随生产时间的动态特征,同时还可以考虑储层渗透率随压力的变化。对于已到达拟稳态的井,可在不稳定流分析的基础上进行针对拟稳态数据的生产数据拟合,同时利用解析方法确定储量,与历史拟合所得结果进行对比,以控制多解性。因此,变产量变压力耦合分析方法是确定苏里格气田应力储层气井单井控制储量的有效方法。

而对于未到达拟稳态的气井,其不同时间段的单井控制储量并不是一个定值,而是不断增大,到达实际边界或发生井间干扰后才为一恒定值,称为最终控制储量。通过研究发现,苏里格气田各井第一年末的单井控制储量与最终储量的比值 G_{t1}/G 与储层渗透率之间具有较好的相关性(图 6-27、图 6-28)。

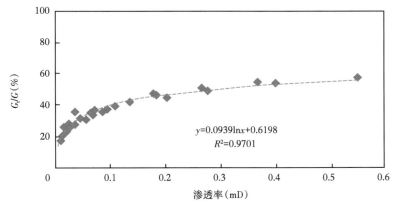

图 6-27　直井 G_{t1}/G 与储层渗透率关系图

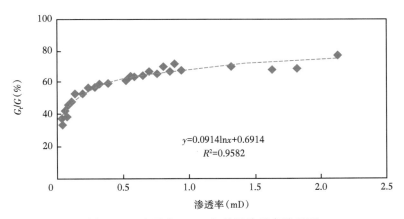

图 6-28　水平井 G_{t1}/G 与储层渗透率关系图

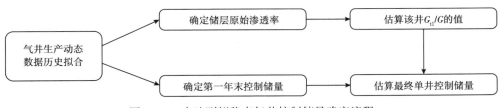

图 6-29　未达到拟稳态气井控制储量确定流程

2. 确定方法的实例分析

1）拟稳态的识别

对气井产量和压力数据进行处理后,利用对数曲线确定气井的流动是否达到拟稳态。由曲线可看出,苏 14-1-12 井生产 700 天后已进入拟稳态,因此可以利用历史拟合方法确定动储量及动态控制范围(图 6-30)。

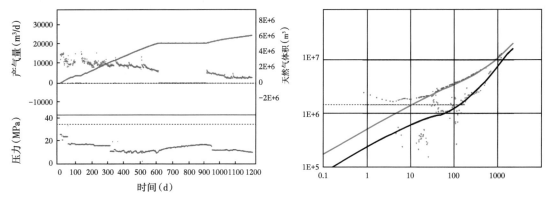

图 6-30　苏 14-1-12 井拟稳态的识别

2）变产量变压力耦合分析拟合

对苏 14-1-12 气井不稳定流阶段进行特征曲线拟合,初步确定储层参数,将得到的储层参数代入生产数据历史拟合进行验证,并确定苏 14-1-12 井动储量为 $1660×10^4m^3$,控制边界为 134m(图 6-31)。

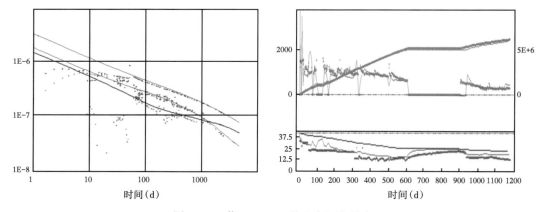

图 6-31　苏 14-1-12 井生产历史拟合

3. 解析法验证

对苏 14-1-12 气井历史拟合方法得到的动储量及控制边界进行验证。Blasingame 方法得到动储量及控制半径分别为 $1660×10^4m^3$,134m;Normalized Rate-cumulative 方法结果为 $1630×10^4m^3$;$p/z—q$ 方法结果为 $1570×10^4m^3$。经验证可知,历史拟合结果较为准确(图 6-32)。

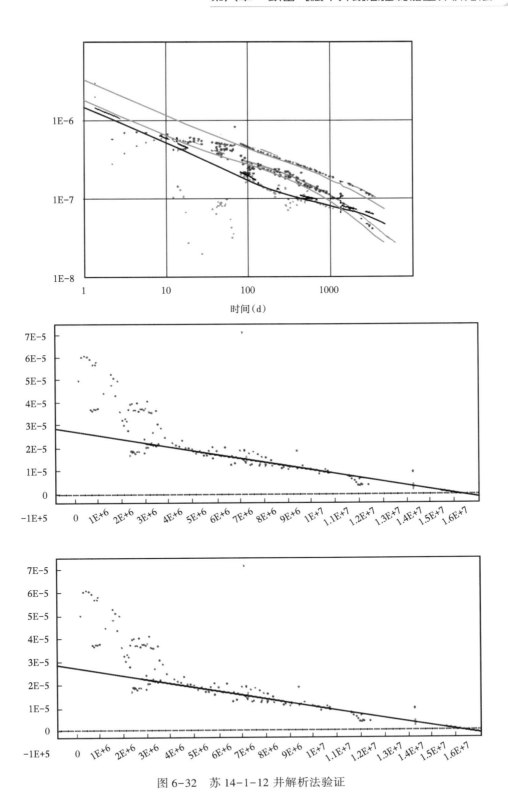

图 6-32　苏 14-1-12 井解析法验证

三、单井控制动态储量快速评价图版

1. 图版建立

根据苏里格气田 16 个区块 162 口早期投产水平井生产动态分析结果,通过分析发现水平井单井控制储量与水平井压降采气量成较好的线性关系,如图 6-33 所示。为了更加准确地研究水平井单井控制储量与单位压降采气量之间的关系,要考虑水平井单位压降采气量会随着生产时间的延长而增大(图 6-34),以及水平井生产天数并不相同的实际情况,在此先从 162 口早期投产水平井中选出 56 口更具代表性的典型水平井,然后分析不同生产天数的典型水平井单位压降采气量与水平井最终控制储量的关系[68,113]。典型水平井要求气井生产时间较长,配产合理,生产比较稳定(未出现频繁开关井或较长时间的关井),能代表苏里格气田一般水平井生产动态特征。56 口水平井投产时间均超过 600 天,平均投产时间850 天,意味着所有水平井均进入边界控制流阶段,单井动态控制储量几乎不再随时间变化。水平井单井控制储量涵盖范围$(29.72 \sim 165.21) \times 10^6 \mathrm{m}^3$,平均值为 $84.51 \times 10^6 \mathrm{m}^3$,因此能代表苏里格气田所有类型水平井的单井控制储量的范围[113]。

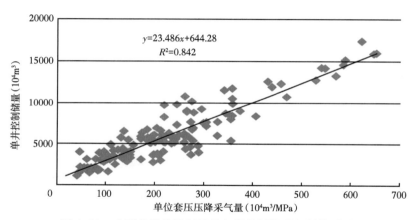

图 6-33 水平井单井控制储量与单位压降采气量关系图

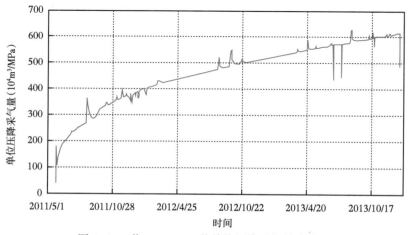

图 6-34 苏 53-82-48 井单位压降采气量变化图

基于水平井单井控制储量评价结果,分析水平井生产 50 天、100 天、180 天、360 天和 600 天时单井控制储量与单位压降采气量的关系,结果如图 6-35 至图 6-39 所示。

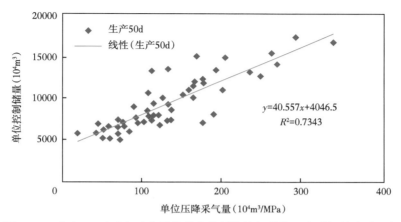

图 6-35　生产 50 天时水平井最终单井控制储量与单位压降采气量关系图版

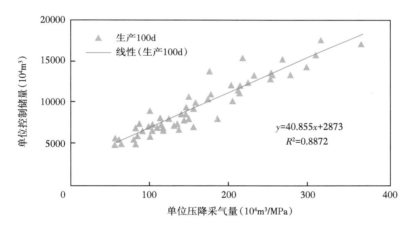

图 6-36　生产 100 天时水平井最终单井控制储量与单位压降采气量关系图版

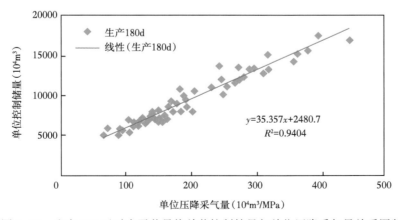

图 6-37　生产 180 天时水平井最终单井控制储量与单位压降采气量关系图版

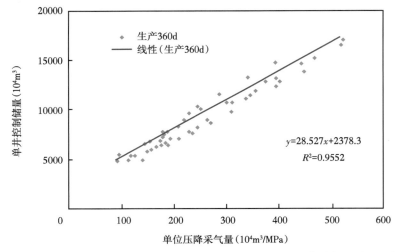

图 6-38　生产 360 天时水平井最终单井控制储量与单位压降采气量关系图版

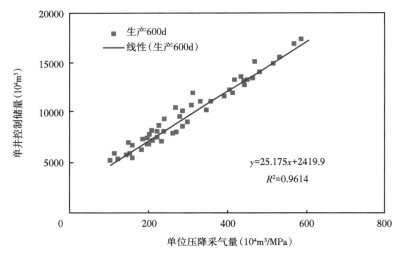

图 6-39　生产 600 天时水平井最终单井控制储量与单位压降采气量关系图版

　　由图 6-35 至图 6-39 可知,水平井单井控制储量与各生产时刻的单位压降采气量均呈较好的线性相关性,除生产时间较短的 50 天外(相关系数为 0.7318,主要原因是水平井在投产较短时间内,压力和产量变化比较大,生产稳定性差),其他生产时间下相关系数均大于0.85,因此说明所有的线性回归关系式均具有较高的精度,具体预测表达式见表 2-6,预测图版如图 6-40 所示。此外,水平井单井控制储量与单位压降采气量之间的相关性会随着水平井生产时间的延长越来越好,在生产时间到达 600 天时(水平井流动已进入边界控制流动阶段),两者之间的相关性达到 0.9562,说明此时的线性回归关系式具有非常高的精度,完全可用于评价苏里格气田其他水平井单井控制储量,以及用于校正通过其他评价方法评价出的结果(表 6-2)。

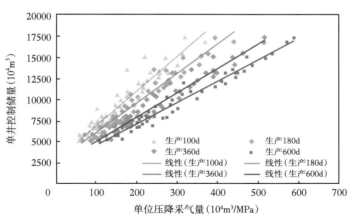

图 6-40　水平井单井控制储量评价图版

表 6-2　水平井单井控制储量预测关系式汇总表

生产时间 （d）	储量预测关系式	相关系数	平均绝对误差 （%）	平均相对误差 （%）
50	$y = 40.685x + 3993.9$	0.7318	16.48	1.57
100	$y = 40.932x + 2826.3$	0.8819	8.33	0.82
180	$y = 35.424x + 2433$	0.9348	6.70	0.27
360	$y = 28.579x + 2331$	0.9494	5.80	0.09
600	$y = 25.237x + 2097$	0.9562	5.82	0.01

注：y 为水平井单井控制储量，$10^4 m^3$；x 为水平井单位压降采气量，$10^4 m^3/MPa$。

2. 图版运用与误差分析

表 6-2 中，水平井单井控制储量评价关系式评价水平井单井控制储量具有较高精度，通过生产 100 天、180 天、360 天和 600 天时的单位压降采气量分别评价 56 口水平井单井控制储量和预测误差结果与水平井实际单井控制储量平均相对误差分别为 1.57%、0.82%、0.27%、0.09% 和 0.01%，预测误差随着水平井生产时间的延长而减小。

第七章 不同地质模式下的水平井压裂施工参数优化方法

苏里格气田先致密后成藏,受沉积和成岩控制,储量丰度低,断层和裂缝不发育,以孔隙型储层为主,含气性主要受岩性和物性控制,具有岩性圈闭的特征。苏里格气田有效储层沉积微相类型为辫状河心滩和河道底部沉积。单个有效砂体大小尺度一般为几百米范围内,横向上连续性和连通性差,空间范围内呈透镜状多层、广泛分布的特征。在致密气藏中,前人在水平井相关的地质研究方面,多集中在致密储层适合水平井开发的地质条件,以及水平井部署方法与优化设计模式方面,缺少不同地质模式下水平井的压裂施工参数优选。因此本章将在地质模式优选基础上,优化不同地质模式下的水平井压裂施工参数。

第一节 基于动静态特征的储层压裂地质模式的建立

以水平井规模开发的苏里格气田苏东南区块为例,结合储层地质和生产动态特征,建立压裂地质模式,为不同模式水平井压裂优化提供地质依据。

一、储层地质与气井生产动态特征

1. 水平井生产动态

苏东南区(图7-1)于2010年开始建产,2014年底形成30×10^{8}m^3/a水平井规模开发区,

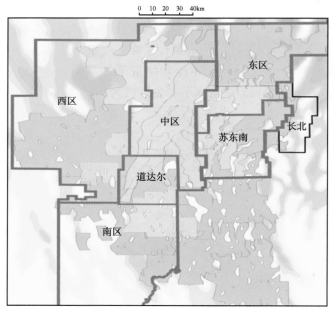

图7-1 苏里格气田开发形势图

已稳产超过 3 年(图 7-2)。2017 年完钻水平井 47 口,历年累计完钻水平井 259 口。苏东南采用水平井整体开发模式,水平井平均水平段长 1329m,完试水平井 230 口,平均无阻流量 41×10⁴m³/d,投产 226 口,平均单井产量 4.3×10⁴m³/d。

选取的研究区块内有水平井 218 口,水平井产量分布不均衡,218 口水平井初期平均单井产气量 4.32×10⁴m³/d,开展研究时平均单井产气量 2.65×10⁴m³/d。从单井累计产量看,2013 年前投产气井平均单井累计产气在 4000×10⁴m³ 以上,2014 年、2015 年投产气井平均单井累计产气量在 3500×10⁴m³ 以上,2016 年、2017 年投产气井平均单井累计产气量在 2000×10⁴m³ 以下整个研究区平均单井累计产量 3311×10⁴m³。

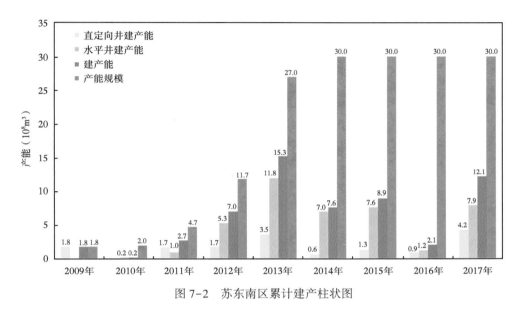

图 7-2 苏东南区累计建产柱状图

区块内水平井表现出了苏东南储层极强的非均质性,储层钻遇情况和生产情况差异极大。平均无阻流量为 40.78×10⁴m³/d[(1.4~204.2)×10⁴m³/d](表 7-1);完钻水平段长度 1329m(475~2525m);储层长度 1068m(82~2118m);储层钻遇率 78%(17%~99%);有效储层长度 776m(0~2014m);有效储层钻遇率 57%(0~97%);压裂级数 7.3 级(3~20 级);单段加砂量 41m³(19~102m³)。

表 7-1 无阻流量区间分布表

无阻流量(10⁴m³/d)	0~10	10~20	20~30	30~40	40~60	60~80	80~100	>100
井数	15	37	41	42	28	9	10	18

2. 砂体发育特征

砂体钻遇率是指示砂体发育情况的重要指标,它是某一特定小层中钻遇砂层的井数占总钻井数的百分数。根据苏东南 375 口直井的钻井资料(图 7-3),研究区盒 8 段—山 1 段各小层砂体钻遇率为 55%~90%,平均值为 70%。其中山 1 段小层砂体平均钻遇率 58.5%,盒 8 段小层砂体平均钻遇率为 78.4%,盒 8 段砂体发育情况要好于山 1 段。

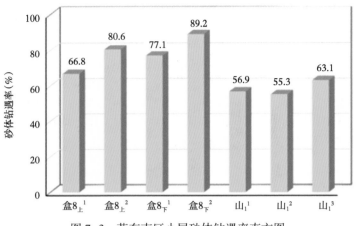

图7-3 苏东南区小层砂体钻遇率直方图

砂岩厚度是评价砂体规模的重要指标,通常统计小层砂岩厚度平均值。小层砂岩数据统计表明(图7-4),整体上苏东南区盒8段—山1段小层砂体厚度主要分布在6~10m之间,平均砂岩厚度为6.9m。其中,山1段小层平均砂岩厚度为5.8m,盒8段小层平均砂岩厚度为7.8m,盒8段小层砂体厚度整体大于山1段小层砂体厚度。

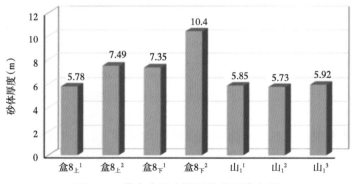

图7-4 苏东南区小层平均砂厚直方图

研究区砂体在平面上沿近南北向呈条带状展布,河道分叉、交汇频繁。从砂体连通剖面来看(图7-5),单砂体接触方式有多变式、多层式和孤立式三种,其中以侧向加积形成的多层式接触为主,河流交汇处具有近东西向呈横卧的趋势,对水平井开发带来一定的挑战[120]。

从各砂组来看,盒8段下亚段砂体最发育,平均厚度达到14.9m,盒8段上亚段、山1段砂体厚度接近,约10m。通过与其他区块对比(表7-2),可以看出苏东南盒8段下亚段相比于其他区块更厚,在各区盒8段—山1段砂体累计厚度接近的情况下,苏东南盒8段下亚段砂体较发育,集中度更强,盒8段下亚段砂体厚度与盒8段—山1段累计砂体厚度之比达到42.6%。

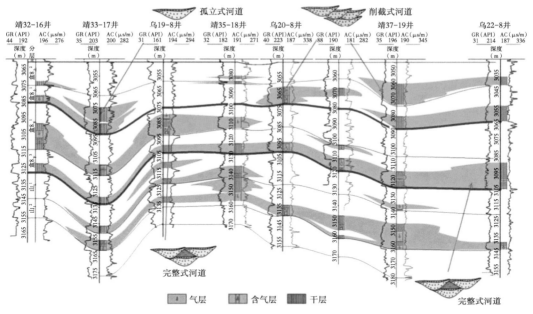

图 7-5　苏东南上古生界典型砂体连通剖面

表 7-2　苏里格各大区盒 8 段—山 1 段砂体厚度对比

区块	盒 8 段上亚段平均砂体厚度（m）	盒 8 段下亚段平均砂体厚度（m）	山 1 段平均砂体厚度（m）	盒 8 段—山 1 段累计砂体厚度（m）	盒 8 段下亚段砂体厚度/累计砂体厚度（%）
苏中	11.1	14.4	10.5	36.0	40.0
苏东	8.6	14.2	11.7	34.5	41.1
苏东南	9.9	14.9	10.2	35.1	42.6

3. 有效砂体发育特征

研究区有效砂体不等同于砂体,是普遍低渗透背景下相对高渗透的"甜点",一般孔隙度大于 5%,渗透率大于 0.1mD,含气饱和度大于 45%。有效砂体主要位于心滩中下部及河道底部等粗砂岩相,这是因为:心滩中下部、河道底部为等粗砂岩相,石英含量高,物性好,储层连续性强,原始孔隙在压实过程中得以最大程度地保存;较好的储层原始物性及较强的抗压性,为后期溶蚀作用提供了流体运移的有利通道,进一步改善了物性[121]。

砂体及有效砂体呈"砂包砂"二元结构,砂体具有一定的连续性,垂向上多期叠置,平面上叠合连片,而有效砂体规模较小,在空间分布零星,连续性较差(图 7-6、图 7-7)。有效砂体在垂向厚度仅占砂体厚度的 1/3~1/4。

将有效砂体的空间分布样式总结为具物性夹层多期叠置型、具泥质隔层多期叠置型、单期块状厚层型、单期孤立薄层型四种类型(图 7-8)。据统计,它们的分布比例分别为 13%、16%、7%、64%。

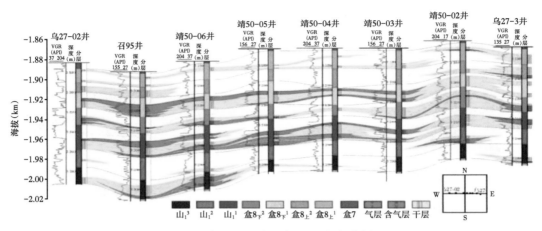

图 7-6　乌 27-02 井—乌 27-3 井气藏剖面

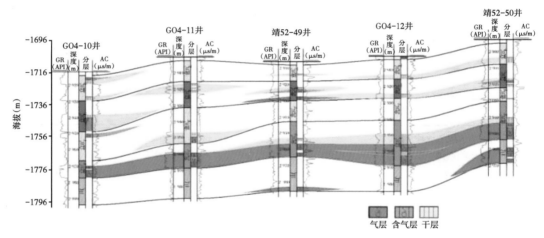

图 7-7　G04-10 井—靖 52-50 井气藏剖面

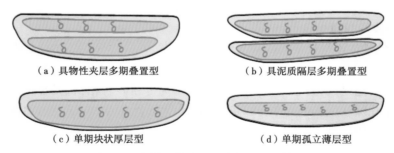

（a）具物性夹层多期叠置型　　　　（b）具泥质隔层多期叠置型

（c）单期块状厚层型　　　　（d）单期孤立薄层型

图 7-8　有效砂体在空间分布的四种模式

　　研究区上古生界纵向气层较多，但主要集中在盒 8 段下亚段的 2 个小层，其中盒 8 段下亚 2 小层有效储层钻遇率在 70% 以上，其他各小层均在 40% 以下[122,123]。截至 2017 年底，苏东南区块共提交探明及基本探明储量 2424.27×10^8m³，盒 8 段下亚段储量占盒 8 段和山 1 段总储量的 80% 以上。

就盒8段下亚段有效砂体平面分布来看(图7-9),砂体厚度大于6m的区域大规模分布,砂体厚度大于8m的区域呈条带状广泛分布,延伸较远。研究区北部有效砂体发育情况要好于南部。与其他区块对比来看(表7-3),苏东南区盒8段—山1段有效砂体累计厚度为11.6m,略小于苏中区的12.0m,大于苏东区的9.8m。就有效储层集中程度来看,苏东南区盒8段下亚段有效砂体厚度5.7m,占盒8段—山1段累计有效厚度的49.1%。作为对比,苏中区为45.7%,苏东区为42.6%。

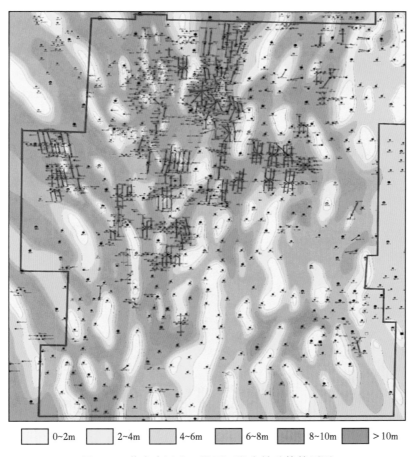

| 0~2m | 2~4m | 4~6m | 6~8m | 8~10m | >10m |

图7-9　苏东南区盒8段下亚段有效砂体等厚图

表7-3　苏里格各大区盒8段—山1段有效砂体厚度对比

区块	盒8段上亚段有效砂体厚度（m）	盒8段下亚段有效砂体厚度（m）	山1段有效砂体厚度（m）	累计有效砂体厚度（m）	盒8段下亚段有效砂体厚度/累计有效砂体厚度（%）
苏中	2.4	5.5	4.1	12.0	45.7
苏东	1.9	4.2	3.7	9.8	42.6
苏东南	2.8	5.7	3.1	11.6	49.1

总的来说,苏东南盒 8 段有效储层较发育、集中程度相对较高,为研究区整体布水平井提供了地质基础。以盒 8 段下亚段为主要目标层位适合水平井开发,同时通过压裂改造可适当动用邻近层位。盒 8 段下亚段有效砂体多期叠置,连续性相对较好,但多个单砂体间多数不连通,存在阻流层(图 7-10),自然泄流半径小,水平井可穿越多个砂体,扩大泄流面积,提高储量动用效果[122]。

图 7-10 泥岩分布示意图

二、压裂地质模式建立

苏里格气田水平井的开发效果与钻遇有效储层的规模、隔(夹)层的分布、储层的叠置样式、压裂改造工艺等因素有关。压裂地质模式的建立也基于这些主要的动(静)态参数,根据钻遇砂体的叠合形态,归纳为四种主要的压裂地质模式,并以此为压裂优化设计的基础。

在静态参数中,储层长度和有效储层长度是影响压裂施工设计的关键地质因素,也是反映储层好坏的主要参数,以此为主要的静态地质模式分类标准(图 7-11 至图 7-13)。

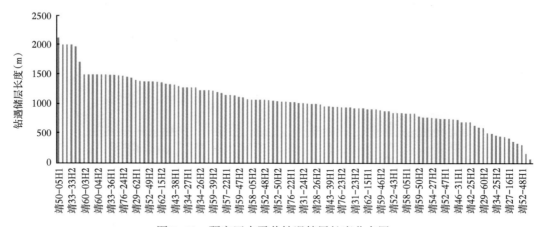

图 7-11 研究区水平井钻遇储层长度分布图

在动态参数中,单井动态储量是评价压后效果的主要指标,也是反映生产井好坏的主要参数,同时参考无阻流量,以此为主要的动态分类标准(图 7-14 至图 7-16)。

以反映压裂水平井长期生产能力的动态储量为主要参数,结合水平井生产动态特征,建立动态分类标准(表 7-4)。

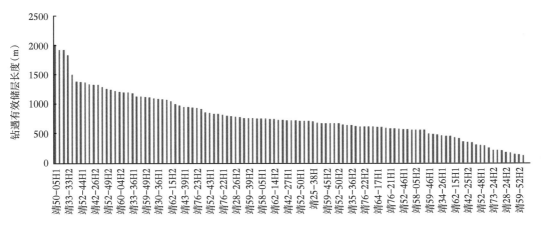

图 7-12　研究区水平井钻遇有效储层长度分布图

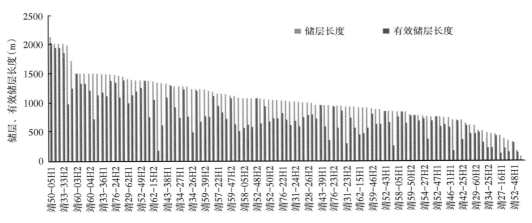

图 7-13　研究区水平井钻遇储层、有效储层长度对比图

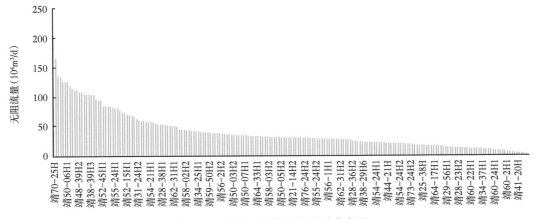

图 7-14　研究区气井无阻流量分布图

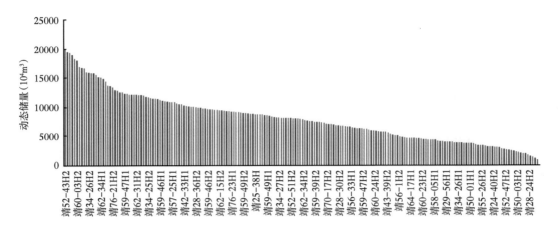

图 7-15　研究区气井动态储量分布图

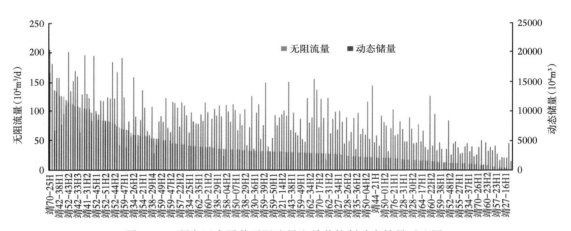

图 7-16　研究区水平井无阻流量和单井控制动态储量对比图

表 7-4　苏东南研究区水平井动态分类标准

类型	无阻流量 （$10^4 m^3/d$）	气井产量 （$10^4 m^3/d$）	稳产时间 （a）	稳产期累计采气量 （$10^4 m^3$）	动态储量 （$10^4 m^3$）
Ⅰ	≥40	≥8	≥3	≥5000	≥9000
Ⅱ	30~40	5~8	≥3	≥3000	6500~9000
Ⅲ	20~30	2~5	≥3	≥2000	4000~6500
Ⅳ	<20	≤2	≥3	<2000	<4000

　　苏东南研究区内水平井 218 口，分类结果见表 7-5。Ⅰ 类井+Ⅱ 类井比例为 59.18%，产气贡献率占累计产气量的 80.87%（图 7-17），Ⅰ 类井+Ⅱ 类井是气田生产的主力。

表 7-5　不同类型水平井分类结果表

类型	井数/口	比例(%)	累计产气量($10^8 m^3$)	产气贡献率(%)
Ⅰ类井	80	36.70	43.07	59.67
Ⅱ类井	49	22.48	15.3	21.2
Ⅲ类井	49	22.48	9.27	12.84
Ⅳ类井	40	18.34	4.54	6.29
合计	218	100	72.18	100

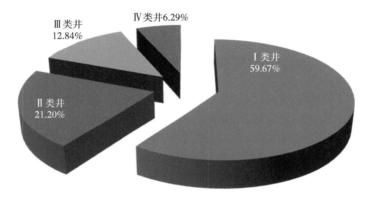

图 7-17　不同类型水平井产量贡献率

根据井钻遇的储层特征和生产情况,结合动态和静态分类,建立了一套完整的分类标准(表 7-6)。

表 7-6　压裂井分类表

水平井类型	地质参数						动态参数		
	有效砂体长度(m)	砂体钻遇率(%)	有效砂体钻遇率(%)	有效厚度(m)	阻流带发育间隔(m)	储层叠置样式	无阻流量($10^4 m^3/d$)	动储量($10^4 m^3$)	EUR($10^4 m^3$)
一类	≥750	≥80	≥60	≥7.0	≥150	块状厚层	≥40	≥9000	≥7500
二类	≥700	≥75	≥55	≥6.5	≥120	多期叠置	≥30	≥6500	≥5500
三类	≥600	≥70	≥50	≥5.5	≥90	局部集中	≥20	≥4000	≥3500
四类	<600	<70	<50	<5.5	<90	孤立分散	<20	<4000	<3500

在水平井分类的基础上,结合各类井的储层地质特征和压裂工艺的差异性,将研究区水平井钻遇砂体情况总结为四种模式,模式中包含有效砂体、阻流带、砂体、泥岩四个要素,四个要素的不同组合方式形成了四种模式(图 7-18)。

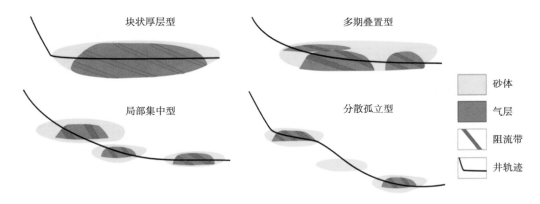

图 7-18　压裂地质模式示意图

砂体
气层
阻流带
井轨迹

三、不同类型水平井的储层压裂地质特征

不同类型水平井钻遇不同的储层地质模式,具有各自的构型特征。

1. Ⅰ类井:块状厚层型(高储层钻遇率)

研究区钻遇这样的储层有 80 口井,水平段平均长 1441m,储层平均长 1213m,有效储层平均长度 916m。平均无阻流量 $56.4 \times 10^4 m^3/d$,动储量 $12249 \times 10^4 m^3$,预测最终累计产量 $10412 \times 10^4 m^3$。

典型井靖 52-34H1 井,钻遇储层为块状厚层型,有效砂体长、厚度大,发育稳定,横向连续性强,岩性为较纯的中粗砂岩。阻流带发育频率低,规模小,水平井轨迹多为平直型(图 7-19)。

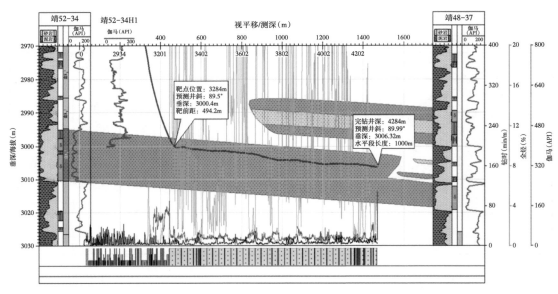

图 7-19　靖 52-34H1 井钻遇储层剖面图

2. Ⅱ类井：多期叠置型（中高储层钻遇率）

研究区钻遇这样的储层有 49 口井,水平段平均长 1311m,储层平均长 1085m,有效储层平均长 819m,该类水平井无阻流量 $38.4×10^4m^3/d$,动储量为 $7834×10^4m^3$,预测最终累计产量为 $6658×10^4m^3$。

靖 76-24H1 井钻遇有效砂体长度较大,储层由于多层叠置,在剖面具有一定连续性。相比Ⅰ类井,岩性变细,厚度较小。水平段井轨迹为平直型或小斜度型(图 7-20)。

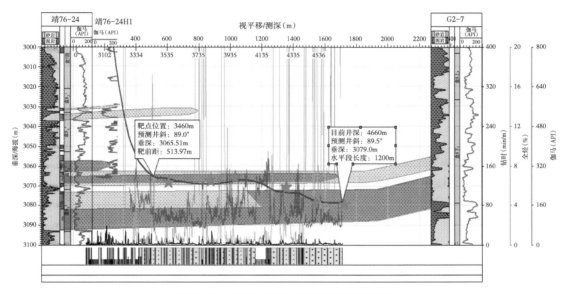

图 7-20　靖 76-24H1 井钻遇储层剖面图

3. Ⅲ类井：局部集中型（中低储层钻遇率）

钻遇这样的储层 49 口井,水平段平均长 1261m,水平段储层平均长 985m,有效储层长 669m,该类水平井平均无阻流量 $27.2×10^4m^3/d$,动储量 $5124×10^4m^3$,预测累计产气量为 $4355×10^4m^3$。

靖 59-50H1 井钻遇有效砂体长度、厚度中低等,储层细粒成分高,连续性较差,仅在局部集中。水平段井轨迹斜度较大(图 7-21)。

4. Ⅳ类井：分散孤立型（低储层钻遇率）

钻遇这样的储层 40 口井,水平段平均长 1214m,水平段储层平均长 812m,有效储层长 547m,该类水平井平均无阻流量 $18.2×10^4m^3/d$,动储量 $2927×10^4m^3$,预测累计产气量 $2487×10^4m^3$。

靖 52-51H2 井钻遇储层为薄层孤立型,包含 1~3 个小薄层。储层粒度细,泥质含量高。有效砂体厚度薄、长度短,连续性差。水平段井轨迹为大斜度型或阶梯型。在相邻直井开发效果较好时,可适当压裂泥岩段,对开发效果有一定提升(图 7-22)。

四类模式储层对应井的生产情况差异很大,各类水平井地质及动态特征呈现规律性的变化(表 7-7)。

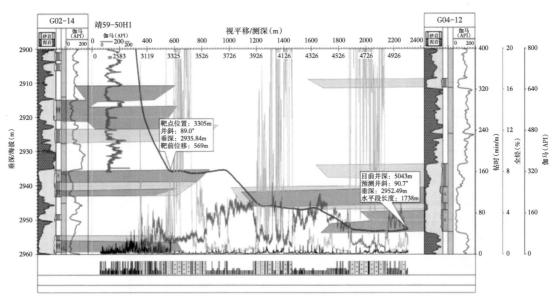

图 7-21 靖 59-50H1 井钻遇储层剖面图

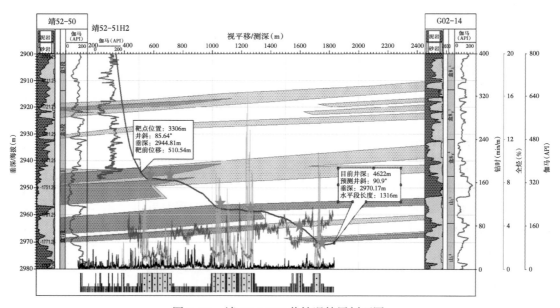

图 7-22 靖 52-51H2 井钻遇储层剖面图

表 7-7　研究区水平井地质与动态参数

类型	井数（口）	地质参数								动态参数		
		水平段长度（m）	砂岩长度（m）	有效长度（m）	砂体厚度（m）	有效厚度（m）	阻流带分布间距（m）	阻流带规模（m）	储层叠置样式	无阻流量（$10^4 m^3/d$）	动态储量（$10^4 m^3$）	EUR（$10^4 m^3$）
Ⅰ类	80	1441	1213	916	13.1	7.3	180	15	块状厚层	56.4	12249	10412
Ⅱ类	49	1311	1085	819	12.7	6.8	120	22	多期叠置	38.4	7834	6658
Ⅲ类	49	1261	985	669	11.8	5.9	100	27	局部集中	27.2	5124	4355
Ⅳ类	40	1214	812	547	11.3	5.4	90	33	分散孤立	18.2	2927	2487

第二节　不同模式的储层改造建议

　　以水平井钻遇储层模式为依据,综合分析地质与生产动态特征,结合压裂工艺的差异性,建立了水平井的四种压裂地质模式,根据压裂地质模式,分别建立与各类模式相对应的数值模拟模型,运用数值模拟方法进行压裂优化,形成针对不同模式的储层改造建议。

一、各类模式气井压裂参数优化

1. Ⅰ类模式气井

　　Ⅰ类模式气井地质模式如图 7-23 所示,对应数模模型如图 7-24 所示,模型中裂缝分布及压力分布如图 7-25、图 7-26 所示。模型中孔隙度为 9.18%,渗透率为 0.89mD,含气饱和度为 62.44%。

图 7-23　Ⅰ类模式气井地质模式

图 7-24　Ⅰ类模式气井数模模型

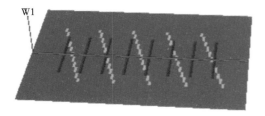

图 7-25　Ⅰ类模式气井裂缝分布

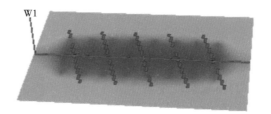

图 7-26　Ⅰ类模式气井压力分布

1)压裂段数

开展压裂优化需要兼顾产能的提高和开发效益的提升。从技术角度来看,压裂条数越多、规模越大、改造越充分,对气井产能提升越明显;考虑经济效益、裂缝间干扰,在现有条件下,单条缝综合成本为30万~50万元,多造一条缝,需对井的产量提升$200×10^4m^3$以上,压裂改造才能保本。

模型中设计了压裂裂缝段数从3段到15段。从压裂段数和累计产气量关系(表7-8、图7-27)来看,累计产量随压裂段数增加而增加,当压裂段数超过8段后,每增加一段压裂段数,累计产量增量均小于$200×10^4m^3$。按照增加一段压裂段数相当于$200×10^4m^3$产气量的收益计算,8段为最优段数。

因此,推荐Ⅰ类储层的最优压裂段数为8段,对应的压裂间距114m。

表7-8 不同压裂段数累计产量参数表

压裂段数	3	4	5	6	7	8	9
压裂间距(m)	305	229	183	153	131	114	102
累计产量(10^4m^3)	8367	9019	9529	9836	10186	10423	10531
累计产量增量(10^4m^3)		652	510	307	350	237	108
压裂段数	10	11	12	13	14	15	
压裂间距(m)	92	83	76	70	65	61	
累计产量(10^4m^3)	10620	10652	10710	10807	10888	10920	
累计产量增量(10^4m^3)	88	32	58	97	81	32	

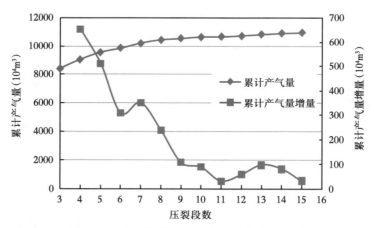

图7-27 压裂段数与累计产气量关系曲线图

2)压裂裂缝分布

模型设计均匀压裂与非均匀压裂两类,其中非均匀压裂分为三种情况:裂缝分布在水平井筒的一端较密集,另一端较稀疏;裂缝分布在水平井筒的两端较密集,中部较稀疏;裂缝分布在水平井筒的中部较密集,两端较稀疏。从压裂裂缝分布和累计产气量关系来看,压裂段数 8 段时,均匀压裂效果好于非均匀压裂。非均匀压裂累计产量减少(301 ~ 696)×10⁴m³(图 7—28)。各种压裂情况压裂裂缝分布及开采期末压力分布如图 7—29 所示。

因此,推荐 I 类储层只压裂有效储层,采用均匀布缝方式。

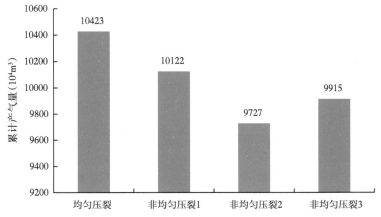

图 7—28　均匀压裂与非均匀压裂累计产气量对比图

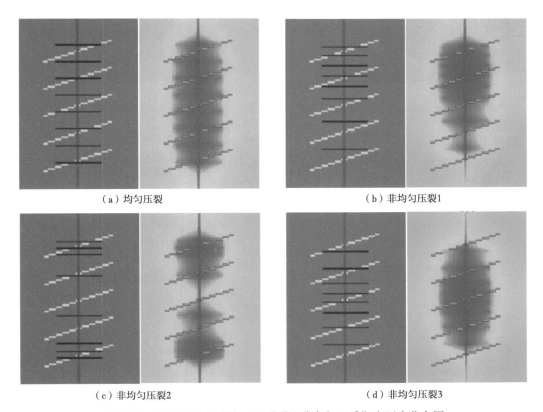

（a）均匀压裂　　　　　　　　　　　　　　（b）非均匀压裂1

（c）非均匀压裂2　　　　　　　　　　　　　（d）非均匀压裂3

图 7—29　均匀压裂与非均匀压裂裂缝分布与开采期末压力分布图

2. Ⅱ类模式气井

Ⅱ类模式气井地质模式如图7-30所示,对应数模模型如图7-31所示,模型中裂缝分布及压力分布如图7-32、图7-33所示。模型中孔隙度为9.16%,渗透率为0.83mD,含气饱和度为62.37%。

图7-30 Ⅱ类模式气井地质模式

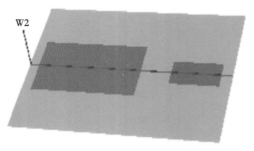

图7-31 Ⅱ类模式气井数模模型

图7-32 Ⅱ类模式气井裂缝分布

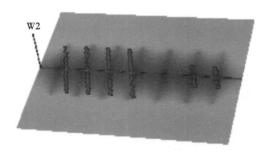

图7-33 Ⅱ类模式气井压力分布

1)压裂方式

压裂方式优化分为只压裂有效砂体,压裂有效砂体且砂体部分压裂和有效砂体、砂体均压裂三种情况。三种情况的压裂模式如图7-34所示。

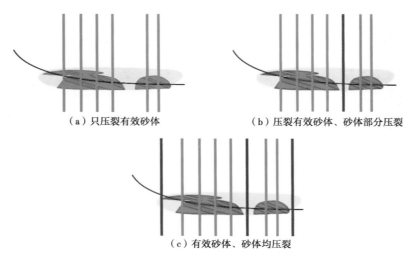

（a）只压裂有效砂体　　　　　　（b）压裂有效砂体、砂体部分压裂

（c）有效砂体、砂体均压裂

图7-34 Ⅱ类模式气井不同压裂方式示意图

从不同压裂方式累计产气量对比图(图 7-35)看出,砂体部分压裂相对于只压裂有效砂体,增加一条裂缝,最终累计产气量增加 $293×10^4m^3$;有效砂体、砂体均压裂相对于砂体部分压裂,增加两条裂缝,最终累计产气量增加 $293×10^4m^3$,平均单条裂缝累计产气量增加 $146×10^4m^3$。

因此,推荐 II 类储层有效砂体全部压裂、砂体部分压裂。

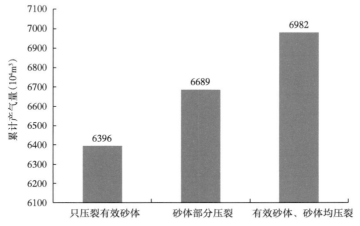

图 7-35　II 类储层不同压裂方式累计产量对比图

2)有效砂体压裂段数

II 类模式气井有效砂体压裂段数优化,压裂裂缝分布如图 7-36 所示。从压裂段数与累计产气量关系图(图 7-37)来看,有效砂体 1 压裂段数超过 4 段后,每增加一段压裂段数,累计产气量增量小于 $200×10^4m^3$;有效砂体 2 压裂段数超过 2 段后,每增加一段压裂段数,累计产气量增量小于 $200×10^4m^3$(表 7-9)。因此,有效砂体 1 压裂 4 段,有效砂体 2 压裂 2 段。

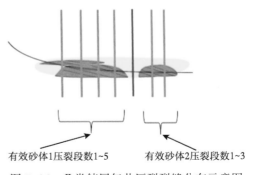

图 7-36　II 类储层气井压裂裂缝分布示意图

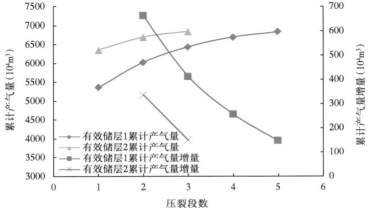

图 7-37　II 类储层压裂段数与累计产气量关系曲线图

推荐 II 类储层压裂 7 段,有效砂体压裂 6 段、砂体压裂 1 段,有效砂体压裂间距为 130～
140m。

表 7-9　有效储层 1 不同压裂段数累计产量参数表

压裂段数	1	2	3	4	5
压裂间距(m)	560	280	187	140	112
累计产量($10^4 m^3$)	5356	6019	6432	6689	6836
累计产量增量($10^4 m^3$)		663	413	257	147

表 7-10　有效储层 2 不同压裂段数累产参数表

压裂段数	1	2	3
压裂间距(m)	260	130	87
累计产量($10^4 m^3$)	6353	6689	6839
累计产量增量($10^4 m^3$)		336	150

3. III 类模式气井

III 类模式气井地质模式如图 7-38 所示。对应数模模型如图 7-39 所示,模型中裂缝分
布及压力分布如图 7-40、图 7-41 所示。模型中孔隙度为 8.73%,渗透率为 0.79 mD,含气
饱和度为 61.85%。

图 7-38　III 类模式气井地质模式

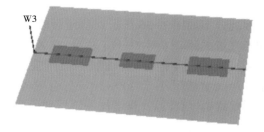

图 7-39　III 类模式气井数模模型

图 7-40　III 类模式气井裂缝分布

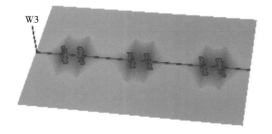

图 7-41　III 类模式气井压力分布

1)有效砂体压裂段数

有效砂体不同压裂段数压裂裂缝分布如图 7-42 所示。当压裂裂缝超过 2 段后,有效砂
体 1、有效砂体 2、有效砂体 3,每增加一段压裂段数,累计产量增量小于 $200×10^4 m^3$(图 7-
43)。因此,III 类模式气井有效储层最优压裂 6 段。

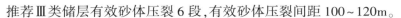

推荐Ⅲ类储层有效砂体压裂 6 段,有效砂体压裂间距 100~120m。

2) 压裂方式

砂体部分压裂示意图如图 7-44 所示。相对于只压裂有效砂体,砂体部分压裂,砂体各段裂缝产量不等,单段裂缝累计产量增量均小于经济界限,从经济方面考虑砂体部分不适合压裂(图 7-45)。

推荐Ⅲ类储层有效砂体全部压裂、砂体部分不压裂。

4. Ⅳ类模式气井

Ⅳ类模式气井地质模式如图 7-46 所示,对应数模模型如图 7-47 所示,模型中裂缝分

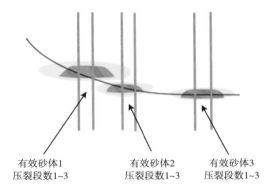

图 7-42 有效砂体不同压裂段数压裂裂缝分布图

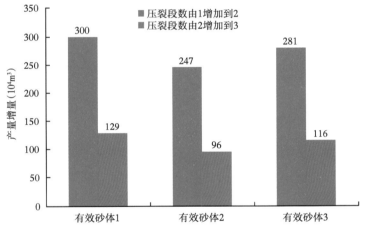

图 7-43 有效砂体增加一段压裂裂缝产量增量

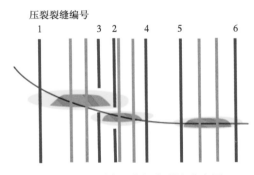

图 7-44 不同压裂方式裂缝分布图

布及压力分布如图 7-48、图 7-49 所示。模型中孔隙度为 8.14%,渗透率为 0.71 mD,含气饱和度为 61.46%。

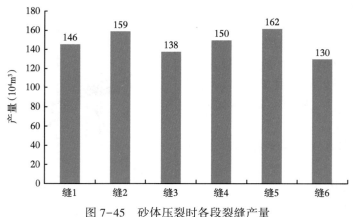

图 7-45　砂体压裂时各段裂缝产量

图 7-46　Ⅳ类模式气井地质模式

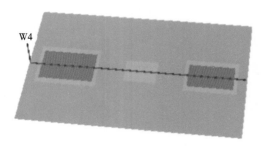

图 7-47　Ⅳ类模式气井数模模型

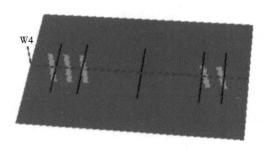

图 7-48　Ⅳ类模式气井裂缝分布

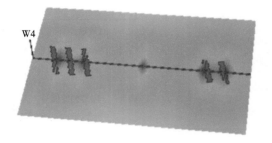

图 7-49　Ⅳ类模式气井压力分布

1）砂体、有效砂体压裂段数

有效砂体、砂体不同压裂段数压裂裂缝分布如图 7-50 所示。压裂段数超过 2，有效砂体 1、有效砂体 3 每增加一段压裂段数，累计产量增量小于 $200×10^4m^3$。压裂段数超过 1，砂体 2 每增加一段压裂段数，累计产量增量小于 $200×10^4m^3$（图 7-51）。

因此，推荐四类储层有效砂体压裂 4 段，砂体压裂一段，有效砂体压裂间距 125~150m。

2）压裂方式

砂体、有效砂体压裂示意图如图 7-52 所示。压裂与有效砂体相邻的砂体，砂体各段裂缝产量不等，裂缝 1、裂缝 2、裂缝 3、裂缝 4 产量增量小于 $200×10^4m^3$，从经济方面考虑不适

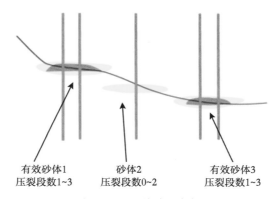

图 7-50　压裂裂缝分布图

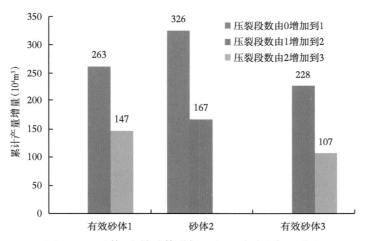

图 7-51　砂体、有效砂体增加一段压裂裂缝产量增量

合压裂。压裂孤立的砂体,产量能达到经济条件,可以压裂(图 7-53)。

推荐Ⅳ类储层压裂有效砂体与孤立存在的砂体,孤立砂体压裂 1 段。

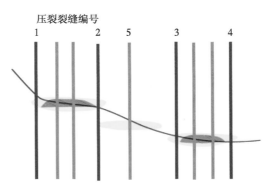

图 7-52　不同压裂方式裂缝分布示意图

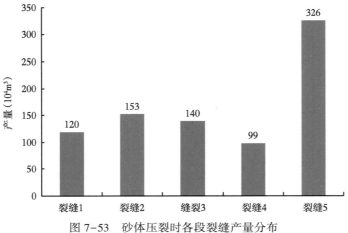

图 7-53 砂体压裂时各段裂缝产量分布

5. 各类模式气井压裂缝长优化

压裂缝长对各类气井累计产量影响较大（图 7-54、图 7-55）。当压裂半缝长由 50m 增

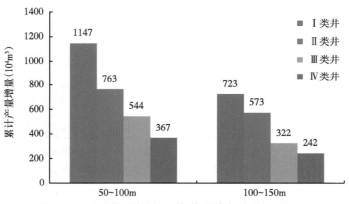

图 7-54 不同压裂缝长四类井累计产量增量对比图

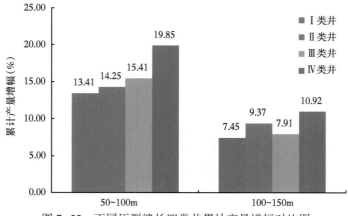

图 7-55 不同压裂缝长四类井累计产量增幅对比图

加到 100m，各类井累计产量增量较大，Ⅰ、Ⅱ、Ⅲ类井累计产量增量在 $540 \times 10^4 m^3$ 以上，Ⅳ类井累计产量增量在 $360 \times 10^4 m^3$ 以上。压裂半缝长由 100m 增加到 150m，Ⅰ、Ⅱ、Ⅲ类井累计产量增量在 $320 \times 10^4 m^3$ 以上，Ⅳ类井累计产量增量 $240 \times 10^4 m^3$ 以上，Ⅰ、Ⅱ、Ⅲ类井累计产量增量较大，Ⅳ类井累计产量增幅较大。

压裂缝长对各类模式气井累计产量影响较大，建议适当加大压裂规模，结合苏里格气田储层特征和压裂工艺，半缝长在 150m 左右有利于产能的提高。

二、各类模式气井压裂施工建议

通过地质模式划分，加强水平井压裂参数设计的针对性，保证投入的经济性。建议在水平井完钻后，及时绘制单井的地质剖面图，根据具体的地质模式，形成"一井一方案"的有针对性的压裂施工设计方案。根据储层的叠置样式，确定砂体、有效砂体部分的压裂方式和压裂间距。四类模式气井压裂参数见表 7-11。

表 7-11　不同模式气井压裂设计参数

地质模式	储层叠置样式	水平井类型	压裂方式	压裂段数	压裂间距（m）	压裂半缝长（m）
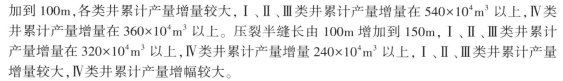 块状厚层	块状厚层	Ⅰ类模式气井	只对有效砂体段均匀压裂	8	114	150
多期叠置	多期叠置	Ⅱ类模式气井	以压裂气层为主，砂体段个别压裂	7	130~140	150
局部集中	局部集中	Ⅲ类模式气井	有效砂体段全部压裂，砂体段不压裂	6	100~120	150
分散孤立	分散孤立	Ⅳ类模式气井	压裂有效砂体与孤立存在的砂体	5	125~150	150

参 考 文 献

[1] 张凤远. 致密气田产量递减规律分析方法研究及应用[D]. 北京:中国石油大学（北京），2017.

[2] 陈元千. 油气藏工程计算方法：续篇[M]. 北京:石油工业出版社，1991.

[3] 李士伦. 天然气工程[M]. 北京:石油工业出版社,2008.

[4] 杨鹏飞. 富有机质页岩与氧化液作用实验研究[D]. 成都:西南石油大学, 2017.

[5] 黄炳光,李晓平,等. 气藏工程分析方法[M]. 北京:石油工业出版社,2004.

[6] 黄亮,石军太,杨柳,等. 低渗气藏启动压力梯度实验研究及分析[J]. 断块油气田, 2016, 23(5):
610-614.

[7] 杨朝蓬,高树生,刘广道,等. 致密砂岩气藏渗流机理研究现状及展望[J]. 科学技术与工程, 2012,
20(32): 8606-8613.

[8] 曹丽娜. 致密气藏不稳定渗流理论及产量递减动态研究[D]. 成都:西南石油大学, 2017.

[9] 谷建伟,于秀玲,马宁,等. 考虑应力敏感的致密气藏水平井产能计算方法[J]. 大庆石油地质与开
发, 2016, 35(6): 57-62.

[10] 李波,贾爱林,何东博,等. 苏里格气田强非均质性致密气藏水平井产能评价[J]. 天然气地球科学,
2015,26(3):539-549.

[11] 陈元千,李璩. 现代油藏工程[M]. 北京:石油工业出版社,2001.

[12] 肖文联. 鄂北低渗致密砂岩渗透率有效应力方程与应力敏感性研究[D]. 成都：西南石油大学,
2009.

[13] 胡勇,李熙喆,陆家亮,等. 关于砂岩气藏储层应力敏感性研究与探讨[J]. 天然气地球科学, 2013,
24(4): 827-831.

[14] 张万学. 大庆外围油田 CO_2 驱油试验应用分析[D]. 大庆:东北石油大学, 2014.

[15] 刘敏. 低渗透油藏油水渗流规律研究[D]. 北京:中国石油大学(北京), 2008.

[16] 晏宁平,韩军平,何亚宁,等. 平行外推压降曲线法在靖边气田动态储量计算中的应用[J].石油化工
应用,2006(5):31-34.

[17] 靳锁宝. 苏里格气田产能核实方法研究[D]. 西安:西安石油大学, 2013.

[18] 赵继承,苟宏刚,周立辉,等. "单点法"产能试井在苏里格气田的应用[J]. 特种油气藏,2006,13(3):
63-65.

[19] 陈元千. 确定气井绝对无阻流量的简单方法[J]. 天然气工业,1987,7(1):1-5.

[20] 张明禄. 长庆气区低渗透非均质气藏可动储量评价技术[J]. 天然气工业,2010,30(4):1-4.

[21] 卢涛,张吉,李跃刚,等. 苏里格气田致密砂岩气藏水平井开发技术进展及展望[J]. 天然气工业,
2013,33(8):38-43.

[22] 何东博,贾爱林,冀光,等. 苏里格大型致密砂岩气田开发井型井网技术[J]. 石油勘探与开发,2013,
40(1):79-89.

[23] 杨华,付金华,刘新社,等. 苏里格大型致密砂岩气藏形成条件及勘探技术[J]. 石油学报,2012,33
（增刊1):27-36.

[24] 胡建国. 产量递减的典型曲线分析[J]. 新疆石油地质,2009,30(6)720-722.

[25] 罗菲菲. 苏里格气田某含水区气藏精细描述与富集区筛选[D]. 大庆:东北石油大学, 2016.

[26] 刘昶. 神木气田气井生产特点分析及技术对策研究[D]. 西安:西安石油大学, 2018.

[27] 陈元千. 油田可采储量计算方法[J]. 新疆石油地质, 2000, 21(2): 130-137.

[28] 赵素惠,欧阳诚,华桦,等. 苏里格气田气井分类方法研究[J]. 天然气技术, 2010, 4(4): 11-13.

[29] 陈元千. 水驱曲线关系式的推导[J]. 石油学报, 1985, 6(2): 69-78.

[30] 陈元千．水平井产量公式的推导与对比[J]．新疆石油地质，2008，29（1）：68-71.

[31] 赵新斌，王岩．基于偏态分布的飞行品质风险度量方法[J]．中国安全科学学报，2019（10）：160-166.

[32] 杨通佑，范尚炯，陈元千．石油及天然气储量计算方法[M]．北京：石油工业出版社，1990.

[33] 杜现飞，白晓虎，齐银，等．长庆油田华庆长6水平井压裂裂缝优化设计研究[J]．油气井测试，2014，23（5）：40-42.

[34] 陈元千，胡建国．确定饱和型煤层气藏地质储量、可采储量和采收率方法的推导及应用[J]．石油与天然气地质，2012，29（1）：151-156.

[35] 孙贺东．油气井现代产量递减分析方法及应用[D]．北京：中国科学院大学，2014.

[36] 杨宇，孙晗森，等．气藏动态储量计算原理[M]．北京：科学出版社，2016.

[37] 史乃光，任迪昌，郭兴江．现代产量递减曲线分析方法及其应用[J]．天然气工业，1995（6）：53-57.

[38] 吴优，李小锋，范倩倩，等．[A]//应用气井单位拟压力降累计采气量计算动储量，2018年全国天然气学术年会论文集[C]．中国石油学会天然气专业委员会，2018.

[39] 朱正喜，陈沙沙．苏里格气田某问题水平井压裂改造施工分析[J]．钻采工艺，2015，38（3）：59-62.

[40] 李成勇，张烈辉，张燃，等．边水气藏水平井压力动态点源解的计算方法[J]．天然气工业，2007，（7）：89-91，141.

[41] 刘付喜．苏10-32-50H井压裂地质优化设计[J]．长江大学学报（自然科学版），2011，8（5）：76-78.

[42] 钟兵，杨洪志，徐伟，等．川中地区上三叠统须家河组气藏开发有利区评价与优选技术[J]．天然气工业，2012，32（3）：62-64.

[43] 王浩，冯曦，李海涛，等．四川盆地石炭系气藏出水气井动态特征分类和治水对策研究[J]．天然气勘探与开发，2008，31（2）：35-36.

[44] 李鸿吉．模糊数学基础及实用算法[M]．北京：科学出版社，2005.

[45] 周源，胡书勇，余果，等．青西油田窿6区块产水规律研究[J]．重庆科技学院学报（自然科学版）2012，8（3）：39-42.

[46] 徐梦雅，冉启全，李宁，等．应力敏感性致密气藏压裂井动态反演新方法[J]．天然气地球科学，2014，25（12）：2058-2064.

[47] 高建．致密气藏补给边界试井模型及应用研究[D]．北京：石油大学（北京），2018.

[48] 王勇．碳酸盐岩油藏油水两相不稳定渗流理论研究[D]．成都：成都理工大学，2017.

[49] 蒋建方，王晓东，刘建安，等．基于小型测试对压裂地质特征分析的现场施工[J]．石油钻采工艺，2007，29（1）：61-64.

[50] 王洋．大牛地气田致密砂岩气藏特殊井试井解释研究与应用[D]．成都：成都理工大学，2011.

[51] 熊佩．低渗油藏现代试井解释与应用[D]．成都：成都理工大学，2011.

[52] 杨丽娟．低渗透底水气藏水锥动态及合理开采对策应用研究[D]．成都：西南石油大学，2006.

[53] 马思平．靖边气田新区试采评价及开发潜力分析[D]．西安：西安石油大学，2010.

[54] 王红宾，何玉红．产能试井异常曲线校正新方法[J]．内蒙古石油化工，2006，32（7）：54-57.

[55] 杨莎．沙罐坪石炭系低渗气藏产量递减规律研究[D]．成都：西南石油大学，2012.

[56] 陈军，敖耀庭，罗启源．凝析气井合理产量确定方法研究[J]．内蒙古石油化工，2010，36（7）：103-105.

[57] 姚园．M气田主力气藏出水分析及治水对策研究[D]．成都：西南石油大学，2015.

[58] 吴永婷．气井排液采气方式优选及排液采气井安全评价[D]．东营：中国石油大学（华东），2009.

[59] 李成华．井下气液分离器的技术研究[D]．东营：中国石油大学，2007.

[60] 孙海军．靖边气田不同类型气井节点压力分析研究[D]．西安石油大学，2010.

[61] 袁玲．采气方式选择及生产参数优化[D]．东营：中国石油大学（华东），2009.

[62] 付静．气井井下气液分离回注技术研究[D]．东营：中国石油大学（华东），2009.

[63] 裘湘澜. 气井排水采气工艺原理及应用[J]. 油气田地面工程, 2010, 29(5): 15-16.

[64] 蒋孟岑. 气井配产方法论述与研究[J]. 化工管理, 2016, (26): 151-152.

[65] 陈军, 敖耀庭, 罗启源. 凝析气井合理产量确定方法研究[J]. 内蒙古石油化工, 2010, 36(7): 103-105.

[66] 寇磊. 苏里格简化开采条件下气藏动态分析方法研究[D]. 西安: 西安石油大学, 2011.

[67] 李晓辉. 苏里格气田气井合理产能评价 [D]. 西安: 西安石油大学, 2013.

[68] 霍啸宇. 致密砂岩气藏压裂水平井产能评价与预测[D]. 北京: 中国石油大学(北京)2016.

[69] 何逸凡. 苏里格气田压裂水平井产能评价技术及其应用研究[D]. 北京: 中国石油大学(北京)2012.

[70] 唐睿, 李菊花, 陶世增, 等. 油气井几种常见的产量递减分析方法浅析[J]. 广东化工, 2013, 40(22): 15-16.

[71] Arps J J. Analysis of decline curves[A]// Petroleum Transactions[C]. 1945: 228-247.

[72] Fetkovich M J. Decline Curve Analysis Using Type Curves[J]. Journal of Petroleum Technology, 1984, 32(6): 1065-1077.

[73] 刘明明. 基于分形理论的聚合物驱试井分析[D]. 东营: 中国石油大学(华东), 2015.

[74] 张弛. 有水气藏典型曲线动态分析方法研究[D]. 成都: 西南石油大学, 2014.

[75] Blasingame T A, Johnston J L, Lee W J. Type-Curve Analysis Using the Pressure Integral Method[J]. 1989.

[76] 漆国权. MJ 气田 JP2 低渗致密气藏压裂水平井产量递减类型及产能研究[D]. 成都: 西南石油大学, 2015.

[77] 曹煜. 现代产量递减法在重复压裂压前评估中的应用[D]. 成都: 成都理工大学, 2016.

[78] 杜新阳. 莫里青区块水平井单井控制储量潜力评价研究[D]. 大庆: 东北石油大学, 2016.

[79] 李莎. 基于完井技术的油井钻机的评价与优选研究[D]. 西安: 西安石油大学, 2014.

[80] 刘晓华, 邹春梅, 姜艳东, 等. 现代产量递减分析基本原理与应用[J]. 天然气工业, 2010, 30(5): 50-54.

[81] 刘轶鸥. 页岩气藏水平井产能评价[D]. 大庆: 东北石油大学, 2018.

[82] 胡俊. 榆林南区气藏产能及动态储量评价研究[D]. 大庆: 东北石油大学, 2015.

[83] 曲海旭. 基于大数据的油田生产经营优化系统研究及应用[D]. 大庆: 东北石油大学, 2016.

[84] 薛萧敏, 霍俊洲, 吴百勇, 等. 苏里格南区特低—超低渗透气藏气井递减规律研究[J]. 石化技术, 2019, (7): 78.

[85] 俞启泰. 七种递减曲线的特性研究[J]. 新疆石油地质, 1994, 15(1): 49-56.

[86] 张旭, 喻高明. 广义翁氏模型求解方法研究与应用[J]. 油气藏评价与开发, 2014, 4(6): 29-33.

[87] 曲海旭. 基于大数据的油田生产经营优化系统研究及应用[D]. 大庆: 东北石油大学, 2016.

[88] 陈元千. 对翁氏预测模型的推导及应用[J]. 天然气工业, 1996, 16(2): 22-26.

[89] 陈元千, 胡建国. 对翁氏模型建立的回顾及新的推导[J]. 中国海上油气(地质), 1996, 10(5): 317-324.

[90] 陈元千. 对预测含水率的翁氏模型推导[J]. 新疆石油地质, 1998, 19(5): 403-405.

[91] Van-Everdingen A F, Hurst W. The application of the Laplace transformation to flow problem in reservoirs[J]. Journal of Petroleum Technology, 1949, 1(12): 305-324.

[92] 邓惠, 彭先, 刘义成, 等. 深层强非均质碳酸盐岩气藏合理开发井距确定——以安岳气田 GM 地区灯四段气藏为例[J]. 天然气勘探与开发, 2019, 42(3): 16.

[93] 王苏冉. 碳酸盐岩多重介质储层单井 Transient 产量递减分析方法研究[D]. 成都: 西南石油大学, 2017.

[94] 毕静宜, 刘永建, 郝冠中, 等. 靖边气田产量递减规律分析[A]//第十四届宁夏青年科学家论坛石化

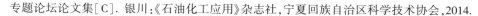
专题论坛论文集[C]. 银川:《石油化工应用》杂志社,宁夏回族自治区科学技术协会,2014.

[95] 解维国. 一种先进的系统,综合的生产数据分析方法[J]. 国外油田工程,2008,24(11):16-21.

[96] 宋春薇. 生产数据分析在庆深气田的应用[J]. 大庆石油地质与开发,2018,37(4):98-102.

[97] 陈洪辉. 鸭儿峡区块低渗透裂缝性油藏产能评价研究[D]. 武汉:长江大学,2014.

[98] 李卉. 页岩气 EUR 评价方法研究与应用[D]. 成都:西南石油大学,2018.

[99] 纪抒涛. 苏里格气田苏 14 井区老井侧钻优选研究[D]. 重庆:重庆科技学院,2018.

[100] 严谨,程时清,郑荣臣,等. 确定压裂裂缝部分闭合的现代产量递减分析方法及应用[J]. 石油钻采工艺,2018,40(6):19.

[101] 张文,解维国. 低渗气藏气井生产动态描述[J]. 内蒙古石油化工,2008,(17)118-120.

[102] 秦华,尹琅,陈光容. 现代产量递减法在低渗气井压后分析中的应用[J]. 天然气技术与经济,2012,6(3):37-39.

[103] 柳肯. 苏里格气田水平井试采评价及生产动态分析[D]. 西安:西安石油大学,2013.

[104] 王启萌. S6 区块开发效果评价及挖潜方案研究[D]. 重庆:重庆科技学院,2018.

[105] 杨志浩,李治平,等. 产能递减分析新方法及应用[J]. 断块油气田,2015,22(4):484-487.

[106] 赵学峰. 致密气藏动态分析方法及软件研制[D]. 东营:中国石油大学(华东),2011.

[107] 丁传柏. 气藏递减规律的讨论[J]. 天然气工业,1982,2(2):56-62.

[108] 曹丽娜. 致密气藏不稳定渗流理论及产量递减动态研究[D]. 成都:西南石油大学,2017.

[109] 陈中华,刘先山,窨波,等. 考虑微观渗流机理的致密气藏产量预测方法[J]. 天然气与石油,2018,(6):11.

[110] 俞启泰. 广义递减曲线标准图版的制作与应用[J]. 石油勘探与开发,1990,(2):84-87.

[111] 曹丽娜,王贺华,何巍,等. 基于应力敏感效应的致密气藏水平井压力动态分析[A]// 2017 年全国天然气学术年会论文集[C]. 中国石油学会天然气专业委员会,2017.

[112] 段永刚,魏明强,李建秋,等. 页岩气藏渗流机理及压裂井产能评价[J]. 重庆大学学报:自然科学版,2011,34(4):62-66.

[113] 李波,何东博,宁波,等. 致密砂岩气藏水平井井控储量快速评价新方法[J]. 地质科技情报,2015,34(2):174-180.

[114] 黄小亮,唐海,杨再勇,等. 产水气井的产能确定方法[J]. 油气井测试,2008,17(3):15-16.

[115] 陈元千. 水驱曲线关系式的推导[J]. 石油学报,1985,6(2):69-78.

[116] 刘晓华,邹春梅,姜艳东,等. 现代产量递减分析基本原理与应用[J]. 天然气工业,2010,30(5):50-54.

[117] 张文,解维国. 气井产量递减分析方法与动态预测[J]. 断块油气田,2009,16(4):86-88.

[118] 徐德权. 气井产量不稳定分析模型及其影响因素研究[D]. 成都:西南石油大学,2014.

[119] 王东旭,贾永禄,何磊,等.基于压力产量耦合的致密气藏动态分析新方法[J]. 天然气工业,2016,36(8):88-93.

[120] 费世祥,王勇,王心敏,等. 苏里格气田东区南部上古生界水平井地质导向技术方法与应用[J]. 天然气勘探与开发,2013,36(1):54-57.

[121] 郭智,冀光,王国亭,等. 鄂尔多斯盆地东部盒 8 段致密砂岩储层特征——以子洲气田清涧地区为例[J]. 现代地质,2016,30(4):880-889.

[122] 安志伟. 苏里格气田苏东南区致密砂岩气藏水平井整体部署技术研究[J]. 中国化工贸易,2014,(9):135-135,152.

[123] 费世祥,王东旭,林刚,等. 致密砂岩气藏水平井整体开发关键地质技术——以苏里格气田苏东南区为例[J]. 天然气地球科学,2014,25(10):1620-1629.